支盘桩理论研究及工程应用

高笑娟　朱向荣　主编
刘丰军　白晓红　李跃辉　副主编

本书由河南科技大学著作出版基金资助出版

科学出版社

北京

内 容 简 介

本书首先综述了桩基础的发展历史,总结了支盘桩出现以来的研究成果,在前人研究成果的基础上,对支盘桩竖向承载力估算公式进行了较为全面的总结;结合支盘桩在湿陷性黄土地基中的应用实例,分析了桩周土层的性质对桩基承载力和变形的影响;利用有限元分析软件对水平荷载作用下支盘桩单桩和群桩的受力和变形性状进行了数值模拟分析,初步了解了支盘桩桩身几何参数和桩周土体参数对其承载力的影响;最后介绍了支盘桩的一些改进成果。

本书可供结构设计、土建施工等领域的技术人员参考,也可供大专院校土建专业师生参考。

图书在版编目(CIP)数据

支盘桩理论研究及工程应用/高笑娟,朱向荣主编.—北京:科学出版社,2010

ISBN 978-7-03-027241-6

I.①支… Ⅱ.①高…②朱… Ⅲ.①灌注桩-桩基础-研究 Ⅳ.①TU473.1

中国版本图书馆 CIP 数据核字(2010)第 067830 号

责任编辑:耿建业 王向珍/责任校对:宋玲玲
责任印制:赵 博/封面设计:鑫联必升

科学出版社 出版
北京东黄城根北街16号
邮政编码:100717
http://www.sciencep.com

丽源印刷厂 印刷
科学出版社发行 各地新华书店经销
*
2010年4月第 一 版 开本:B5(720×1000)
2010年4月第一次印刷 印张:14 3/4
印数:1—2 000 字数:301 000
定价:60.00元
(如有印装质量问题,我社负责调换)

前　言

桩基础是最古老的基础形式之一，也是迄今为止应用最为广泛的建筑物基础和支护构件。作为建筑物基础，它适用于上部建筑物荷载较大，而作为持力层的土层又埋藏较深的情况。桩基技术发展到现在，在桩型和施工工艺等方面更为多样化，在桩基设计和施工领域中产生了许多新概念和新理论；由于单桩的设计承载力越来越大，设计者不得不从诸如桩身材料优选、加大桩身截面、追求新的有效的成桩工艺等途径来加大桩的承载能力，因此出现了各种新型高承载力的改良桩系；与此同时，电子计算机和数值计算方法的巨大成就给桩基设计提供了方便快捷的研究方法，桩基的设计理论也向着更完善的目标发展。支盘桩由主桩和若干个承力盘组成，采用普通钻机成孔、通过专用装置在沿桩身深度范围内的地基土中各硬土层来设置承力盘和分支，增加了桩体受力范围，增大了桩的端阻力和侧摩阻力，具有很大的承压、抗拔和抗水平荷载能力，而且稳定性好。支盘桩技术一经出现，由于其无可比拟的优点便为广大学者和技术人员所关注并进行了大量的研究，使这一技术在工程中得到广泛应用。

本书首先综述了桩基础的发展历史，总结了支盘桩出现以来的研究成果，在前人研究成果的基础上，对支盘桩竖向承载力估算公式进行了较为全面的总结；结合支盘桩在湿陷性黄土地基中的应用实例，分析了桩周土层的性质对桩基承载力和变形的影响；利用有限元分析软件对水平荷载作用下支盘桩单桩和群桩的受力和变形性状进行了数值模拟分析，初步了解了支盘桩桩身几何参数和桩周土体参数对其承载力的影响；最后介绍了支盘桩的一些改进成果。

全书共分9章，由高笑娟、朱向荣担任主编，其中第1章由浙江大学朱向荣编写；第6～9章由河南科技大学高笑娟编写；第2、3章及参考文献由河南科技大学白晓红编写；第4、5章、附录A由河南科技大学刘丰军编写；附录B、C由河南科技大学李跃辉编写；全书由高笑娟负责统稿。

本书在编写过程中引用了许多专家、学者的研究成果和资料，在此一并表示感谢。由于作者水平所限，书中难免有不妥之处，恳请广大读者批评指正。

高笑娟

2010年3月

目　　录

第1章 绪 论

1.1 桩基础概述

1.1.1 桩基础的发展简况

桩基础(简称桩基)是迄今为止应用最为广泛的建筑物基础,适用于上部建筑物荷载较大,而作为持力层的土层又埋藏较深的情况。

桩基础是最古老的基础型式之一。早在有文字记载之前,人类就懂得在地基条件不良的河谷和洪积地带采用木桩支承房屋。1982年,在智利发掘的文化遗址中的桩,距今已有12000~14000年。我国最早的桩基距今已有七千多年。据历史文物遗址的挖掘显示,我国历史上最早的桩出现在浙江省宁波市余姚的河姆渡,作为古代干阑式木结构建筑的基础是由圆木桩、方木桩和板桩这三种木桩组成的桩基础。圆木桩直径一般在6~8cm,板桩厚2~4cm,宽10~50cm,木桩均系下部削尖,入土深度最深达115cm。

桩基经久耐用。我国古代许多建造于软弱地基上的重型、高耸建筑以及历史名桥,都是成功地运用了桩基才抵御住了无数次地震灾害和海浪冲击而不失雄姿。如饱经风霜的上海龙华塔(977年重建)至今仅略有倾斜;山西太原晋祠圣母殿(建于1023~1031年)至今仍无明显不均匀沉降;闻名中外的北京市郊卢沟桥(重建于1189~1192年),虽已局部损坏,但仍能承受四百多吨的大型平板车正常运行。

从桩基使用的材料来说,早期多采用天然材料的木桩、石桩;混凝土出现后,混凝土桩和钢筋混凝土桩得到广泛应用;现阶段除钢筋混凝土桩大量使用外,钢桩系列以及特种桩系列(超高强度、超大直径、变截面、异型桩等)也得到发展和推广。

工程中最为常用的灌注桩,包括人工挖孔桩和机械钻孔桩两大类。人工挖孔桩先于1893年在美国问世,至今已有110余年。为满足承载力要求,工程师不得不考虑将桩设在很深的持力层,并且还必须将其截面设计得很大。

钻孔灌注桩是在人工挖孔桩问世后约50年,即20世纪40年代随着大功率钻孔机具研制成功在美国问世。随着第二次世界大战后世界各地经济的复苏与发展,不断兴建的高层、超高层建筑物和重型构筑物绝大多数都选择钻孔桩为基础型式。自七八十年代以来,钻孔桩在世界范围出现了蓬勃发展的局面,其用量逐年上升。

我国应用大直径灌注桩始于 20 世纪 60 年代初,当时先在南京、上海、天津等地作为桥梁和港工建筑基础;自 70 年代中期陆续在广州、深圳、北京、上海、厦门等大城市应用于高层和重型建(构)筑物;至 80 年代末 90 年代初,大直径灌注桩迅猛发展,仅数年已普及全国除西藏外的各省、市、自治区数以百计的大城市及各新兴开发区,应用于包括软土、黄土、膨胀土等特殊土在内的各类地基。北京、深圳等地还编制了大直径灌注桩的技术规程。据估计,近年我国应用大直径灌注桩数量之多已堪称世界各国之最,可谓起步虽晚但发展迅猛。

一个世纪以来世界各地的应用情况说明,大直径人工挖孔桩的问世,解决了当时某些工程面临的难题,更重要的是突破了沿袭的传统,这就是人类自从利用天然木材制桩,以至 19 世纪 20 年代曾企图利用铸铁制桩,后因其性质脆而失败,20 世纪初开始成功地利用热轧型钢制桩,稍后又利用钢筋混凝土制桩,都一直采取先预制而后借助某种机具打入土中的传统。人工挖孔灌注桩取法于混凝土在上部结构司空见惯的现浇工艺,却为古老的桩基技术开创了一条崭新的工艺路线。

桩基技术发展到现阶段,在桩型和施工工艺等方面不断地推陈出新,桩的成桩工艺和应用比过去更为多样化,特别是在桩基设计和施工领域中提出了许多崭新的概念和理论。单桩设计承载力越来越大,设计者不得不从诸如桩身材料优选、加大桩身截面、追求有效的新成桩工艺等途径来着手,于是出现了各种新型高承载力的改良桩系;同时电子计算机和数值计算方法的巨大成就给桩基设计提供了方便快捷的研究方法,桩基的设计理论迅速向着更完善的目标发展。桩基设计和施工规范化已受到了工程界的高度重视,有关各种新型桩系的标准与规范在不断地推出。

1.1.2　桩基础的分类

桩基按照不同的分类方法,可以分成不同的种类(表 1-1)。

按桩身各部分承担的荷载比例来分类,纯端承桩、摩擦端承桩、端承摩擦桩、纯摩擦桩桩身各部分承担的荷载比例见表 1-2。

各类桩型都不是万能的,都有其各自的优缺点和适用范围。如近年来灌注桩在我国得到广泛而迅速的发展,与其他桩相比,它有很多优点,如造价低、节省钢材、当持力层顶面起伏不平时容易处理等,利用人工挖孔的地基土体作为成桩模具,无需像预制桩一样用外力将桩体贯入地基但施工质量要求严格。据统计,我国个别省区灌注桩用量已达桩基工程的 80% 左右。随着高层建筑的发展,大直径灌注桩增长迅速,直径可达数米。但是由于灌注的混凝土为流体,所以桩的成形将完全依赖人工挖孔的型状,土体自身的性质变化多端,以及地下水的影响,决定了土体不是一种理想的成桩模具,桩身质量毕竟不像预制桩那样稳定和可靠,混凝土强度也难保证。在分析灌注桩的承载力时,混凝土向土体的渗透、桩身的缩径、断桩、局部夹泥、混凝土离析、顶端混凝土疏松等都是需要考虑的因素。

表 1-1　桩的分类（武熙等，2004）

分类方法	桩的种类		分类方法	桩的种类		
按承载性状分类	摩擦桩	纯摩擦桩	按桩施工方法分类	灌注桩	无护壁作业	螺旋钻孔桩
		端承摩擦桩				机动挖孔灌注桩
	端承桩	纯端承桩				人工挖孔灌注桩
		摩擦端承桩			泥浆护壁作业	潜水钻孔灌注桩
按桩身材料分类	钢桩	钢板桩				冲击灌注桩
		钢管桩				磨盘钻孔灌注桩
		异型截面钢桩			沉井护壁作业	震动桩
	混凝土桩	普通混凝土桩				锤击桩
		预应力混凝土桩				贝诺特桩
	组合材料桩	钢桩与混凝土桩组合				弗朗基桩
		木桩与混凝土桩组合		预制桩	按成桩方法分	打入桩
按桩型分类	等截面桩	等截面方桩、圆桩				震动沉入桩
		等截面管桩				静力压入桩
		等截面板桩				锚杆静压桩
	扩底桩	挤扩桩			按材料分	混凝土桩 / 普通混凝土桩
		挖扩桩				预应力混凝土桩
		爆扩桩				钢桩
		夯扩桩		按桩直径大小分类	小直径桩	桩径 $d<250mm$
	异型桩	多层扩大桩			中等直径桩	桩径 $250mm<d<800mm$
		树根型桩			大直径桩	桩径 $d>800mm$
		锥型桩		按桩使用功能分类	竖向抗拔桩	
		梯型桩			竖向承压桩	
		螺旋桩			横向受荷桩	
		支盘桩			组合受荷桩	

表 1-2　桩侧摩阻力占桩承载力的比例

分类 承载	纯摩擦桩	端承摩擦桩	摩擦端承桩	纯端承桩
桩侧摩阻力	100～95	95～50	5～50	0～5
桩端承力	0～5	5～50	95～50	100～95

为改善灌注桩的受力状况,提高单桩承载力和减小沉降,结合不同的地基设计要求,工程中出现了各种灌注桩新桩型,如扩底灌注桩、多节挤扩灌注桩、钻埋大直径空心桩等,同时出现了很多新的成桩工艺和地基处理方法。下面对一些工程中常见的桩型进行简单介绍。

1) 扩底桩

扩底桩是以桩端阻力为主、桩侧阻力为辅的桩型。通过压力或者机械方式在桩底型成扩大头,增大了桩端承载面积,与同样长度的普通桩相比,扩底桩可大大提高承载力,降低工程造价。在建造较重型建筑物和高层、超高层建筑中,替代大直径、超长灌注桩,经济效益比较显著。

根据扩底桩型成底部扩大头的方法不同,扩底桩又可分为夯扩桩、静压扩底桩、机械扩底桩、人工挖孔扩底桩、压力注浆扩底桩、爆炸扩底桩等。其中,夯扩桩在成桩过程中,被动土体被震动、挤密,使桩土体系得到较大改善,桩端和桩侧被动土体被压密,也提高了桩端和桩侧阻力,对于易液化土体,在震动挤压作用下还能增加密实度,不同程度地提高了土体的抗液化能力。在成桩时,通过高频激震,还能对所灌注的桩身混凝土产生较强的震捣作用,从而提高混凝土的密实度。

国内外主要的端部夯扩桩包括:阿尔法桩(Alpha pile)、得尔塔桩(Delta pile)、法兰克桩(Franki pile)、麦克阿瑟柱桩(MacArthur pedestal pile)、道塞提桩(Dowsett pile)、西方柱桩(western pedesel pile)、GKN 打入桩、由维斯特雷顿 BV 桩(Verstraeten BV)、辛普勒克斯桩(Simplex pile)、日本 TFP 工法扩底桩、夯底灌注桩、内夯式灌注桩及冲扩桩等。这些桩各有其特点,例如,日本 TFP 工法扩底桩的特点是扩底直径与桩身直径之比小于 2,而扩大头视桩端进入持力层深度而定有数米之高,有实例达 8m。

结合不同的地基设计要求,工程中还出现了各种扩底新桩型,如孔底夯碎石混凝土灌注桩、夯扩挤密水泥土桩、钻孔灌注桩桩底后注浆、人工扩底灌注桩和大直径人工挖孔灌注桩等。

2) 异型断面桩

桩身的比表面积(侧表面积与体积之比)越大,桩侧摩阻力所提供的承载力就越高。因此,为提高桩的竖向承载力,可将桩身截面做成三角型、六边型、环型、十字型、H 型等异型断面桩,或做成楔型、螺旋型、"糖葫芦"型等变截面桩。为提高桩端总阻力,常将桩端做成扩大头。桩身的横向刚度越大,对于减小横向荷载下桩的位移和桩身内力的效果越明显,因而,受横向荷载桩的桩身可做成矩型、T 型、工字型、"8"字型(两圆桩相切)、十字型等异型桩,或将承受弯矩较大的上段做成异型断面桩。

3) 碎石桩和 CFG 桩

碎石桩是指用震动、冲击或水冲等方式在软弱地基成孔后,再将碎石挤压入已成的孔中,型成大直径碎石构成的密实桩体。碎石桩又可分为震冲碎石桩、挤密碎石桩和干震碎石桩。碎石桩是一种常用的地基处理方法,广泛应用于工业民用建筑、铁路、高速公路和土石堤坝的地基中。

CFG(cement fly-ash grave)桩是近年来发展起来的一种新桩型,是由碎石、石屑、砂、粉煤灰掺水泥加水拌和,用各种成桩机械制成的可变强度桩。通过调整水泥掺量及配比,其强度等级在 C5~C25,是介于刚性桩与柔性桩之间的一种桩型。CFG 桩和桩间土一起,通过褥垫层型成 CFG 桩复合地基共同工作,故可根据复合地基性状和计算进行工程设计。CFG 桩一般不用计算配筋,并且还可利用工业废料粉煤灰和石屑作掺和料,进一步降低了工程造价。CFG 桩在砂土、粉土、黏土、淤泥质土、杂填土等地基均有大量成功的实例。

4) 复合载体夯扩桩

复合载体夯扩桩是近几年来针对夯击式沉管扩底桩存在的问题发展起来的,它吸收了国外的夯击式沉管扩底桩的优点,摒弃沉管灌注桩的一些缺点,是具有中国特色的一种桩型。复合载体夯扩桩的基本原理是采用细长锤夯击成孔,将护筒沉到设计标高后,细长锤击出护筒底一定深度,分批向孔内投入填充料和干硬性混凝土,用细长锤反复夯实、挤密,在桩端型成复合载体,然后放置钢筋笼,灌注桩身混凝土而型成的桩。复合载体夯扩桩通过特定的工艺,对桩端下一定范围内土体进行挤密加固,提高了地基土的承载力,以达到提高复合载体夯扩桩承载力。自开始应用以来,由于其具有施工简单、承载力高、质量易保证、造价经济等特点,很快在全国范围内推广,为基础工程设计提供了一个全新的方案。

5) 筒桩

筒桩是在沉管灌注桩的基础上加以改进发展而成的一种新桩型,该技术是谢庆道先生自主研制开发的一项专利技术,专利号为 ZL98233440.0(朱明双,2006)。筒桩属于弱挤土桩,它改变了普通沉管灌注桩的施工工法,采用双钢管筒加环型桩尖结构,套管上部与震动锤连接,下部与桩靴上的内、外支承面相接触,应用高频震动头将桩筒沉入土中,外管和内管型成排土体积向内心挤密并部分排出地面,外侧土体基本不受挤压,这既避免了沉管灌注桩易产生的质量缺陷即离析、缩径、断桩等;又克服了沉管灌注桩挤土效应强易对周围环境造成不良影响、桩径小和承载力低等缺点,因此近年来,筒桩在公路桥梁工程、海洋水利工程、基坑工程方面都得到了较为广泛的应用。

6) 钻孔咬合桩

钻孔咬合桩是采用机械钻孔施工,桩与桩之间相互咬合排列的一种基坑围护结构。施工时,A 桩(又称母桩)采用超缓凝型混凝土先期浇筑;在 A 桩混凝土初凝前利用套管钻机的切割能力切割掉相邻 A、B 桩相交部分的混凝土,然后浇筑 B 桩,实现 A、B 桩的咬合(刘丰军等,2006)。根据工程需要 A 桩可以采用素混凝土桩、混合材料(如水泥土)桩、钢筋(矩型钢筋笼)混凝土桩或型钢加劲桩,B桩中一般配置圆型钢筋笼,其咬合方式如图1-1所示。

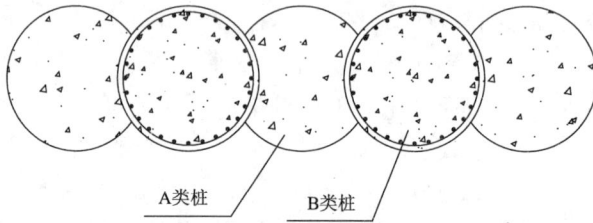

图 1-1　钻孔咬合桩示意图

近年来,各种桩基技术、地基(或土体)加固技术及地下墙技术等正在相互交流渗透或者嫁接移植,从而产生了新桩型、新工艺、新技术。如新出现的壁桩,是从地下墙演化而成并提高了地下墙施工机械的利用率。它起源于法国,称为"Bar-rette",在我国台湾和香港早有应用。其他类型的异型桩还有竹节桩、树根桩等。

1.1.3　桩基础的发展趋势

桩基技术在历史发展过程中,应特别指出以下几点:

(1)桩基技术的发展受工业化的影响巨大。例如,水泥工业的问世,现代钢铁工业的高速发展以及化学工业的崛起,都使桩基技术及其应用型成了独特的时期或阶段。

(2)由于桩型及施工工艺不断推陈出新、千变万化,桩基的有关理论概念和桩的效用都发生了许多实质性的变化,桩的应用及成桩工艺比过去更为多样化和复杂化。

(3)随着桩基技术的改良和发展,桩已不只是单独地被应用,而是在许多情况下与其他的基础型式或工艺联合应用。

(4)桩基设计及施工规范化已受到工程界的高度重视,有关各种桩系的规范正在陆续制定和推出。

(5)桩基的施工监测和检测已型成一项相当丰富有效的技术。

未来工程建设的大规模与高难度以及桩基工程本身的复杂性必将向以下趋势发展:

(1)桩型及其适用范围通过定型化和规范化进行科学筛选和整理,以改变过去规格和型式繁多,桩工机械和工艺难以适应的弊端。

(2)超高强度材料及无公害成桩工艺将成为未来桩基础技术研究的主要内容。在许多情况下,桩和桩基的含义将被拓展,工程实践中将涌现出新的支护结构和深基础,例如,桩墙、格栅状群桩护壁、圆筒式环型支护结构等将在桩基设计和施工理论中被进一步分析、论证和完善。

（3）化学和化工技术开始向岩土工程领域渗透并显示了其巨大影响和威力。例如,桩基工程环境反应的化学研究与桩身材料和桩尖与持力层加固的化学灌浆处理、油母页岩地基中桩基设计与施工、高压喷射成桩的工艺与理论等。

（4）经过一定时期的实践,已有许多试探式的桩型和工艺将得到确认和淘汰,目前的混乱现象将有所改观。科学将代替纯经验,规范将代替随心所欲,可靠而有效的计算将代替劳民伤财的现场承载试验,无公害施工技术将代替现时伴随着有噪声、震动、排土及污染等的成桩工艺,特别是自动化将在桩基施工中显示其非凡作用。

（5）在不久的将来,桩基技术中一系列特殊问题:如膨胀土中桩的设计和施工;基岩埋藏很深的软土地基中大荷载桩承载力的提高与保证;桩承载力的时间效应;沉桩施工控制的简单可靠方法;特殊桩型(树根桩、斜桩、桩墙、桩与其他构件联合结构等)的工作机理和应力与位移计算;桩基施工的环境效应;以及桩的压屈分析等。这些问题将会受到岩土工程科学工作者的特别关注,其中大部分可望获得满意的解决。

1.2 支盘桩的发展和研究现状

1.2.1 支盘桩的概念和发展简史

我国目前采用较多的钢筋混凝土灌注桩是靠桩周摩阻力与桩底端承力共同作用来完成荷载传递的。对同一地基土,支承面积越大,桩身摩阻力越大,则桩的总支承力就越大。为了提高单桩承载力,人们大都围绕着提高桩周摩阻力与桩底端承力这两方面来研究。要提高桩的摩阻力,只有增加桩长或增大桩径以提高桩的比表面积,但增加桩长特别是增加桩径会大大增加混凝土的用量,使混凝土的抗压强度不能充分利用造成材料浪费。因此,人们大都在桩的端承力上下工夫,出现了扩底桩、夯扩桩、桩底注浆等改良桩。

20世纪50年代后期,印度开始在膨胀土中使用多节扩孔桩,六七十年代,印度、英国以及苏联在黑棉土、黄土、亚黏土、黏土以及砂土中使用多节扩孔桩,当时有20余篇文章报道了直孔桩、扩底桩、两节和三节扩孔桩的对比试验结果(包括模型试验和现场静载试验)(巨玉文,2005)。

为防止地震时地基土液化,可采用结节桩。在打结节桩时,桩周堆放一定量的砾石,桩沉入时桩身的结节将砾石带入土中,在桩周型成一个一定厚度的砾石圈。桩周的砾石既起到排水作用,又可加速打桩引起的超孔防水压力的消散,使桩的承载力能较快地达到稳定,同时又能释放地震引起的超孔隙水压力,从而防止土的液化。试验表明,结节桩的承载力比普通桩高出 30%～40%。日本在采用这种桩型方面具有较多经验。按日本 Takenchl 工程公司的经验,最大结节直径为 500mm,桩身直径为 400mm,桩最大入土深度为 12m。

1979 年,建设部北京建筑机械研究所和北京市机械施工公司在国内首先研制开发出挤扩、钻扩和清虚土的三联机,简称 ZKY-100 型扩孔器。同年,北京市桩基研究所首先在劲松小区对用该挤扩装置制作成的四节挤扩分支桩和相应的直孔桩进行了竖向受压静载试验,试验表明,前者的极限荷载为后者的 138%。

1987 年初,北京市建筑工程研究所等在团结湖小区进行干作业成孔的小直径(桩身直径 300mm,扩大头直径 480mm)两节和三节扩孔短桩(桩长不足 5m)的施工工艺及静载试验研究。

20 世纪 90 年代,北京俊华地基基础工程技术集团研制开发出该公司的第一代锤击式挤扩装置(冲击锤锤出两支腔的简易设备)和第二代 YZJ 型液压挤扩支盘成形机(单向液压油缸两支腔挤扩),依此实施挤扩多分支承力盘桩。

1998 年,贺德新研制开发出新型的多功能液压挤扩装置,并先后于 2000 年 10月 11 日和 2001 年 4 月 17 日获中国和美国的发明专利授权。2001 年 12 月 12 日,贺德新"多节扩桩"实用新型专利获中国国家知识产权局授权。

目前,国内外采用的方型和圆型断面桩,在沿高度方向都是垂直线型的,主要靠桩周与土体的摩阻力,因此这一类的桩承压、抗拔、抗水平剪切能力都很差。树根有扩展范围很大的主根、侧根和毛根组成的根系深入土中,在根系范围内型成坚硬密实的复合土体,具有很好的承压能力、抗拔能力、抗水平剪切能力,稳定性好。支盘桩是在系统总结了各种常用地基处理的方法和分析研究树根结构特点的基础上采用仿生原理创造发明的一种新型桩基。

支盘桩由主桩、若干个承力盘、数对分支和周围被挤压密实的土层组成。由于分支和承力盘的存在,增加了桩体受力范围,增大了桩的端阻力和侧摩阻力,支盘桩与树根的根系结构和作用类同,具有很大的承压、抗拔和抗水平荷载能力,而且稳定性能好。支盘桩主桩孔的施工与普通混凝土灌注桩毫无区别,可以是螺旋钻成孔或回旋钻成孔,而承力盘和分支的成形,则是通过专门的液压挤扩支盘成形机或旋扩机在主桩普通圆形桩孔内的不同部位施做近似于圆锥盘状的扩大头腔,随后放入钢筋笼,充填混凝土,即型成桩身、分支、承力盘和桩端共同承载的桩型。周围土体与腔内灌注的钢筋混凝土桩身、支盘紧密结合为一体,充分发挥了桩土共同承担上部荷载的作用,有效地挖掘了地基潜力,增加了基桩的端承面积,将原来只有一个端承点的端承摩擦桩改变为多个端承点的摩擦端承桩,从而改变了桩的受力机理,使基桩承载力大幅度增加。相对于等径普通混凝土灌注桩而言,支盘桩的桩身结构发生了根本改变,其成桩工艺和设备也为之一新。支盘桩的出现对克服混凝土灌注桩的许多技术欠缺、提高和改进混凝土灌注桩的承载性状有着重大的影响和改进,成为灌注桩大家族中一项新的技术成果。

挤扩支盘灌注桩又称"多级扩盘桩"、"多支盘钻孔灌注桩"、"挤扩多支盘DX灌注桩",或简称"DX"桩,是在等截面钻孔灌注桩基础上发展起来的一种新型桩,其成功应用并迅速发展的基础是 20 世纪 80 年代末俊华集团张俊生先生发明了支盘挤扩成形的液压设备—支盘机。技术及其设备在 1990 年取得了国家发明专利,随后又在美国、欧洲、日本、加拿大、泰国等地取得或申请了专利。

挤扩支盘灌注桩最早于 1992 年在工程中使用,迅速发展到包括北京、天津、河北、山东等十余省市的百余项工程中,应用效果良好。浙江省于 2000 年由北京俊华地基基础工程技术集团在杭州高新开发区软件园 9 号楼(软件开发中心)首先试验应用成功,并于 2000 年 12 月 24 日通过了浙江省建设厅认证。

挤扩支盘桩的桩体、承力盘和分支如图 1-2 所示。

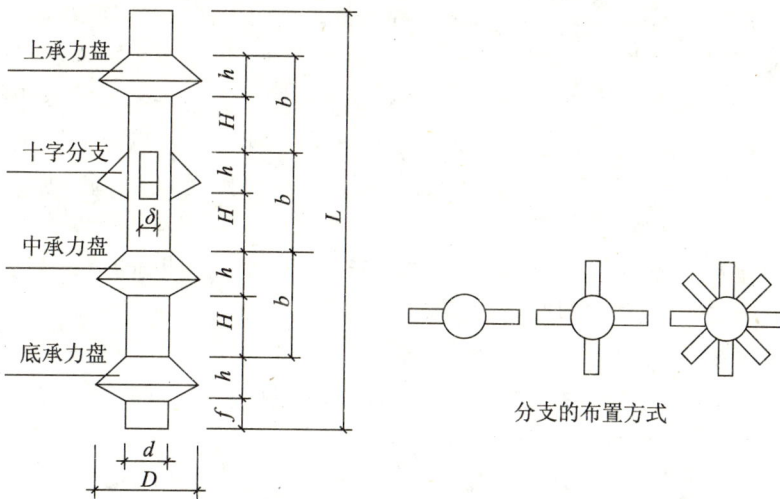

图 1-2 挤扩支盘桩构造示意图

d. 主桩径;D. 承力盘(分支)直径;L. 桩长;b. 支盘间距;
H. 支盘净距;h. 支盘高度;c. 盘间距;f. 桩根长度;δ. 分支厚度

1.2.2 挤扩支盘桩的特点

1. 挤扩支盘桩的主要优点

(1) 它可充分利用桩身上下各部位的硬土层。支盘灌注桩是采用普通钻机成孔,通过专用装置液压挤密,充分利用沿桩身深度范围内地基土中的各硬土层来设置承力盘和分支,扩大了基桩与硬土层的接触面,发挥了支和盘的端承作用,增加了基桩的端承面积,将原来只有一个端承点的端承摩擦桩改变为多个端承点的摩擦端承桩,从而改变了桩的受力机理。同时,支盘灌注桩还对分支或承力盘上下的桩周土进行了挤密加固,提高了地基土的承载力和桩侧摩阻力。灌入混凝土后,支盘与混凝土桩身紧密结合为一体,提高了桩土共同作用的能力。这样的桩基础会使建筑物稳固、抗震性能好、沉降变型小。在相同土层条件下,它与相同桩径、桩长的普通混凝土灌注桩相比,承载力高,沉降量小;混凝土用量增加 10%~20%,承载力则可增加 60%~100%。

(2) 施工设备和工艺简单,操作简便。支盘桩施工时,只需在常规钻孔桩的工序上增加一道支盘的挤扩工序(即完成钻孔后,用配套的支盘成形设备实施支盘的成形),然后进行钢筋笼入孔等后续工序。目前的施工设备,具有机械强度高、挤扩力大、工作安全、成形可靠、工艺简单、操作灵活和维修方便等特点。工作人员经短期培训可独立操作挤扩设备。

(3) 节约原材料、缩短工期、降低工程造价。相同单桩承载力的挤扩支盘桩与普通钻孔灌注桩相比,可节约原材料 30%~50%,缩短工期 30%左右,降低工程造价 30%左右。由于桩端和各支盘处的受载支承面积比普通桩增大较多,因而其桩端支承力可大大提高;桩的整体端支承能力增加,对于单桩可以降低桩体长度,对于群桩可以减少桩的数量,因此可大大节省材料和桩孔开掘工作量,提高了经济效益。

(4) 抗拔性能、稳定性好。由于桩身的支盘受土体的支撑作用,改善了桩身刚度,提高了桩的抗拔力,增加了桩的稳定性,提高了抵抗水平荷载的能力。

(5) 配有自动监控数据处理系统,施工中,技术含量高,机械化程度高。施工时可通过地面工作站,了解地层变化及设备运行情况。在隐蔽工程工作中,通过压力表、传感器显示和记录挤扩的压力、角度数据,利用计算机存储记录,便于存查。

(6) 成孔成桩工艺适用范围较广。可用于泥浆护壁成孔工艺、干作业成孔工艺、水泥注浆护壁成孔工艺和重锤捣扩成孔工艺等。支盘成形设备方便灵活,操作简单,可与大多数成孔机械配合使用。

(7) 综合经济效益显著。支盘桩的单方混凝土承载力为相同直径的普通直孔灌注桩的两倍以上,有良好的承压、抗拔能力。挤扩支盘桩为渐近压缩型桩,它可以根据需要对不同土层进行加固处理,通过调整支盘的间距来满足不同承载力的要求,充分利用了承载力较高的土层。作为高层建筑及重要构筑物的基础,可供设计灵活使用,既可作桩下单桩方案以减少承台施工量,又可沿箱基墙下或筏基柱下布桩以减少底板厚度及配筋量。这不仅能节省投资,而且施工方便、工期短、造价低、质量优。能充分利用桩身上下各部位的硬土层,从而改变了普通等直径钻孔灌注桩(以下简称直孔桩)的受力机理使建筑结构稳定耐震,沉降变型小。

承力盘直径较大,桩与承力盘直径关系见表 1-3,由表 1-3 可见支盘直径与桩身直径之比约为 2∶1。桩身的比表面积有所增大,桩侧摩擦阻力所提供的承载力有所提高。另外由于盘面与硬土层接触面积的扩大,充分发挥了地基土的端承作用,提高了单桩承载力。因此,在荷载相同的情况下,比普通灌注桩缩短桩长、减小桩径或者减少桩数,乃至减小承台尺寸,因此能节省投资、缩短工期。一般来说,在满足同等承载力要求的情况下,可节约原材料 40%～70%,节省工程造价 20%～30%,经济效益十分显著(表 1-4)。

从表 1-4 可见,一个支盘桩面积比普通灌注桩增加 2.3～5.6 倍,若设置 3 个支盘承载面积将增加 6.9～16.8 倍,因而支盘桩承载力较普通灌注桩大大提高。

(8) 对不同土质的适应性强。在内陆冲积和洪积平原及沿海、河口部位的海陆交替层及三角洲平原桩身穿过软土层后,利用其下的硬塑黏性土、密实粉土、粉细砂层等均适合作支盘和桩端的持力层。可在多种土层中成桩,不受地下水位高低限制,可根据承载力的需要,充分利用硬土层,采用增设分支和承力盘数量以提高单桩承载力(竖向抗压承载力、水平承载力、抗拔承载力)、桩身稳定性以及抗震性能。15～30 层高层建筑最适合使用支盘桩基,大型工业厂房、水塔、烟囱、电厂冷却塔、水厂清水池、市政立交桥、复合地基、基坑支护等均可采用支盘桩基。

表 1-3　挤扩支盘桩与普通灌注桩单桩面积增加比(徐至钧等,2003)

序号	主桩身直径 d/mm	主桩身面积 A_1/cm²	支盘直径 D/mm	支盘面积 A_2/cm²	单桩面积增加比 n	备注
1	350	961.6	900	5396.9	5.6	
2	450	1589.6	950	5495	3.5	
3	550	2374.6	1000	5475.4	2.3	
4	650	3316.6	1200	7987.4	2.4	
5	700	3746.5	1400	11539.5	3.0	表中以一个支盘的面积计算面积增加比
6	750	4415.6	1600	15680.4	3.55	
7	800	5024	1800	20410	4.07	
8	900	6358.5	2000	25041.5	3.9	
9	950	7084.6	2200	30909.4	4.36	
10	1000	7850	2500	41212.5	5.25	

表 1-4　挤扩支盘桩与普通灌注桩在工程应用中的技术经济对比表(武熙等,2004)

工程编号	桩型	桩数/根	桩径/mm	桩长/m	支盘数与盘径	设计承载力/kN	静载荷试验承载力/kN	单桩混凝土量/m³	单方混凝土承载力/(kN/m³)	单方混凝土承载力之比	基桩造价/万元
A	支盘桩	96	500	10.7	2-D1200	600	722	3.06	236	2.11	29.32
	普通桩	96	600	20.4	—	600	667	5.94	112	1	51.72
B	支盘桩	763	500	9.0	1-D1200	310	355	2.27	137	1.44	172.85
	普通桩	763	500	16	—	310	—	3.25	95	1	234.91
C	支盘桩	199	500	19	4-D1200	1500	1693	5.53	271	2.05	109.83
	普通桩	199	800	22	—	1500	—	11.35	132	1	204.86
D	支盘桩	464	500	22.3	2-D1200	1500	1667	5.52	302	1.41	255.62
	普通桩	696	800	22.3	—	1000	2407	11.20	215	1	707.02
E	支盘桩	313	700	24.0	2-D1800	3500	3850	12.00	320	1.69	374.85
	普通桩	621	700	24.0	—	1750	—	9.24	189	1	520.40
F	支盘桩	91	620	20.8	3-D1400	2300	2500	7.60	695	2.37	69.02
	普通桩	188	800	18.3	—	1350	—	9.20	293	1	156.87

注:支盘桩混凝土定额按 998 元/m³,普通桩混凝土定额按 907 元/m³ 计。

(9) 具有广泛的适用性。支盘桩不仅可以作为承载桩,也可作为支护桩、抗拔桩、承受较大水平荷载的桩等。

(10) 对环境保护有利。与打入式预制桩相比,施工噪声低、无震动,不会产生预制桩大体积大面积挤土带来的副作用。与普通泥浆护壁直孔灌注桩相比,在完成等值承载力的前提下,泥浆排放量减少一半左右,尤其适用于对环保要求较高的城市地区。

(11) 抗震和承受动荷载的性能高。支盘桩的各承力盘与持力层土体相互嵌固,使挤扩支盘桩竖向抗压承载力、抗拔承载力、抗桩顶水平推力都得到相应的提高,对承受动荷载的桥梁桩基、重型工业厂房大吨位行车大跨度柱下的桩基和抗震设防建筑桩基的稳定性,均起到良好的作用。

(12) 容易实现一柱一桩。由于挤扩支盘桩的承载力很高,较容易实现一柱一桩或小承台桩基方案,以替代整板基础或条型基础,从而使主要以受弯构件的型式向地基土传送荷载变成主要以受压构件的型式向地基深层空间传送荷载,充分利用了混凝土的受压特性和深层地基土的承载潜力。

挤扩支盘桩与其他桩型的对比见表 1-5。

表 1-5　挤扩支盘桩与其他桩型的对比(钱德玲,2003)

模型	优点	缺点
预制桩	适用于土层较软弱,有较好的持力层,对桩周土产生挤密作用,施工质量较稳定	锤击产生噪声污染,配置较多钢筋,造价高
普通灌注桩	施工方法较简单,适应性较强	比挤扩支盘桩造价高,钢筋、水泥用量多,桩尖虚土难于处理,桩身可能有缩径
锥型桩	挤土效果好,利用锥面可增加桩的侧阻力,承载力比等截面(体积相同条件下)桩提高 1~2 倍,沉降量较小	长度有限,产生噪声、震动等
竹节桩	可防止地震时地基土的液化,可提高侧阻力,承载力比普通桩高 30%~40%	产生震动噪声,污染。入土深度较短,承载力有限。竹节处尺寸扩大有限
沉管灌注桩	能改善灌注桩和预制桩等桩的施工缺欠	仅适用上部为软弱土层,下层为较好的持力层的土层。产生噪声,也易产生桩身质量问题。承载力较低,事故较多
大直径桩	施工简便,造价低,承载力高,混凝土质量易于保证,抗震性能好,桩底土可检查	对无黏性的砂、碎石类土,难于在水下型成扩大头。孔壁松弛效应导致侧阻力降低,要求大功率施工成桩机具。人工挖扩桩孔易出安全事故
孔底注浆桩或碎石注浆桩	由于二次注浆可解决普通灌注桩的桩尖虚土及桩身与土的收缩缝隙,提高承载力	二次注浆需多耗费水泥、造价高。易对相邻基础产生不利影响。碎石注浆桩桩身质量难于保证
CFG(水泥粉煤灰碎石桩)桩	可节约用砂及水泥,桩的可灌性好	承载力提高有限,不适于作支承桩
挤扩支盘桩	集预制桩、夯扩桩、灌注桩的优点,使用专利机具,根据需要可对不同的部位进行加固挤密,型成支盘,能以桩径小、缩短桩长,满足承载力大的要求。具有施工简便、造价低、承载力高、沉降量小的优点	在深厚软土、淤泥地基、无相对理想持力层时慎用

2.挤扩支盘桩的主要缺点

同其他桩型一样,支盘桩也不是万能的,它具有上述优点,也有不可避免的缺点。这些缺点一方面是由桩本身的结构型状及受力特性决定的,另一方面是由该

桩型应用的时间相对较短,人们对它的研究偏少和工程经验不足决定的,主要有以下几个方面:

(1) 设计参数及承载力计算公式尚需进一步完善。

(2) 因是多节桩,用低应变法监测其完整性难度较大。目前尚无科学而准确可控制支盘桩盘型空间成形质量的仪器的检测。

(3) 挤扩力还需增大,以便在硬土层中挤扩成桩。

(4) 在淤泥质土、风化岩层中使用效果较差。

(5) 施工场地狭小时,不利于成形器的摆放。

(6) 在设计中,支盘桩的型状、几何尺寸以及分支、承力盘的数量等技术参数的选取和确定还没有十分可靠的科学依据,因而其设计计算方法有待进一步研究、论证和验证。

(7) 支盘桩施工技术规范仍然处于地区性应用范围内,还没有确立一种通用的技术规范,使支盘桩技术推广和应用受到相当大的限制和约束。

(8) 支盘桩技术的基础理论研究时间偏短,科研经费和研究力量投入不足,实践工程量偏少。

1.2.3　旋扩珠盘桩

挤扩支盘桩成形时挤扩机多次挤扩成一个盘,两次挤扩之间经常型成土隔断,挤扩机旋转靠人工推动,不易准确掌握旋转角度,如遇到孔的垂直度有误或稍微有点缩径,挤扩机旋转更难,下次挤扩的土挤到上次挤扩的空隙处,必须人工去清除隔断、虚土,因此,只适合大直径桩应用,局限性较大。挤扩支盘桩的成形,虽然会对周围的土体起到一定的挤密作用,而在实际施工中,承力盘的位置往往选择在好的土层中,而该土层的土壤结构、土体的应力状态都已经型成固有的状态,如果此时强行施加挤扩外力,会使土体原本固有的结构型式、应力状态受到很大程度的扰动,严重时则会产生塌方现象。另外,从挤扩时施加的外力走向来看,挤扩成形是一种对承力盘的土体自上而下的挤压过程,其承力盘下方往往承受不了这种方式的挤压而出现塌方现象,成形后没有盘的型状,这在施工中经常出现。

针对传统成形方法无法解决侧向切削的难题,河南省洛阳市的萧守让于2002年发明了旋扩珠盘桩如图1-3所示。其设备为旋扩桩专用扩孔钻具(专利号:ZL02212479·9)和旋扩桩桩型(专利号:ZL02213868·4)。其机理是利用螺旋钻成孔后,成盘机扩盘,对桩身合适位置进行横向旋转切削成盘。旋扩珠盘桩技术很好地解决了小直径成桩的问题,切削成形出来的变径桩的质量明显优于传统的挤扩成形出来的变径桩的质量,尤其是对桩周土的扰动很小,远远小于挤扩支盘桩对桩周土的影响,保证了地质数据的可靠性、完整性,使得设计有据可依。如图1-3所示。

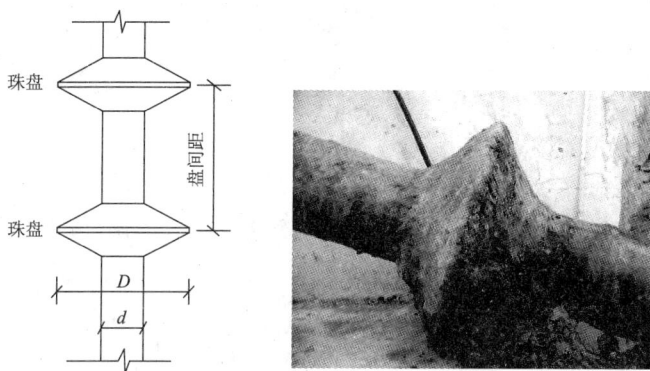

(a)旋扩珠盘桩示意图   (b)开挖出来的旋扩珠盘桩
图 1-3　旋扩珠盘桩

旋扩切削成形克服了挤扩成形以上所提及的几个缺点,从而达到对原状土的扰动很小,基本上不改变土体的性状、不会产生塌方的现象,承载腔腔体中的残土量很少,小桩径的变径桩也可以很好成形的要求。

河南中昌工程建设有限公司发明了集"旋扩"和"挤扩"一体的成桩机械,所成桩型称为"旋扩支盘桩"。这种机械构造简单,轻巧方便,能旋能挤。即在适合挤扩的土层中可以实现挤扩功能,支盘机的挤扩臂挤扩土体成盘槽,与挤扩支盘桩类似;在不适合挤扩的土层中采用旋扩的方式成桩,用旋刀旋转切削土体成盘槽,与旋扩珠盘桩类似。这种机械的发明,扩大了支盘桩的应用范围。

1. 旋扩珠盘桩的成形方法

旋扩珠盘桩成形方法为:先用长螺旋钻按照一定的深度和直径成孔,然后用螺旋设备在所设计的深度一边旋转一边切削,该设备的切削旋转速度为 20～40r/min,切削量为每转切削土层厚为 3～7mm,一般情况下,5min 左右可以完成一个承载腔体的切削工作。切削出来的残土掉入一个接土桶中,该桶容量稍大于一个被切削的承载腔的土的体积。切削工具在切削过程中已对承载腔腔体中的残土做了清理,使得成形后的承载腔腔体的质量能够得到保证。在完成某个指定的承载腔腔体的切削工作后,切削刀具会自动收回,此时连同接土桶一起从孔中提出,接着清理掉接土桶里的残土后,进行下一个承载腔腔体的施工。在承载腔腔体的成形过程中,不需要额外的人员下入孔内进行清理残土,这一点就是旋扩珠盘桩能够施工小桩径变径桩的关键所在。该设备在驾驶舱内可以控制孔的钻进深度、切削的开始、停止等相应的过程。

2.旋扩珠盘桩的特点

和挤扩支盘桩相比,旋扩珠盘桩有如下特点:

1) 旋扩珠盘桩的优点

(1) 成桩质量好。

成形形状规则,尺寸精确;承载腔体尺寸随机,灵活可调,方便快捷;避免了传统类型桩成形塌方和型状不规则现象等。

(2) 施工可控制性强、精度高。

旋扩珠盘桩的施工对桩周围土体扰动小,无震动(相对传统类型桩基施工方式),对地质条件破坏小,桩周土体数据完整有效,这就给设计者提供了准确可靠的计算依据,加上其承载腔体数量的可增减性,给精确设计、精确施工、优化方案提供了前所未有的便利和有力保证。

(3) 成形速度快。

使用专利设备,平均5min左右即可完成一个承载腔体的成形。效率高,并且无需人工清土、修整,节省人力资源,施工安全指数高。

(4) 可实现小桩径成形。

这是其他成形方法不能相比的,以专利设备成形尺寸直径 350～400mm 为例,盘径 600～1200mm,可随机调整。

(5) 噪声小。

旋扩珠盘桩施工设备小,施工过程中对土体扰动小,无震动,对周边建筑和环境无干扰,符合环保要求。

2) 旋扩珠盘桩的缺点

(1) 目前,旋扩珠盘桩的应用仅限于地下水位以上,尚未在水下试验成形。

(2) 当前的应用仅限于洛阳地区,其他地区尚无工程应用实例。

(3) 在岩石、卵石地基中无法成形。

(4) 由于理论研究缺乏,其承载机理尚不清楚,需要进一步研究。

由此可见,支盘桩出现以后经过十几年的发展,挤扩支盘桩有自身的种种优点,但是也存在不可克服的缺点,因此又出现了改进桩型"旋扩珠盘桩",这两种桩型在外型上相似,受力机理相同,只是成桩方法和所成桩尺寸有所差别。为了叙述方便,本书中的"支盘桩",除了特别说明外,包括"挤扩支盘桩"和"旋扩珠盘桩"两种桩型。

第2章　支盘桩的岩土工程勘察

挤扩支盘桩在设计和施工前,必须按照基本建设程序进行岩土工程勘察,岩土工程勘察应按照现行国家标准《岩土工程勘察规范》(GB 50021—2001)和《挤扩支盘灌注桩技术规程》(CECS 192:2005)的要求进行,能正确反映工程地质条件,满足支盘桩的设计条件及使用情况,并整理编写岩土工程勘察报告。

岩土工程勘察工作的复杂性和拟建项目的专业性,决定了岩土工程勘察工作的难度,而岩土工程是决定整个工程质量的重点,其勘探工作的实施尤为重要。

2.1　岩土工程勘察

岩土工程勘察是设计的先决条件,各项工程建设在设计和施工之前,必须按基本建设程序进行岩土工程勘察。岩土工程勘察应按工程建设各勘察阶段的要求,正确反映工程地质条件,查明不良地质作用和地质灾害,提出资料完整、评价正确的勘察报告。

2.1.1　岩土工程勘察的任务

岩土工程勘察是根据任务要求、勘察阶段、地质条件、上部结构的型式和荷重特点等,按照规范的技术要求,运用地质学、岩土力学、工程地质学的理论,按照科学的勘察程序与方法,利用有效的测试仪器和技术,调查、分析、论证与工程建设有关的工程地质条件和水文地质条件,评价与岩土工程有关的工程地质和水文地质问题,并将所得成果编制成岩土工程勘察报告书,提交相关部门,为工程建设的规划布局、设计计算、施工等提供翔实可靠的技术依据,为工程建设的设计、施工等提供翔实、科学、准确的地质资料,而且尽可能避免因工程的新建而恶化地质环境,引起地质灾害,达到合理利用和保护环境的目的。

岩土工程勘察一般程序为:确定勘察等级,在收集各项资料的基础上,编制勘察纲要并现场踏勘定位,根据不同的勘察阶段、工程要求和场地特征等,选用不同的勘察方法,进行实际勘察工作,整理各项勘察成果,编写并提交勘察报告。

2.1.2　工程地质条件

工程地质条件可以理解为与工程建筑有关的地质要素的综合,包括岩土类型及工程性质、地型地貌、地质结构、水文地质条件、物理地质现象以及天然建筑材料等六个要素。由此可见,工程地质条件是一个综合概念,在我们提到工程地质条件一词时,实际上是指上述六个要素的总体,而不是指任何单一要素。工程地质条件是指工程建筑所在场区地质及环境各项因素的综合,具体包括:

1) 岩土类型及工程性质

岩土类型是最基本的工程地质要素,任何建筑物都脱离不了土体或岩体。岩土的类型不同,其性质有很大差别,工程意义也大不一样,因而,岩土类型的划分是一项重要工作。岩土类型主要是按岩土的成因类型、沉积年代和力学性质等进行分类,分类的粗细与勘察阶段相适应,在规划阶段可按成因类型划分,在详细勘察阶段则须按物理力学性质划分。不同的岩土类型,其物质组成、结构构造不同,基本性质也存在差异,从而决定了它的工程特性有所不同。在工程地质勘察中,必须进行仔细的勘察、试验工作,查清岩土的分布情况、厚度变化,以取得较为准确的物理力学性质指标。

2) 地型地貌

地型地貌包括地型型态的等级,地貌单元的划分,地型起伏的变化,地面割切情况。例如,沟谷的发育系统、型态、方向、密度、深度及宽度;土坡型状、高度、坡度;山脊、山顶的型态、宽度、平整程度等;河谷的宽度、深度、阶地发育情况;不同地貌单元的特征及其相互关系等;地表的高低起伏状况、山坡陡缓程度、河谷宽窄及型态特征,不同地貌单元的特征及其相互关系等。

地型地貌对建筑场地的选择,特别是对线性建筑(如铁路公路、运河渠道等)线路方案的选择等意义重大。如能合理利用地型地貌条件,不但能够大量节约投资,而且对建筑群中各种建筑物的布局、型式、规模以及施工条件的合理选择和使用有着直接的影响,此外,地型地貌条件还能反映地区的地质结构和水文地质结构特征。

3) 地质结构

地质构造是基本的工程地质因素。地质构造是指构造运动使岩层发生变型和变位后所遗留下来的产物,常见的有褶皱、断层和节理。尤其是时代新、规模大的新构造断裂,对工程场地的稳定起着控制作用,不容忽视。地质结构除了包含地质构造外,还包括岩土单元的组合关系以及各类结构面的性质和空间分布。

土体和岩体的地质结构有所不同。土体结构主要是指土层的组合关系,亦即由层面所分隔的各层土的类型、厚度及其空间变化,以及地基中强度高低、透水性大小的土层的上下关系及其厚度,这些都对地基承载力和建筑物的沉陷变型情况起着决定性的作用。岩体结构主要是指岩层的构造变化及其组合关系,同时还包括各种结构面的组合,尤其是层面、不整合面等。

4) 水文地质条件

水文地质条件是重要的工程地质因素,主要包括地下水的成因、埋藏、分布,地下水的补给、径流和排泄条件,地下水的渗流对工程建筑的影响以及地下水的水质和对混凝土的侵蚀性等。

在工程建设中经常要考虑地下水位的高低度对各种建筑物的影响,在分析工程地质问题时,地下水位以上和以下需区别对待。地基中各层土的力学性质与天然含水量和稠度状态关系密切,这就决定于地下水位。在计算地基沉陷量时,需要考虑最高地下水位,黄土地区尤其应充分考虑地下水位升降幅度。

5) 物理地质现象

物理地质现象是指地表地质作用,它是指对工程建设有影响的自然地质作用和现象,包括地震、滑坡、崩塌、泥石流、岩溶、土洞、活断层、风化、河流冲刷以及洪水淹没及水流对岸边的冲蚀侵蚀等,这些地壳表层经常处于内动力地质作用和外动力地质作用的强烈影响之下,对建筑物的稳定和正常使用构成威胁,其规模常很巨大,甚至是区域性的。

许多建筑物的破坏往往不是因为建筑物本身不够坚固或地基不够稳定,而由于对与之有关的物理地质现象认识不够,缺乏调查研究和预测造成的。所以在工程地质勘察中必须将它作为重点之一,进行全面系统、深入细致的研究,它是工程地质条件中的一个重要因素,而且是一个活动性的要素。要研究它的发生、发展规律,产生的原因,影响其发生、发展的因素,型成的条件和机制,发展的过程和阶段等,以便对它做出正确的评价,制定合理的防治措施。在研究方法上除了一般的测绘勘察试验方法之外,还要进行长期观测,以了解其动态和动力学特征。

6) 天然建筑材料

许多建筑物的建筑材料是取之于土和岩石的,这称为天然建筑材料。例如,土石坝、路堤、路基、挡墙、护坡、码头等都需要大量天然建筑材料。又如,用作混凝土料的砂土和砾石,用作土石坝防渗设施的黏性土,所需的各种用途的天然建筑材料,都应符合一定的质量要求,满足数量的需要。

对需用天然建筑材料数量较多的建筑物来说,从经济效益着眼,为了减少造价,应当尽可能就地取材,即当地哪种天然建筑材料丰富,开采、运输方便,就应当尽可能使用该种天然建筑材料。所以,天然建筑材料的类型、质量、数量,以及开采运输条件对建筑物结构型式的选择具有决定性的意义。由此可见,天然建筑材料也是工程地质条件的要素之一。

2.1.3　岩土工程勘察等级的划分

根据建筑工程重要性等级、建筑场地等级、建筑地基等级综合确定岩土工程勘察等级。

1) 工程重要性等级

根据工程的规模和特征,以及由岩土工程问题造成工程破坏或影响正常使用后果的严重程度,分为三个工程重要性等级。

（1）一级工程:重要工程,造成后果很严重。

（2）二级工程:一般工程,造成后果严重。

（3）三级工程:次要工程,造成后果不严重。

2）场地的复杂等级

根据建设场地工程地质复杂程度可分为:一级（复杂）场地、二级（中等复杂）场地和三级（简单）场地。

场地的复杂程度主要是指具有下列条件之一:

（1）对建筑抗震危险、不利、有利（或抗震设防烈度小于等于 6 度）的地段。

（2）不良地质作用强烈发育、一般发育、不发育地段。

（3）地质环境已经或可能受到强烈破坏、一般破坏、基本未受破坏。

（4）地型地貌复杂、较复杂、不复杂。

（5）有影响工程的多层地下水、岩溶裂隙水或其他水文地质条件复杂,需专门研究的场地为复杂场地;基础位于地下水位以下的场地为中等复杂场地;地下水对工程无影响的为简单场地。

在确定场地复杂等级时,从一级开始向二级、三级推定,以先满足为准。

3）地基的复杂等级

地基的复杂程度主要根据两方面地质情况进行分级:岩土种类多少、分布均匀程度、性质变化大小是否需特殊处理;是否存在特殊性的岩土。按照其严重的程度分成一级（复杂）、二级（中等复杂）和三级（简单）地基。

4）岩土工程勘察等级

根据工程重要性、场地复杂程度和地基复杂程度等级,划分岩土工程勘察等级。

（1）甲级是指在工程重要性、场地和地基复杂等级中,有一项或多项为一级。

（2）乙级是指除勘察等级为甲级和丙级以外的勘察。

（3）丙级是指上述三项等级中均为三级的勘察。

如果建筑在岩质地基上的一级工程,但场地和地基复杂等级均为三级时,岩土工程勘察可定为乙级。

2.1.4　岩土工程勘察阶段的划分

房屋建筑与构筑物的岩土工程勘察阶段一般划分为可行性研究勘察阶段（选址勘察）、初步勘察阶段与详细勘察阶段（施工图设计勘察）。对于单体建筑物如高层建筑或高耸建筑物,其勘察阶段一般划分为初步勘察阶段和详细勘察阶段两个阶段。当工程规模较小且要求不太高、工程地质条件较好时,初步勘察与详细勘察可合并为一个勘察任务。当建筑场地的工程地质条件复杂或有特殊施工要求的重大建筑的地基或基槽开挖后,地质情况与原勘察资料严重不符而可能影响工程质量时,尚应配合设计和施工进行补充性的地质工作或施工岩土工程勘察。各勘察阶段的任务要求有以下 3 项。

1. 可行性研究勘察

这一阶段的工作重点是对拟建场地的稳定性和适宜性作出评价,其任务要求主要为:

(1) 搜集区域地质、地型地貌、地震、矿产和附近地区的工程地质资料及当地的建筑经验。

(2) 在搜集和分析已有资料的基础上,通过踏勘初步了解场地的地层结构、岩土性质、不良地质现象和地下水等工程地质条件。根据工程建设项目规划阶段应对几个建筑场址做比较的要求,进行可行性研究勘察。其目的是对拟选场址的稳定性和适宜性作出工程地质评价。

选择场地时,一般应避开下列地段:不良地质现象发育且对场地稳定性有直接危害或潜在威胁的地段;地基土性质严重不良的地段;对建筑抗震不利的地段;洪水或地下水对建筑场地有严重威胁或不良影响的地段;地下有未开采的有价值的矿藏或不稳定的地下采空区。

(3) 对工程地质条件复杂,已有资料不能符合要求,但其他方面条件较好且倾向于选取的场地,应根据具体情况进行工程地质测绘及必要的勘探工作。

2. 初步设计勘察

初步设计勘察是在可行性勘察基础上,根据已掌握的资料和实际需要进行工程地质测绘或调查及勘探测试工作,为确定建筑物的平面位置、主要建筑物地基类型及不良地质现象防治工程方案提供依据,对场地内建筑物地段的稳定性做出岩土工程评价,其主要工作内容如下:

(1) 勘察工作主要包括搜集本项目可行性研究阶段岩土工程勘察报告等基本资料,取得建筑区域范围内的地型图及有关工程性质、规模的文件。

(2) 初步查明地层、构造、岩土物理力学性质、地下水埋藏条件及冻结深度。

(3) 查明场地不良地质现象的类型、规模、成因、分布及其对场地稳定性的影响程度和发展趋势。

(4) 对抗震设防烈度大于等于 7 度的场地,初步判定场地和地基的地震效应。

3. 详细勘察

详细勘察一般是在工程平面位置,地面整平标高,工程的性质、规模、结构特点已经确定,基础型式和埋深已有初步方案的情况下进行的,是各勘察阶段中最重要的一次勘察,且主要是最终确定地基和基础方案,为地基和基础设计计算提供依据。该阶段应按不同建筑物或建筑群,提出详细的岩土工程资料和设计所需的岩土技术参数;对建筑地基作出岩土工程分析评价;对基础设计方案做出论证和建议;对地基处理方案做出论证和建议;对不良地质现象的防治等具体方案做出论证、结论和建议。主要工作内容有:

(1) 取得附有坐标及地型的建筑物总平面布置图,各建筑物的地面整平标高,建筑物的性质、规模、结构特点,可能采取的基础型式、尺寸、预计埋置深度,对地基基础设计的特殊要求。

(2) 查明不良地质现象的成因、类型、分布范围、发展趋势及危害程度,并提出评价与整治所需的岩土技术参数和整治方案建议。

(3) 查明建筑物范围各层岩土的类别、结构、厚度、坡度、工程特性,计算和评价地基的稳定性和承载力。

(4) 对需进行沉降计算的建筑物,提供地基变型计算参数,预测建筑物的沉降、差异沉降或整体倾斜。

(5) 对抗震设防烈度大于等于 6 度的场地,应划分场地土类型和场地类别;对抗震设防烈度大于等于 7 度的场地,还应分析预测地震效应,判定饱和砂土或饱和粉土的地震液化,并应计算液化指数。

(6) 查明地下水的埋藏条件,当基坑降水设计时还应查明水位变化幅度与规律,提供地层的渗透性指标。

(7) 判定环境水和土对建筑材料和金属的腐蚀性。

(8) 判定地基土及地下水在建筑物施工和使用期间可能产生的变化及其对工程的影响,提出防治措施及建议。

(9) 对深基坑开挖还应提供稳定计算和支护设计所需的岩土技术参数;论证和评价基坑开挖、降水等对邻近工程的影响。

(10) 提供桩基设计所需的岩土技术参数,并确定单桩承载力;提出桩的类型、长度和施工方法等建议。

2.2　岩土工程勘察成果报告

岩土工程勘察成果报告内容主要包括工程意图、设计阶段、勘察内容、目的、勘察技术要求、勘察工作所需的各种图表资料等,勘察设计阶段不同、有些内容也有所差异。初步设计勘察阶段任务书中还应有工程类别、规模、建筑面积、建筑物特殊要求、主要建筑物名称、最大荷载、基础最大埋深、勘察地型图等。详细设计阶段任务书中还应有建筑物层数、高度、跨度、上部结构特点、基础型式、基础埋深、荷载等建筑物的具体情况,建筑总平面布置图等。

岩土工程勘察成果报告通常包括文字和图表两部分。

2.2.1　文字部分

（1）岩土工程勘察的目的、要求和任务。

（2）拟建工程名称、规模、用途。

（3）勘察方法、勘察工作布置与完成的工作量。

（4）建筑场地位置、地型、地貌、地层、地质构造、地下水、不良地质现象的描述与评价以及地震基本烈度的确定。

（5）根据地层分布、结构、岩土的颜色、密度、湿度、稠度、均匀性、层厚；地下水的埋藏深度、水质侵蚀性及当地冻结深度对岩土参数进行分析和选用。

（6）确定各土层的物理力学性质及地基承载力等指标，对建筑场地的稳定性与适宜性做出评价。

（7）结论与建议：提出地基与基础方案设计的建议，推荐地基持力层或地基加固处理的最佳方案，对工程施工和运营期间可能发生的岩土工程问题，提出预测、监控和预防措施的建议。

2.2.2　图表部分

一般工程的图表包括：

1）勘探点平面布置图

将建筑物位置、各类勘探、测试点编号、位置用不同图例在建筑场地地型图上表示出来并注明各勘探、测试点标高、深度、剖面线及编号等。

2）工程地质剖面图

勘察报告的最基本图件，反映某一勘探线上地层沿竖向和水平方向的分布情况，是在勘探线地型剖面线上标出各钻孔地层层面；在钻孔两侧标出层面高程、深度，将相邻钻孔中相同土层分界点以直线相连的表示方法。

3）室内土的物理力学性能试验总表

重大工程根据需要，还应绘制以下内容：

（1）综合工程地质图或工程地质分区图。工程地质图一般包括平面图、剖面图、切面图、柱状图和立体图，并附有岩土物理力学性、水理性等定量指标。

（2）钻孔柱状图或综合地质柱状图。地层按新老次序自上而下按比例绘成柱状图，注明层厚、地质年代等，概括描述地层层次及主要特征和性质的图。

（3）原位测试成果图表。

（4）土样固结试验成果曲线等图。

（5）岩土利用、整治、改造方案的有关图表。

（6）岩土工程计算简图及计算成果图表。

（7）地下水位线图、素描及照片等。

岩土工程勘察成果报告是建（构）筑物基础设计和基础施工的依据，因此对设计和施工人员来说，正确阅读、理解和使用勘察报告是非常重要的。应当全面熟悉勘察报告的文字和图表内容，了解勘察的结论建议和岩土参数的可靠程度，将拟建场地的工程地质条件与拟建建筑物的具体情况和要求联合起来进行综合分析。在确定基础设计方案时，要结合场地具体的工程地质条件，充分挖掘场地有利的条件，通过对若干方案的对比、分析、论证，选择安全可靠、经济合理且在技术上可以实施的较佳方案。

2.2.3 岩土工程勘察应注意的问题

1. 勘探孔深度和间距

根据基础型式及结构型式的不同，勘探深度也会有所不同。例如建造相同层数的砖混结构住宅和框架结构住宅，由于荷载不同，导致基础面积不同，因而需采用不同的勘探深度，埋藏较浅且工程地质性质好的密实碎石土及基岩地区勘探孔深度较浅，而工程地质性质差的淤泥及松散杂填土地区勘探孔深度较深，这就要求在勘探前对勘探区域地层大致情况有所了解，做到有的放矢。

地基复杂程度不同，勘探点间距也不同。在勘探时，遇到复杂地基情况，应按规范要求加密勘探点，不能局限于经济或时间等因素而坚持原勘探方案不变，这将难以查明场地工程地质情况，埋下工程隐患。

高层建筑的勘探孔间距比一般建筑小，且比安全等级高的建筑的勘探孔间距更小。钻孔间距主要取决于场地的复杂程度，需保证钻探所揭露地层可以准确反映水平和垂直方向土质和地下水情况，而不是建筑物安全等级决定孔距。

2. 水文地质问题

地下水作为岩土的重要组成部分，直接影响着岩土的性状和行为，也影响建筑物的稳定性和耐久性。设计中，需要考虑地下水对岩土体及建筑物的作用和影响，施工中还要预测地下水给施工带来的各种问题及防治措施，分析和预测今后在人为工程活动影响下地下水的变化情况及其对岩土体和建筑物的不良作用。

地下水引起的岩土工程危害主要表现在地下水位的升降变化和地下水动水压力作用两个原因。地下水位变化可由天然因素或人为因素引起，例如，附近修建水库，附近河流、湖泊、水库水位上升，附近工业废水、地下管道侧漏等问题都会引起地下水位的上升，它会软化地基，使地基隆起或发生侧向变型，使建筑物失稳；集中大量抽取地下水，采矿、修建水库等人为原因会造成地下水位的下降，从而诱发地面沉降、地面塌陷等地质灾害问题，它将对建筑物的稳定性造成较大破坏。同时，由于人为工程活动改变了地下水天然动力平衡条件,通常会引发如流砂、管涌等岩土工程危害,因此,在工程勘察中,提供地下水完整、准确、可靠的技术数据是不可忽视的大问题。

实际地下水位量测应注意以下几个问题:① 应同时观测地下水位,量测时间应在整个场地钻探结束 24h 后测定静止水位;② 地下水位观测应考虑周围地下水开采情况的影响,若量测时间正好处于附近抽水井抽水下降漏斗时,所量测到的地下水位肯定偏深;③ 要分析近年地下水的变化幅度以及历史最高水位、最低水位;④ 钻孔深度范围内有两个以上含水层时,勘察单位应严格分层观测地下水位,不能不分具体情况以混合水位替代。在钻穿过第一含水层(到下一含水层之前)并进行静止水位观测之后,采用套管隔水,抽出孔内存水,变径钻进,再对下一含水层进行水位观测。这样量测到的水位才是含水层分层水位。

3. 原状土取样

《岩土工程勘察规范》(GB 50021—2001)中规定"每个场地每一个主要土层的原状土试样或原位测试数据不应少于 6 件(组)"。勘察单位大都将每个场地视为一次勘察的范围,但对于两栋、三栋或一个小区的勘察范围如何确定呢? 由于土性指标存在变异性,用少数几个点的取样得到的力学性质去预测整个空间场地性质,必然会产生不确定性,选取点数越少,空间场地越大,不确定性也就越大。合理的土样选取数量与场地大小、土层厚薄、土性的变异系数以及邻近场地已有资料的掌握程度等因素有关,应考虑一次勘察范围的大小、建筑物的性质和高度。

勘探施工中,采取土样和进行原位测试应避免盲目性和随机性。勘探现场技术人员应根据实际情况合理布置采样或原位测试间距,现场勘探过程中可根据第一只孔的钻探资料,了解地层大致分布,第二只勘探孔尽可能较密地布置取土样或原位测试间距,随后的孔可根据前两只孔的地层情况分析,确定勘探孔取土样或原位测试间距,并尽量使每层土在每个勘探孔中都有原状土样或原位测试数据。

由于土样采取的方法不同,导致取回的"原状"土样的质量在不同的实验室之间差别很大,从而使室内试验数据与真实情况有较大的误差。取样方法的不同会导致土样含水率有一定的变化,应注意在取土装置上及时加装套管,以避免地下水对原状土的影响,取出后应迅速密封。天气炎热时为避免蜡封融化,宜采取多种措施密封。天气寒冷要避免冰冻。土样保存时间不宜超过 3 周。土样在运送过程中,采用自制的缓震装置对土样加以保护,对无黏性土土样应尽量避免产生过大的震动。土体的结构性遭到破坏,会导致黏聚力与内摩擦角试验值与现场产生过大差异。

4.湿陷性黄土地基勘察

在一定压力下受水浸湿时,土的结构迅速破坏而发生显著下沉的黄土称为湿陷性黄土。湿陷性黄土地基勘察是为湿陷性黄土地基上建筑物的设计和施工所进行的工程地质勘察。湿陷性黄土分为自重湿陷性黄土和非自重湿陷性黄土两类。前者在自重压力下受水浸湿即发生湿陷,后者在自重压力下浸湿不发生湿陷。表征湿陷性黄土湿陷特征的指标是湿陷系数和湿陷起始压力。湿陷系数是在给定的压力下由浸水所造成的相对变型值。湿陷起始压力是黄土发生湿陷时的临界压力。勘察工作除按一般地基土的勘察要求进行外,应着重补充查明黄土层分布、厚度、湿陷类型和程度,以及地下水水位随季节的变化幅度。勘探点间距按均质土考虑,要有一定数量的钻孔穿透湿陷性土层。勘察成果中需包含对地基的湿陷程度的评价。

5.勘探手段应综合运用

勘探手段比较单一。大部分工程都采用一种勘探手段——工程钻探。除钻探外,工程勘探手段采用较少,井探、槽探等由于收费的原因,更是很少被采用。

2.3　岩土工程勘察方法

为了查明场地的工程地质条件,分析其存在的工程地质问题,需要采取一系列的勘察方法和手段。建筑场地岩土工程勘察方法一般包括工程地质测绘与调查、勘探和取样、工程地质试验、现场检验及观测和勘察资料的室内整理。

2.3.1　工程地质测绘与调查

工程地质测绘与调查是岩土工程勘察中一项基础工作,在可行性研究阶段或初步设计阶段,工程地质测绘与调查往往是主要勘察手段。工程地质测绘与调查实质上是运用地质学、工程地质学理论对地面地质体和地质现象进行观察描述,根据野外调查测绘结果在地型图上填绘测区工程地质条件,并绘制成地质图,为确定勘探、测试工作及对场地工程分析与评价提供依据。

因此,工程地质测绘与调查工作是各项勘察工作的基础,高质量的地表测绘工作可以取得对工程地质条件相当深入的认识,也是认识工程地质条件最有效、最经济的方法。但单靠测绘调查,无论在认识的深度和定量评价上,都是不够的,还必须有其他勘察方法,特别是对勘探工作需加以验证并使认识深化。

1.工程地质测绘与调查的内容

工程地质测绘与调查的内容,应注重岩土工程实际问题,紧密结合岩土工程,其具体内容如下:

(1)查明测绘区内地型、地貌特征及其地层、构造、不良地质作用的关系,划分地貌单元。

(2)查明岩土的年代、成因、性质、厚度和分布,对岩层应鉴定其风化程度,对土层应区分新近沉积土、各种特殊土。

(3)查明岩体结构类型,各类结构面的型状和性质,岩、土接触面和软弱夹层的特性等,新近构造活动的行迹及其与地震活动的关系。

(4)查明地下水的类型、补给来源、排泄条件、井泉位置,含水层的岩性特征、埋藏深度、水位变化、污染情况及其与地表水体的关系。

(5)收集气象、水文、植被、土的标准冻结深度等资料,调查最高洪水位及其发生时间、淹没范围。

(6)查明岩溶、土洞、滑坡、崩塌、泥石流、冲沟、地面沉降、断裂、地震震害、地裂缝、岸边冲刷等不良地质作用的型式、分布、型态、规模、发育程度及其对工程建设的影响。

(7)调查人类活动对场地稳定性的影响,包括人类洞穴、地下采空、大挖大填、抽水排水和水库诱发地震等。

(8)建筑区变型和工程经验等。

2.工程地质测绘与调查方法

工程地质测绘方法有路线穿越法、界线追索法及布点法三种。

(1)路线穿越。沿一定的路线穿越测绘场地,详细观测沿线地区地质情况并填于地型图上,路线方向应大致与岩层走向、构造线及地貌单元相垂直。

(2)界线追索法。沿地层走向、重要构造线或不良地质现象边界线详细追索,以查明复杂构造或地质现象。

(3)布点法。在地型图上预先布置一定数量(在图上按 2~5cm 间距布点)的观测点,广泛观测地质现象。

地质观测点宜布置在地质构造线、地层接触线、岩性分界线、不整合面和不同地貌单元、微地貌单元的分界线和不良地质作用分布的地段。同时,地质观测点应尽量充分利用天然和已有的人工露头,例如,采石场、路堑、井、泉等。当天然露头不足时,应根据场地的具体情况布置一定数量的勘探工作。条件适宜时,还可配合进行物探工作,探测地层、岩性、构造、不良地质作用等问题。

工程地质测绘的详细程度由测绘比例尺决定。测绘所采用的比例尺大小与勘察阶段密切相关。可行性研究勘察可选用 1：50000～1：5000；初步勘察可选用 1：10000～1：2000；详细勘察可选用 1：2000～1：500。地质条件复杂地段,比例尺可适当放大。对工程有重要影响的地质单元体(滑坡、断层、软弱夹层、洞穴等),可采用扩比例尺来表示。工程地质测绘精度由每平方米图上平均观测点数来决定。地质界限和地质观测点的测绘精度,在图上的误差不超过 3mm。

2.3.2 勘探和取样

为了查明地下岩土的性质、分布及地下水等条件,勘察工作常需进行勘探并取样进行试验工作。勘探包括地球物理勘探、钻探和坑探。勘察工作中具体勘探手段的选择应符合勘察目的、要求及岩土层的特点,力求以合理的工作量达到应有的技术效果。

钻探的主要任务之一是在岩土层中采取岩芯或原状土试样。取样是岩土工程勘察中的一项重要工作,是室内试验研究必不可少的程序,是为了提供对岩土特性进行鉴定和各种试验所需的样品。取样包括岩土样和水样的采取。岩土样的采取是为了获得岩土室内物理力学试验指标;采取水样的目的是为了查明地下水对建筑材料的腐蚀性,或有其他特殊要求时进行水样化学分析。在采取试样过程中,应该保持试样的天然结构。

1. 地球物理勘探(简称物探)

地球物理勘探是一种间接勘探方法,它是采用物理场、电磁场、声、弹性波、放射性勘探、地震勘探等方法对地基进行间接勘探的方法,此法根据密度、导电性等物理性质的差别,勘测地层分布,地质构造和地下水文条件和各种物理地质现象。在岩土工程勘察中,利用物探可以探查工程地质条件,测定岩土体的物理和动力特性指标。这种方法轻便、快速、比较经济,在测绘中用物探配合解决覆盖层厚度、基岩风化层厚度及基岩起伏变化等,效果特别显著。

由于地质体具有不同的物理性质(导电性、弹性、磁性、密度、放射性等)和物理状态(含水率、裂隙性、固结程度等),为物探法研究各种不同的地质体和地质现象提供了物理前提,所探测的地质体各部分之间以及该地质体与周围地质体之间的物理性质和物理状态差异越大,使用这种方法就越能获得比较满意的结果。需要指出的是,物探方法虽能简便、迅速地探测地下地质情况,但由于它经常受到非探测对象的影响和干扰,加之仪器测量精度不够,其所得判断和解释的结果往往较为粗略,且有多解性。所以物探应以测绘为指导,并用钻探、触探和坑探加以验证。同时,物探也可为钻探、触探和坑探布置提供有效指导,减少钻探、触探和坑探工作的盲目性。

物探的方法有电法勘探、地震勘探、重力勘探、磁法勘探、核子勘探以及地球物理测井等,在工程地质勘察中运用最普遍的是电法勘探和地震勘探。

2. 钻探法

在工程地质勘察中,钻探是最常用的勘探手段。不同类型的建筑物,不同的勘察阶段,不同的工程地质条件下,凡是布置勘探工作的地段,一般均需采用钻探方法。

用各种钻探工具钻入地基中分层取土进行鉴别、描述和测试的方法称为钻探法,通过钻探可以从钻孔中获得用于划分地层的岩芯和土样,进行野外或室内试验。钻探是了解深部地层并采取试样的唯一方法,是工程地质勘察的一种直接勘探手段,是世界各国广泛使用的传统方法,它能较好地了解地层的岩性特性、分布和变化情况。钻探一般不受地型、地质条件的限制,几乎可以在任何环境下进行,能够直接观察岩芯土样,勘察精度较高,且可同时进行原位测试和检测工作,最大限度地发挥综合效益。但是,钻探方法也有其一定的缺点,主要表现在:一般难于进行直接观察;一些有重大工程地质意义的软弱层(破碎泥化夹层、风化夹层等)和构造破碎带,往往不易取得岩芯,以至于达不到地质要求。为了克服上述缺点,工程技术研究人员发明了钻孔摄影技术和钻孔电视以及便于地质人员能直接下井观测的大口径钻孔,使用效果良好。

钻探按钻进方式不同,可分为回转钻探、冲击钻探、冲击回转钻探和震动钻探四种。在工程地质勘探中主要采用冲击钻探和回转钻探,按动力来源不同又可将它们分为人力和机械两种。机械回转钻探钻进效率高,孔深大,又能采取岩芯,所以在工程地质勘探中使用最为广泛。如图2-1所示为回转式钻机示意图。勘察过程中需要注意土样、岩样、水样的获取和保存,原状试样不能受到扰动,且试详应及时送至试验中心进行分析。

钻探过程有以下三个基本程序:

(1)破碎岩土。采用人力和机械方法,使小部分岩土脱离整体而成为粉末、岩土块或岩土芯称为破碎岩土。岩土被破碎是借助钻头冲击、回转、研磨和施压来实现的。

(2)采取岩土。用冲洗液或压缩空气将孔底破碎的碎屑冲到孔外,或者用钻具(抽筒、勺型钻头、螺旋钻头、取土器、岩芯管等)靠人力或机械将孔底的碎屑或样芯取出地面。

(3)保全孔壁。为了顺利进行钻探工作,必须保护好孔壁,不使其坍塌。一般采用套管或泥浆来护壁。

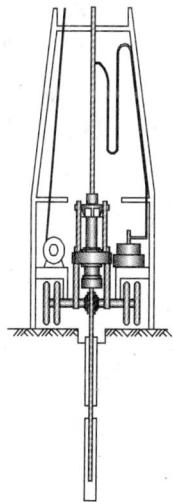

图2-1　回转式钻机示意图

3.坑探法

坑探法是指在建筑场地上用人工或机械的方法开挖探井、探槽、竖井或平硐,直接观察、了解槽壁土层的天然状态和底层地质结构,尤其对研究软弱夹层和破碎带的分布特点、工程地质性质等意义更大。坑探法可取出接近实际的原状结构土样,地质人员能直接观察地质结构细节,准确可靠。探坑示意图见图 2-2。该方法受地下水的限制和其他地质条件的限制。但是,坑探工程的使用往往受自然地质条件的限制,成本高而周期长,所以在勘探中的比重较之钻探来说要低得多,特别是重型坑探工程,不轻易采用。在岩土工程勘察中,当以静力触探、动力触探作为勘探手段时,应与钻探等其他方法配合使用,当钻探方法难以准确查明地下情况时,可采用坑探工程。

图 2-2　探坑示意图

工程地质勘探中常用的坑探工程有:探槽、试坑、浅井、竖井(斜井)、平硐、石门(平巷)等,其中前三种为轻型坑探工程,后三种为重型坑探工程。

2.3.3　工程现场试验

试验工作在岩土工程勘察中占有重要地位,可为预测和计算提供正确的地质和力学参数。室内试验是野外钻孔、探井、平硐中采取试样在实验室进行,其设备简单,试验条件容易建立,成本较低,提交成果较快。但由于试样尺寸小,不能很全面地反映地质因素影响,有些试样也很难取得原状岩土样,与实际所处地质环境总是有差别的。

具有模拟性的大型现场试验又称原位测试,试验工作是在原位或基本原位状态和应力条件下,对岩土体性质进行测试。原位测试试样尺寸大,而且没有脱离原来的地质环境,因而更能反映岩土体实际。所采用的压力大小及其动、静性质等试验条件,都接近工程设计情况,所得参数比较准确。

一般来说,原位测试获得的资料的代表性优于室内试验,但影响原位测试成果的因素比较复杂,常需要通过几种试验进行对比,并和室内试验资料配合使用。某些种类的原位测试,如静力触探、动力触探试验等成果的解译具有地区性的经验性,在无经验的地区应慎重使用。某些原位试验设备笨重、复杂,历时长、试验成本高,这也限制了它们的使用,但重点工程和重要地段,适当的大型原位测试还是必要的。

现场试验常用的测试方法有静力触探、动力触探、十字板剪切试验、旁压试验、载荷试验和波速试验。在选择原位测试方法时,应考虑岩土条件、建筑类型及设计要求、地区经验成熟程度及勘察阶段等因素。

1. 触探法

触探法是间接的勘察方法,不取土样,不描述,只将一个特别探头装在钻杆底端,打入或压入地基土中,由探头所受阻力的大小探测土层的工程性质。

因触探法无需获取原状土做试验,对难以取原状土的水下砂土、软土等,更显示其优越性。

根据探头的结构和入土方法不同,可分为动力触探、标准贯入试验和静力触探三大类。

1) 动力触探

动力触探(DPT)是用标准质量的铁锤提升至标准高度自由下落,将特制的圆锥探头贯入地基土层标准深度,记录所需的锤击数 N 来评定土层的均匀性和物理性质、土的强度、变型参数、地基承载力、单型桩承载力,查明土洞、滑动面软硬程度、土层界面、检测地基处理效果等。N 值越大,表明贯入阻力越大,即土质越密实。

区别于标准贯入试验使用的管状探头,《建筑地基基础设计规范》(GB50007—2002)推荐一类使用锥状探头的轻便触探试验设备见图 2-3,按穿心锤质量可分为轻型(10kg)、中型(28kg)、重型(63.5kg)和超重型(120kg)四种,视土类选用适当的锥型。

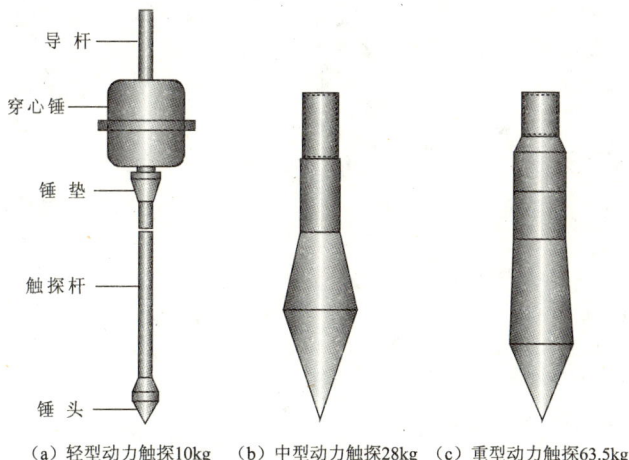

导杆

穿心锤

锤垫

触探杆

锤头

(a)轻型动力触探10kg　(b)中型动力触探28kg　(c)重型动力触探63.5kg

图 2-3　轻便触探设备示意图

2) 标准贯入试验

标准贯入试验(SPT)简称标贯,是常用的动力触探类型之一。它是由 63.5kg 的穿心锤自 0.76m 高处自由下落,撞击锤座,通过探杆将标准贯入器贯入孔底土层中,记录贯入 0.30m 的锤击数 $N_{63.5}$,通过贯入器中的土样来测试土体的变型模量、抗剪强度、变型参数、地基承载力等物理力学参数的一种测试方法。N 值越大,表明贯入阻力越大,即土质越密实。所使用的标准贯入设备见图 2-4。

标准贯入试验适用于砂土、粉土、黏性土、人工素填土。

3) 静力触探

静力触探(CPT)是用静压力将一个内部装有阻力传感器的探头均匀地压入土中,由于土层的成分和结构不同,探头的贯入阻力各异,传感器将贯入阻力,通过电信号和机械系统,传至自动记录仪,绘出随深度的变化曲线。根据贯入阻力与土强度间关系,通过触探曲线分析,即可对复杂的土体进行地层划分,并获得地基容许承载力$[R]$,弹性模量 E_s 和变型模量 E_0 等指标,还可据以选择桩基的持力层和预估单桩承载力等。

静力触探一般适用于黏性土、粉土、砂土和含少量碎石的土,对卵砾石和砾质土层不宜采用。静力触探可用以检验压实填土的密实均匀程度,具有迅速、经济的特点。

根据探头类型分为单桥和双桥(分别见图 2-5 和图 2-6)和孔压单、双桥探头。

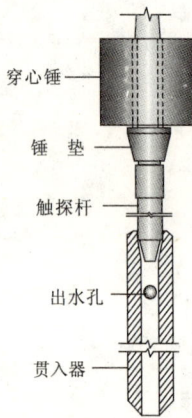

图 2-4 标准贯入试验设备示意图　图 2-5 单桥探头示意图　图 2-6 双桥探头示意图

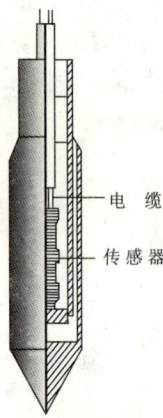

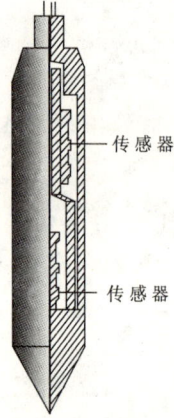

2.十字板剪切试验

十字板剪切试验(VST)是在钻孔中进行的,其目的是测定饱水软黏土的抗剪强度。它以十字型的板头压入孔底需测定的土层中,通过在孔口地面上施加扭力,使十字板在土层中做等速转动,并将土体切出一个圆柱状的表面,根据已建立的扭力与土抗剪强度间的关系式,计算出地基土的抗剪强度,估算地基承载力。十字板剪切仪如图 2-7 所示。

十字板剪切试验的适用条件如下:

（1）适用于饱和软黏土。由于饱和软黏土取样困难，易受扰动而改变天然应力状态，使得室内试验结果的可靠性很差。对于正常饱和软黏土，十字板剪力试验能够反映软黏土的天然强度随深度而增大的规律，尤其是对于结构性较强的高塑性软土优点更为突出。因此，在沿海软土分布地区，常采用十字板剪切试验。

（2）不适用于含有砂层、砾石、贝壳等成分的软黏土和含有粉砂夹层的软黏土。在这些土层中，其测定结果往往偏大。所以要先通过一定勘探工作，弄清地基中土体结构和岩性特征之后，再慎重决定是否采用本法。

3. 旁压试验

旁压试验是利用高压气体使量管中的水注入置于钻孔中的旁压器中，使其因增压膨胀而对孔壁施加侧向压力，引起孔壁土体产生变型，其大小由量管中水位的变化值来反映。通过逐级加荷，并观测相应量管中的水位降，据此绘制压力与水位降的关系曲线。它与载荷试验结果的 P-S 曲线相似，同样得出随压力变化土层的变型特征，用曲线上直线段终点相应的压力作为该土层的承载力，通过公式计算土层的变型模量 E_0。

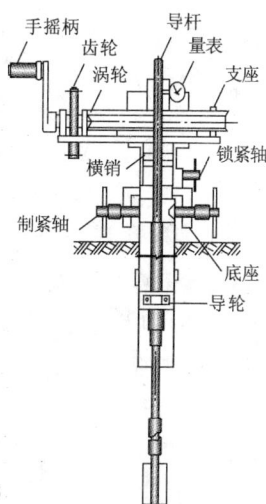
图 2-7　十字板剪切仪示意图

所使用的旁压仪有他钻式和自钻式两种，主要由旁压器、量测系统和加压系统三部分组成。旁压仪结构示意图如图 2-8 所示。

4. 载荷试验

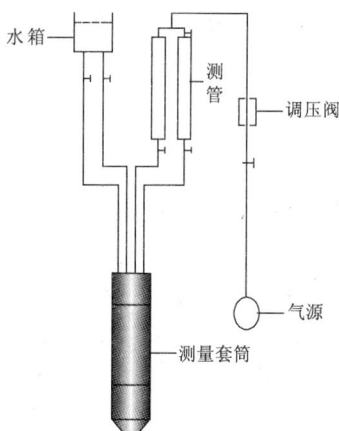
图 2-8　旁压仪结构示意图

载荷试验是一种大型模拟试验，在松软土地区进行大型建筑工程地质勘察时常常使用，尤其是在过去建筑经验较少的地区，更需进行载荷试验。试验的具体位置布置在设计建筑荷载较大以及建筑结构对地基变型要求较高的部位，或土体中具有不均匀和软弱土层的典型地段。荷载试验是通过对放置在地基土表面上的方型（或圆型）承压板上逐级施加荷载，观测各级荷载下沉降量随时间的变化，逐级达到稳定为止，以此测得各级荷重压力 P 相应的稳定沉降量 S，由此绘制压力与沉降的关系曲线 P-S 和沉降量随时间变化的 S-t 关系曲线。通过 P-S 曲线研究土体在天然状态下的压缩变型特征，计算土的变型模量并确定地基承载力。

载荷试验分为平板载荷试验和桩载荷试验两种。

5.波速试验

波速试验是依据弹性波在岩土体内的传播理论测定各类岩土体的剪切波、压缩波或瑞利波在地层中的传播时间,根据已知的相应传播距离计算出地层中波的传播速度,间接推导出岩土体在小应变条件下的动力参数。

波速试验适用于各类岩土体,可用于下列目的:

(1)划分场地土类型、计算场地卓越周期、判别地基土液化的可能性,提供地震反应分析所需的场地土动力参数。

(2)计算结构物与地基土共同作用所需的动力参数。

(3)判定碎石土的密实度,评价地基土加固处理的效果。

(4)利用岩体纵波速度与岩石单轴极限抗压强度对比划分围岩类别,确定岩石风化程度,并初步确定基床系数、围岩稳定程度等。

2.3.4　勘探手段的选择

不同的勘探类型和方法,各有其特点和适用条件,若能选用得当,就可扬长避短,提高勘探工作的效率,更好地完成勘探任务,因此必须合理选择勘探手段。

我国岩土工程勘察方法较常用的主要是钻探法、触探法和掘探法。钻探法由于能够探测到深土层又能进行地基土取样而被广泛使用。触探法与钻探法有明显的不同,不取样或取少量土样,由探头所受阻力的大小来探测土层的地质情况。触探法方便、快捷,较短时间内可获得地基土的承载力及其他指标,但无法对土层进行具体的定性描述,所以触探法一般不单独采用,而是与其他方法配合使用,以提高勘察质量和效率。掘探法能够详细地了解岩性和分层,并能取出未经扰动的原状土试样,在地质条件较为复杂的地区常用,尤其在需要取得较多且较为准确的岩性参数或者事故处理检验质量时使用。

影响选择勘探手段的因素较多,诸如工程地质条件、水文气候因素、技术设备条件、经济因素、建筑物的类型和重要性,以及勘察阶段等。其中起主导作用的是工程地质条件。地型、地貌条件常常是影响勘探手段选择的主要因素。例如,地面物探工作在地型起伏很大的山区几乎无法进行,只有在地型较为平坦的开阔地区才能收到良好效果;勘察河谷陡岸的地质结构及岩石风化破碎情况,在不同高程上使用平硐较之钻探或其他类型坑探工程效果更好;在地型比较平坦或缓坡地带,使用钻孔和竖井勘探较为适宜。多分布有淤泥、淤泥质软土、填土的沿海地区,地下水位埋藏较浅,静力触探在这种场地条件下应用效果较好,既能准确划分土层,又能客观反映地基土特性,但在一些地下水位埋藏较深的粗颗粒地层土地区,不适宜选择静力触探。标准贯入试验适用于砂土、粉土和一般黏性土,但不适用于碎石土。由于软土的灵敏度高,钻孔时存在扰动影响,淤泥、淤泥质软土中也要酌情使用此法。所以在勘察施工中,应当针对地基土的性质,用适宜的测试手段和方法对其进行勘探,以确保勘察结果的准确性。

岩性对勘探手段的选择也具有重要意义。坚硬完整的岩石以钻探为宜,尤以小口径金刚石钻探为好。在第四系覆盖层较厚的地区,物探和钻探较坑探要方便得多。当砂卵石层较厚时,宜采用冲击钻探,有时为了研究地层结构及其渗透性,可采用试坑或浅井。

在地下水位以下进行勘探,岩层透水性较强时,以钻探为宜,而坑探将是十分困难的。对工程地质问题评价有重要意义的地质现象,常采用综合的勘探手段仔细查明。

2.3.5　现场检验及观测

现场检验及观测应在工程施工期间或使用期内进行。它的目的在于对岩土工程问题预测和定量评价进行核实验证,监测工程地质条件变化,以便及时预报,指导正确施工。监测工作对保证工程安全有重要作用,例如,建筑物变型监测、基坑工程的监测、边坡和硐室稳定的监测、滑坡监测及崩塌监测等。

2.3.6　勘察资料的室内整理

勘察资料的室内整理内容包括岩土物理力学性质指标的整理、图件的编制、反演分析、岩土工程分析评价及编写报告书等。各种勘察方法所取得的资料仅是原始数据、单项成果,还缺乏相互印证和综合分析,只有通过对图件编制和报告编写,对存在的岩土工程问题做出定性和定量评价,才能为工程的设计和施工提供资料和地质依据。

图件的编制是利用已收集和现场勘察的资料,经整理分析后,绘制成工程地质图。常用的工程地质图有综合工程地质图、工程地质分区图、工程地质剖面图、钻空柱状图及探槽或探井展视图等。

岩土物理力学性质指标的整理,就是对大量岩土物理力学性质指标数据加以整理,取得有代表性的数据,用于岩土工程的设计计算。

反演分析是以岩土工程实体作为分析对象,通过系统的原型观测,检验岩土体在工程施工和使用期间的表现是否与预期的设计效果相符,借以反求岩土体的特性指标,或验证设计、计算方法的准确性或代表性,或查验工程效果及事故的技术原因。反演分析、室内试验和原位测试是求取岩土特性参数的三种主要方法。

岩土报告书是岩土工程勘察成果的文字说明。报告书的内容应根据任务要求、勘察阶段、工程地质条件、工程规模和性质等具体情况确定。

岩土工程勘察的最终成果是提出勘察报告书和必要的附件。

2.4　支盘桩的主要勘察内容

2.4.1　桩基勘察的主要内容及勘察要求

（1）桩基岩土工程勘察包括下列内容：

① 查明场地各层岩土的类型、深度、分布、工程特性和变化规律。

② 当采用基岩作为桩的持力层时，应查明基岩的岩性、岩面变化、风化程度，确定其坚硬程度、完整程度和基本质量等级，判定有无洞穴、临空面、破碎岩体或软弱岩层。

③ 查明水文地质条件，评价地下水对桩基设计和施工的影响，判定水质对建筑材料的腐蚀性。

④ 查明不良地质作用，可液化土层和特殊性岩土的分布及其对桩基的危害程度，并提出防治措施的建议。

⑤ 评价成桩可能性，论证桩的施工条件及其对环境的影响。

（2）土质地基勘探点间距应符合下列规定：

① 对端承桩易为 12～24m，相邻勘探孔揭露的持力层层面高差宜控制为1～2m。

② 对摩擦桩易为 20～35m；当地层条件复杂，影响成桩或设计有特殊要求时，勘探点应适当加密。

③ 复杂地基工程，宜每柱设置勘探点。

（3）桩基岩土工程勘察宜采用钻探和探触以及其他原位测试相结合的方式进行，对软土、黏性土、粉土和砂土的测试手段，宜采用静力触探和标准贯入试验；对碎石土宜采用重型或超重型圆锥动力触探。

（4）勘探孔的深度应符合下列规定：

① 一般性勘探孔的深度应达到预计桩长以下 $3d\sim5d$（d 为桩径），且不得小于3m；对大直径桩，不得小于 5m。

② 控制性勘探孔深度应满足下卧层验算要求；对需要验算沉降的桩基，应超过地基变型计算深度。

③ 钻至预计深度遇软弱层时，应予加深；在预计勘探孔深度内遇稳定坚实岩土时，可适当减小。

④ 对嵌岩桩，应钻入预计嵌岩面以下 $3d\sim5d$，并通过溶洞破碎带到达稳定地层。

⑤ 对可能有多种桩长方案时，应根据最长桩方案确定。

（5）岩土室内试验应满足下列要求：

① 当需要估算桩的侧阻力、端阻力和验算下卧层强度时,宜进行三轴剪切试验或无侧限抗压强度试验;三轴剪切试验的受力条件应模拟工程的实际情况。

② 对需要估算沉降的桩基工程,应进行压缩试验,试验最大压力应大于上覆自重压力与附加应力之和。

③ 当桩端持力层为基岩时,应采取岩样进行饱和单轴抗压强度试验,必要时尚应进行软化试验;对软岩和极软岩,可进行天然湿度的单轴抗压强度试验。对无法取样的破碎和极破碎的岩石,宜进行原位测试。

(6) 单桩竖向和水平承载力,应根据工程等级、岩土性质和原位测试成果并结合当地经验确定。对地基基础设计等级为甲级的建筑物和缺乏经验的地区,应建议做静载荷试验。试验桩数量不宜少于工程桩数的 1%,且每个场地不少于 3 个。对承受较大水平荷载的桩,应建议进行桩的水平载荷试验;对承受上拔力的桩,应建议进行抗拔试验。勘察报告应提出估算的有关岩土的基桩侧阻力和端承力,必要时提出估算的竖向和水平承载力与抗拔承载力。

(7) 对需要进行沉降计算的桩基工程,应提供计算所需的各层岩土的变型参数,并宜根据任务要求进行沉降估算。

(8) 桩基工程的岩土工程勘察报告除应符合本规范的要求,并按本节前面(6)、(7)项提供承载力和变型参数外,尚应包括下列内容:

① 提供可选的桩基类型和桩端持力层;提出桩长、桩径方案的建议。

② 当有软弱下卧层时,验算软弱下卧层强度。

③ 对欠固结土和有大面积堆载的工程,应分析桩侧产生负摩阻力的可能性及其对桩基承载力的影响,并提供负摩阻力系数和减少负摩阻力措施的建议。

④ 分析成桩的可能性,成桩和挤土效应的影响,并提出保护措施的建议。

⑤ 持力层为倾斜底层,基岩面凹凸不平或岩土中有洞穴时,应评价桩的稳定性,并提出处理措施的建议。

2.4.2 挤扩支盘桩岩土勘察要点

(1) 勘察点间距。勘探点间距宜为 20～30m,当土层的性质或状态在水平方向变化较大或存在可能影响成桩土层时,应适当加密勘探点,但单栋建筑应不少于 4 个勘探点。复杂地质条件下的柱下单桩基础,应按柱列线布置勘探点,并每柱宜设一个勘探点。

(2) 勘探深度。应布置 1/3～1/2 的勘探孔作为控制性孔。对于桩基设计等级为甲级的建筑物,场地上应布置不少于 3 个控制性孔;对于桩基设计等级为乙级的建筑物,应布置不少于两个控制性孔。控制性孔应穿透预计桩端平面以下的软弱下卧层;一般性勘探孔应深入设计桩端平面以下 3～5m,且不得少于 2～3 倍盘径。

（3）在勘探深度范围内的每一地层，均应进行室内试验或原位测试，提供设计所需参数；

应查明拟建场区地层竖向、横向的分布情况；应查明适于布置支、盘的土层位置，以及该土层的物理、力学性能，提供确定桩身极限侧阻力标准值 q_s 和桩端土极限端阻力标准值 q_p 的测试指标；应查明影响挤扩支盘桩承载力和施工的地下水情况，包括实测静止水位、历年最高地下水位、近 3～5 年最高地下水位、地下水类型、多层地下水分布和对桩身材料有无腐蚀性等。

（4）岩土工程勘察报告中应对建筑场地的不良地质作用，如滑坡、崩塌、泥石流、岩溶、土洞等，作出明确的判断结论和防治方案；应有关于地下水、地基土的冻胀性、湿陷性、膨胀性等相关资料。

（5）设计适用条件。在下列土层中可设置分支和承力盘：可塑至硬塑的黏性土；中密至密实的粉土、砂土或卵砾石层；全风化层、强风化软质岩石。采用干法施工在砂性土中和采用水下施工在黏性土中设置承力盘时，应通过试验检查成盘的可行性。

第3章 支盘桩的施工

3.1 支盘桩的施工工艺

3.1.1 支盘桩施工的一般程序

支盘桩是灌注桩的一种,但是,它比普通灌注桩多了承力盘或者分支,在成桩方法上也多了一道支盘成形工艺,支盘桩的施工除了普通灌注桩存在的问题之外,在成桩方法和成桩机具上均比普通灌注桩复杂。

支盘桩的施工工艺流程为:

测量放线定桩位—挖桩坑、设钢板护筒—钻机就位—主桩钻孔至设计深度—钻机移至下一个桩位钻孔—将液压扩孔支盘机吊入已钻孔内—按设计位置挤扩分支或承力盘—清孔—下钢筋笼(安装)—下导管—二次清孔—灌注混凝土—清理桩头。

由此可见,支盘桩施工仅在普通灌注桩施工的基础上多了支盘成形以及二次清扎的过程。

支盘桩施工的一般程序如图 3-1 所示。

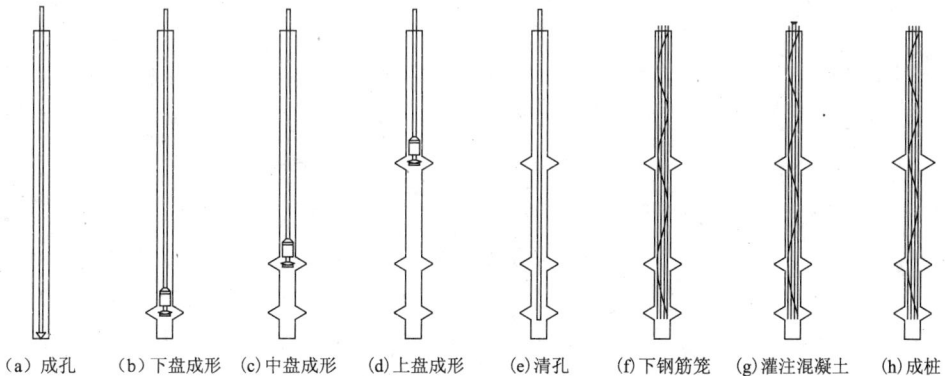

(a) 成孔　(b) 下盘成形　(c) 中盘成形　(d) 上盘成形　(e) 清孔　(f) 下钢筋笼　(g) 灌注混凝土　(h) 成桩

图 3-1　支盘桩施工一般程序

3.1.2 支盘桩施工成孔方法及辅助工法

桩基础在不同的地质条件下,为了保证成孔质量需要采用一些辅助工法。常用的成孔方法以及辅助工法有：

1.泥浆护壁成孔工艺

当地下水位较高时,通常利用孔内地层中的黏性土原土造浆以泥浆护壁成孔,根据地质情况选择持力层设置分支及承力盘,按支盘设计深度,下入全液压挤扩支盘成形机,操作液压工作站将弓压臂(承力板)挤出、收回、反复转角、经多次挤压成盘,再由上至下或由下至上完成挤扩多个支盘的作业,然后安放钢筋笼、清孔、灌注混凝土成桩。

2.干作业成孔工艺

当地下水位较深时,水位以上可采用螺旋钻机进行干作业成孔后,下入挤扩支盘机,按设计支盘位尺寸进行挤扩作业、处理虚土、下钢筋笼、灌注混凝土成桩,该法进度快。当地下水位较深时,水位以下可采用螺旋钻机进行干作业成孔后,下入支盘的支盘机,按设计支盘位尺寸进行挤扩作业,处理虚土,下钢筋笼,灌注混凝土成孔,该法速度快。

3.水泥注浆护壁成孔工艺

干砂成桩时,孔壁易坍塌,成盘作业无法进行。这时必须采用灌注水泥浆工艺,稳住孔壁后,方能挤扩成盘。

4.重锤捣扩成孔工艺

浅层软土分布区,上部荷载不大的一般多层建筑物,利用浅部可塑黏性土层为依托,通过插入孔内的外套加入建筑废料(破碎砖瓦、混凝土碎片、碎石块等),在管内用重锤冲捣将废料挤入孔壁,到设计厚度后,放入支盘机,按设计盘位尺寸再挤扩成盘,下钢筋笼、灌注混凝土成桩,获取理想的单桩承载力。该法可以大量节约材料和投资,用于不受噪声和震动限制的场区。

3.2 挤扩支盘桩的施工机械

目前,许多单位都在进行挤扩支盘桩施工机具的研制和施工工艺的开发,研制出很多新型设备,也开发了很多施工工艺。但总体上来讲,支盘桩的施工工艺主要有以下两种:一种是钻孔和扩孔采用不同的设备,以DX挤扩桩成形装置和YZJ型挤扩成形装置为代表;另一种是钻扩一体化施工,以天津市子路建筑技术开发有限公司开发的 ZKKPJ 系列钻机施工方法为代表。

3.2.1　钻扩分离式施工装置

1. DX 挤扩装置

DX 挤扩装置由机头、连接器、计算机液压站控制系统及车载系统等组成;机头由双单向液压油缸装置、三岔挤扩弓压臂、液压定位装置、液压旋转装置、液压传感器、角度传感器和位移传感器装置等组成。连接器起到柔性连接传递作用,如图3-2 所示。钻(冲)孔后,向孔内下入专用的 DX 挤扩装置,通过地面液压站控制该装置的弓压臂的扩张和收缩,按承载能力要求和地层土质条件在桩身不同部位挤压出 3 岔分布或 3n 岔(n 为挤扩次数)分布的扩大岔腔或近似的圆锥盘状的扩大头腔后,放入钢筋笼,灌注混凝土,型成由桩身、分岔、分承力盘和桩根共同承载的桩型。DX 挤扩装置主要技术性能见表 3-1。

图 3-2　DX 挤扩装置

支盘桩施工可采用钻孔成孔,也可采用冲击、震动沉管成孔,必须保证桩孔进入硬土层,达到设计要求的深度,并将孔底清理干净,要求孔底沉渣厚度不大于100mm,桩孔成形后调入一个专用分支器,用挤压的方式分支,使分支部位的地基土产生很大的压缩变型而成支。应用最广泛的分支器是一次分出两支,也有一次分出三支和四支的,八个单支统称为"盘"。

2. YZJ 型挤扩装置

支盘桩成形机由主机、液压油缸、接长管、液压站和高压胶管五个部分组成。液压站提供液压动力,液压缸输出工作压力。当向液压缸工作腔供液时,活塞杆推出,使主机弓臂沿主机径向伸出,挤扩孔壁直至达到最大行程。当液压缸反向供液时,活塞杆回缩,拖动主机弓臂复位,直至原始位置,即完成一个分支的挤扩过程。通过旋转接长管将主机旋转相应角度,按设计要求的支盘数,重复上述挤扩过程,可在设定的位置上挤扩出若干分支或支盘,完成挤扩支盘桩的施工操作。支盘桩成形机的型号有 YZJ-400/1100、YZJ-600/1500 和 YZJ-800/2000,如表 3-1 所示。

表 3-1　挤扩支盘成形尺寸及其设备规格

产品型号	设备外径/mm	成桩直径/m	臂宽/mm	支盘直径/m	成盘直径/m	支盘高度/mm	最大工作压力/MPa	最大初始压力/kN	电机功率/kN
φ285	285	≥0.3	180	800	0.7	450	25	400	7
YZJ377	377	≥0.4	200	920	0.9	500	25	1000	15
YZJ400	400	≥0.42	200	1100	1.0	538	32	1970	22
YZJ600	580	≥0.6	280	1500	1.3	858	32	3257	37
YZJ800	740	≥0.8	360	2000	1.8	1131	32	4662	45
YZJ600A1	580	≥0.6	280	1560	1.4	776	32	4300	37
YZJ800A1	740	≥0.8	380	2000	1.8	1030	32	6630	45
YZJ400A1	380	≥0.4	200	1100	1.0	605	32	1546	22

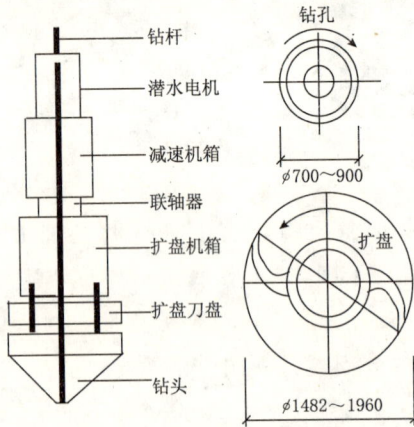

图 3-3　ZKKPJ 系列钻机机械构造示意图

3.2.2　钻扩一体机

　　ZKKPJ 系列钻机构造如图 3-3 所示,扩盘周期见表 3-2。在 ZKKPJ 系列钻机中,ZKKPJ-650 可施工的桩径(扩盘直径)为:650(1418)mm、700(1526)mm、750(1636)mm 和 800(1744)mm;ZKKPJ-750 可施工的桩径(扩盘直径)为 750(1636)mm、800(1744)mm、850(1853)mm 和 900(1962)mm。

表 3-2 扩盘周期

机型	主轴输出转数/转	扩盘周期/s	扩盘机箱直径 D_x/mm
ZKKPJ-650	90	420	500
ZKKPJ-750	45	622	600

3.3 施工过程中的注意事项

3.3.1 成孔施工注意事项

（1）选择合适的支盘成形机械。目前国内已有多家公司生产扩孔机械的专利产品，施工单位可根据自身条件选择使用。

（2）成孔设备必须保证平整、稳固，确保在施工中不发生倾斜、移动。为准确控制钻孔深度，在桩架式钻杆上作出控制深度的标尺，以便在施工中进行观测、记录。

（3）支盘灌注桩施工采用钻孔成孔方法，必须保证桩孔进入硬土层达到设计要求的深度，并将孔底清理干净，孔底沉渣或虚土（沉淤）厚度不大于 100mm。

（4）在黏性土中成孔时，可注入清水造浆，孔口排出泥浆的相对体积质量应控制在 1.1～1.2；当穿过砂层和易塌土层时，应投入黏土或改用制备泥浆护壁，排出泥浆的相对体积质量宜增大至 1.3～1.5；要定期测定泥浆的胶体率、含砂量和黏度。

3.3.2 支盘施工注意事项

（1）挤扩机入孔前必须检查法兰连接、螺栓、油管、液压装置、弓压臂分合情况，一切正常才能进行挤扩成盘；挤扩成盘宜自下而上进行，经对桩身垂直度、孔径和孔深等检验合格后，即将挤扩机吊入孔底。挤扩时，弓压臂会对孔壁土体进行挤压，应注意保护孔壁，以免造成孔壁土体坍塌。

（2）按弓压臂宽度算出挤扩次数，人工或自动转动挤扩。通过液压泵加压将弓压臂挤出型成"一"型分支，回收弓压臂，若再依次转动不同的角度挤扩、回收、再挤扩、再回收、到转完 180° 时就型成一个承力盘。做完一个分支将分支器旋转22.5°，再做一个分支，在同一高度，做 8 个分支，即可成一个"盘"，再按照相同工序进行下一个支盘的施工。

（3）成盘过程中应认真观察液压表的变化，详细记录各支盘压力值及分支时间，并测量泥浆液面落差、油箱液面变化和机械上浮量等。每盘成形后应及时补充泥浆，维持稳定水头压力，但不得注清水。成形后遇有缩颈、塌孔或流砂时，会造成投放设备困难，应终止操作，提出支盘成形机，妥善处理后，再继续挤扩支盘成形。

(4) 承力盘成形机离孔后,应及时清除孔口拖带泥土、泥块、防止回落,并立即补充泥浆,保持水头压力。

(5) 成盘时,若遇地质条件复杂多变,应进行盘位调整,严禁将支盘设在软土层内。并及时征得设计部门的同意和报告工程监理人员,同时做好施工记录。检查挤扩前后的孔深记录,当沉降厚度大于 1m 时,除必须加强清孔外,还应检查盘顶是否坍塌并查明其原因。

(6) 为避免在硬土层中挤扩成盘时转角不当发生水平回弹,一般不采用挨排挤扩,而采取间隔成孔,以免造成塌孔,影响桩身质量。

3. 3. 3　钢筋笼施工注意事项

(1) 钢筋笼的直径,除符合设计尺寸外,其内径应比导管连接处的外径大100mm 以上。钢筋笼制作允许偏差应符合下列规定:主筋间距±10mm;箍筋间距±20mm;钢筋笼直径±10mm;钢筋笼长度±50mm。

(2) 应分段制作钢筋笼,其长度 5~8m 为宜,搬运时应采用适当措施,防止扭转、弯曲,埋设钢筋笼时,要对准孔位,吊直扶稳,缓缓下沉,避免碰撞壁孔。钢筋笼下到设置位置后,应立即固定,两段钢筋连接时,应采用焊接。

3. 3. 4　混凝土浇筑施工注意事项

(1) 采用商品混凝土,施工前应先计算包括支盘在内的桩混凝土量,混凝土坍落度随桩长度作适度调整,控制在 180mm 以内。

(2) 浇筑混凝土前,应注意检查导管、底管长度是否符合规范规定。导管必须密封,无漏气窜浆现象,采取合理的隔水栓型成隔水,确保导管内光滑清洁畅通,无变型,上端入料与导管非支承性连接,防止浇筑时导管受冲压发生位移变型或冲撞钢筋而造成质量问题。

(3) 应有足够的混凝土储备,使导管第一次埋入混凝土面 0.8m 以下。应使用隔水栓,并由专人负责安放隔水栓,确保导管内不返水。

(4) 浇筑混凝土时连续施工,导管离孔底不得大于 0.5m,初灌量除考虑盘的体积外,至少应将导管埋入混凝土中 1.6m 以上,严禁将导管底端拔出混凝土面。若掺入缓凝剂或塑化剂时,应先做试验,满足强度与和易性等要求后方可使用;支盘灌注桩充盈系数不得小于1,一般控制在 1.1~1.5。

3.4　支盘桩的检测

　　由于支盘桩单桩承载力高,因此施工过程中对质量控制要求较为严格。根据支盘桩的特殊性以及与普通灌注桩的统一性,北京俊华地工集团制定的技术标准规定了以下几个质量控制要点,施工中须严格执行,以满足设计要求,达到预估承载力。支盘桩的检测,除普通桩的检测要求外应注意以下检测内容。

3.4.1　挤扩支盘桩的检测方法

1) 支盘成形挤扩的首次压力值

支盘成形挤扩的首次压力值即支盘机最初张开需要的最大力,该压力预估值应根据勘测报告的情况、施工人员的经验和试成孔的数据综合确定,保证该压力值与设计综合预估范围偏差不超过 10%,且实际挤扩压力值不小于 0.8×预估压力值。

2) 挤扩成盘过程中泥浆的下降体积

该值在一定程度上反映成盘的质量与成盘体积的比。施工中要检查泥浆下降体积是否超过承力盘体积 80%,也可以利用记录钻孔孔壁泥浆面后下降值,计算或查表得出泥浆体积与承力盘体积,也可以利用油箱液面下降值,支盘机体上升来控制盘型。总之,要求泥浆要有明显下降。

3) 盘体直径

这是保证成盘质量的一个重要指标。可使用自备孔径盘径检测仪自检,也可使用井径仪检查,使盘径大于设计盘径。

4) 支盘位置

根据护筒标高测量及各盘位深度换算数值,检查机盘上各盘位标准尺寸是否正确,当持力层发生变化时,盘位也应随之变化。

5) 桩身质量

桩身质量可用取芯、动测及超声波等常规方法检测。

6) 单桩承载力

单桩承载力用静载荷试验法,按《建筑地基基础设计规范》(GB 50007—2002) 的相关条款确定。

7) 成孔质量

根据《建筑桩基技术规范》(JGJ 94—2008)规定,支盘桩要求成孔垂直度允许偏差不大于 1%。

8) 挤扩支盘质量

支盘的质量关系到桩的承载力,施工过程中应严格控制。施工班组通过油压值(首次挤扩压力值)、油面下降量(反映支盘机弓压臂状态的直观指标)使用孔径盘径检测仪对孔径以及盘径进行自检,如果施工中挤扩油压值与预估压力值相差较大(即实际挤扩压力值小于 0.8×预估压力值),应根据情况对盘位进行适当调整。

9）二次清孔质量

水下灌注桩沉渣的厚度也是直接影响承载力的一个因素，因此二次清孔的检查也被列为重点。

10）灌注混凝土

混凝土的灌注是能否成桩的关键，因此灌注混凝土是非常重要的质量控制工序。在《建筑桩基技术规范》(JGJ 94—2008)的基础上对支盘桩混凝土灌注作出如下特殊规定：

（1）灌注时导管离孔底不得大于 0.5m，混凝土初灌量要求混凝土面高出底盘顶 1m 以上，严禁将导管底端拔出混凝土面。

（2）拆除导管时，应计算导管长度。当导管底端位于盘位附近时，应有意识地上下抽拉几次导管，利用混凝土的和易性使盘位附近的混凝土密实。

总而言之，挤扩支盘桩施工的成盘质量直接关系到单桩承载力的高低，施工时必须认真对待。

3.4.2　旋扩珠盘桩的检测方法

切削出来的承载腔腔体（又称珠盘）质量究竟如何、是否满足设计要求，可通过以下几种方法进行检测：

（1）在已知设计尺寸后（珠盘直径），通过对旋扩设备进行参数设定，在未下入孔内旋扩作业时，使切削刀具伸缩，检测是否达到预选设定的值。

（2）大直径桩孔切削后，可以下人检查尺寸是否满足设计要求。

（3）小直径桩孔切削后，可以下入一个摄像装置，通过地面监视器，检查珠盘中有无残土和成形质量是否达到设计要求。

（4）旋扩设备进入埋深较浅的多种水文地质条件的土层，观察多次成形的效果，检查成形尺寸。

（5）在成形后灌入混凝土，待混凝土达到一定强度后挖出整个桩，直接量测其尺寸。

多种检测方法对旋扩承载腔体的检测结果表明，旋扩成形方法所成腔体尺寸精确，型状可变，功效和质量都是传统成形方法不能相比的。

3.5　支盘桩的质量控制

支盘桩是混凝土灌注桩的一种，利用支盘机，根据设计要求在桩孔的不同标高处，挤(旋)扩周围土壁，型成承力支盘，依靠增加支盘的端阻力来提高桩的承载力。桩由于有多支盘，大幅度地提高了桩的竖向承载力、抗拔性能及桩的稳定性。这种桩广泛用于黏性土、砂土、回填土、碎石土等能够挤扩的地基土。根据荷载传递性可知,支盘承载力直接影响到桩基承载力,施工中应采取措施,确保支盘作业相关环节的施工质量。支盘技术质量控制参数见表 3-3。

表 3-3　支盘技术质量控制参数

部位	项目	允许偏差
桩身	孔径/mm 孔深 桩孔垂直度 桩位水平偏差/mm 桩孔底沉渣/mm	<0.1d(d 为桩身直径)同时≤50 满足设计桩长 <桩长约 1‰ <d/6,且≤100 ≤100
支盘	挤扩上盘首次压力/MPa	≥10
	挤扩中盘首次压力/MPa	≥13
	挤扩下盘首次压力/MPa	≥15
	油压液面下降与液压站、支盘机空载油面下降值比	≤3mm
	直径允许偏差/mm 抽样桩占总桩数比例 盘间距偏差/mm	≤D/15(D 为支盘直径) 1‰ ≤200
钢筋笼	保护层厚度/mm	±20
	安装标高/mm	±50
	主筋间距/mm	±10
	钢筋笼直径/mm	±10
	钢筋笼长度/mm	±50

3.5.1　成孔质量控制

桩孔垂直度、孔径偏差超限将影响桩基承载力和受力特性,孔径如果偏小支盘机将无法进入,钻孔须做详细的施工记录。在施工前应检查桩孔的垂直度、孔径和孔深,垂直度偏差应小于 1‰,孔径偏差应小于 20mm。桩孔一般使用正循环泥浆护壁成孔方式,在钻进前先试钻成孔,速度要慢,宜一挡钻进,根据地质情况,通过取渣样,记录各土层埋深情况,与地质勘察报告比较,确定钻机钻进的速度。在钻进过程中,若钻进较难或钻杆跳动剧烈,应提高钻机的速度,迅速穿过,避免钻杆上下不规则跳动,损伤钻头。

在埋设护筒时,要保证护筒的中心,对准孔位中心,保证护筒不位移、不倾斜。确保成孔垂直精度,首先保证钻孔机在整个作业过程中的稳定性,避免其产生前倾或侧倾,以致影响桩孔的垂直度,也可采取扩大桩机支承面积使桩稳固,经常采用校核钻架及钻杆垂直度等措施,出现偏差及时纠正。

3.5.2　盘位质量控制

成孔后根据成孔时的记录,将该孔所穿过的土层情况与地质勘察报告对比是否相符。如果相符,应根据桩端进入持力层的厚度和提供的各土层力学性质,选择设计要求的持力层。标注支盘的埋深,确定其具体位置,如有差别,应将盘位上下调整,调整幅度一般控制在上下各 1m 范围内,支盘间距不宜小于 1.5D(D 为多支盘灌注桩的直径),将盘位定在承载力较高的黏性土或砂层中,以提高支盘的承载力。

3.5.3　挤扩支盘质量控制

成支盘前,先检查液压泵和支盘机是否工作正常,油量是否满足要求。查看油管的接头及油管与支盘器的连接接头是否漏油。当检查无误后,用起重设备将支盘机吊起,垂直放入桩孔内,放入时要缓慢,同时将液压油管一起放入桩孔,严禁放入速度太快,油管受拉,损坏油管的接头。在放入支盘机时,还要注意观察支盘机入孔是否垂直,如果发现倾斜度大于 1‰,表明桩孔倾斜超标,不能支盘,需重新扫孔,以保证桩孔的垂直度。挤扩支盘时,有专人操作液压设备,将首次支盘成形挤扩压力值与设计综合估计值比较,首压值应不小于设计综合预压值的 90%(综合预压值可以根据地质勘察报告中各土层的物理力学指标确定),证明盘位坐落在较合适的土层上。每次挤扩,操作人员要随时观察液压设备的油压液面下降值,以支盘机空载试验值为标准,其允许偏差为 3mm。如果偏差太大,可能有漏油的地方;偏差太小,则有可能是支盘机未完全打开。支盘挤扩的尺寸达不到要求,还可通过观察支盘机的上升尺寸,判断支盘机能否正常工作。

每个支盘挤扩完毕,应根据泥浆下降体积与支盘体积相比,泥浆下降体积要大于支盘体积的 80%,则该盘体成形符合要求。如果达不到该值,需检查支盘机是否工作正常,或检查在成盘时分支是否漏支,待查清原因后重新操作,确保支盘的体积。检查盘径可用井径仪来抽检。

支盘顺序及转动分支数应根据设计要求确定。若单桩设计为多盘,宜由下而上依次支盘,顺序颠倒则可能会因挤盘时挤掉的沉渣太厚,造成底盘无法沉到设计深度。如果桩距较近,需要跳打并将两桩盘位错开水平横断面。按支盘机分支盘的宽度算出每盘需分支数,一般为 8 次才能保证整个盘体的完整。控制方法为,在桩孔口设计 8 等分标志盘,每次转动支盘机时,转动的角度以标志上的刻度为准,法兰杆上应有深度标志,醒目标注工程支盘深度,在每次转动之前,应将成形机上提 50cm 左右再转动,然后将成形机下放到支盘位置支盘。

3.5.4　清孔质量控制

支盘机吊出桩孔后,需重新将钻头入孔,进行洗孔程序,钻头从上至下在每个盘位处都要转 5min,使转动的泥浆将残留在盘内及桩孔底较大的泥块搅碎随泥浆清出孔外,降低沉渣的厚度并使成形机挤压造成缩径的地方达到设计桩径。洗孔泥浆密度控制在 1.15～31.2g/cm,沉渣厚度控制在 150mm 以内。

3.5.5　浇灌混凝土质量控制

灌注混凝土以前,必须对孔深、孔径、孔垂直度、挤扩部位半径、压浆管、钢筋笼等,逐项进行检查,达到要求后方可灌入混凝土。灌注混凝土时,初灌量要考虑底盘的体积,保证将混凝土导管埋入 1.0m 以上。混凝土浇筑过程中,导管的埋管量应为 4～6m,每次提管,用测绳测量混凝土的表面高度,严禁把导管底端拔出混凝土面,充盈系数大于 1.0。机械搅拌要求计量准确,按配合比要求投料,各种材料的偏差要符合规范要求,水下浇灌混凝土应在二次清孔后 0.5h 内进行。混凝土的原材料必须符合规定要求即使用中粗砂,石子最大粒径宜小于 40mm,对水泥安定性、强度实行化验、检查;强度必须达到设计要求,对配合要严格计量,随材料变化,调整配合比,另外浇筑混凝土必须具备良好和易性,坍落度宜为 18～22cm。

3.5.6　钢筋笼质量控制

钢筋笼除符合设计要求外,还应符合以下规定:

(1) 分段制作的钢筋笼,其接头宜采用焊接并应遵守《混凝土结构工程施工及验收规范》(GB 50204—2002)。

(2) 加劲箍宜设在主筋外侧,主筋一般不设弯钩,根据施工工艺要求所设弯钩不得向内圆伸露,以免妨碍导管工作。

(3) 主筋净距必须大于混凝土粗骨料粒径 3 倍以上。

(4) 钢筋笼的内径应比导管接头处外径大 100mm 以上。

(5) 搬运和吊装时,应防止变型,安放要对准孔位,避免碰撞孔壁,就位后应立即固定。

(6) 钢筋笼主筋的保护层允许偏差:水下浇注混凝土桩为 ±20mm;非水下浇注混凝土桩为 ±10mm。

(7) 钢筋笼吊放过程中,应逐节验收钢筋笼的连接焊点焊缝质量,对质量不符合规范要求的焊缝焊口则要求补焊。钢筋笼竖直对准井口中心要缓慢下放,以防钢筋笼刮破孔壁。

3.5.7 成桩质量控制

根据设计要求对成桩质量检查,对单桩竖向承载力设计值一般采用静载荷试验,试验数量宜为设计桩数的 1%,且不少于 3 根,对桩身完整性及其混凝土强度检查宜采用低应变动力测试法。

3.6 支盘桩构造要求

挤扩支盘桩的桩型设计较为复杂,不仅要考虑承力盘竖向间距、承力盘个数、承力盘型状、桩径和桩长、分支的设计等问题,还要考虑桩周土的性质、施工机械的性能等诸多因素。

(1)桩基的选型和布置应符合下列要求。

挤扩支盘灌注桩的桩径、桩长和支盘尺寸应根据工程地质条件、单桩承载力及施工机具的结构尺寸来确定。当使用 LZ 系列挤扩支盘机时,挤扩支盘桩的主要构造尺寸可按表 3-4 的规定采用。

表 3-4 挤扩支盘桩的主要构造尺寸　　　　　　　　(单位:mm)

桩杆直径 d	单支临界宽度 b	承力盘直径 D	承力盘高度 h
400~500	200	900	500
600~700	280	1400	700
800~1100	380	1900	900

注:水下施工时,最小桩杆直径不应小于 500mm;桩杆直径 600~700mm、800~1100mm 应分别调整为 620~700mm、820~1100mm。

(2)挤扩支盘桩的布置,应根据建筑物上部结构的类型和地基持力层的特性区别对待,可采用单桩或多桩基础。

桩基础的受力机理实际上是承台底面土、桩间土、桩端以下土共同参与工作,承台、桩、土相互影响共同作用。支盘桩桩顶荷载主要是通过桩周摩阻力和端阻力传递到桩周和桩端土层,应力产生重叠。其中,承台土反力传递到承台以下一定范围内的土层中,从而使桩侧阻力和桩端阻力受到干扰,挤扩支盘桩承力盘的反力同样是传递到一定范围的土层中干扰桩侧摩阻力及桩端阻力,但承力盘反力是沿桩长分布的力,型同桩侧摩阻力的分布,而桩侧摩阻力只有在桩土间产生一定的相对位移条件下,才能充分发挥出来。侧摩阻力和端阻力的发挥主要受桩的水平间距、承台、桩长、土性的影响,如果桩距过小,桩土相对位移因邻桩的相互干扰而减小,致使桩侧阻力不能充分发挥。桩距增大一些可使桩土间能产生一定的相对位移,以利于桩侧阻力的发挥。桩间距过小会使施工困难、成孔质量降低,这将影响桩侧其他已成承力盘。挤扩支盘桩的最小中心距不宜小于 $3d$ 和 $1.5D$ 的较大值,当土质较软时,可取$(D+1)$(D 和 d 分别为承力盘和桩身直径)。

(3) 从实践来看,承力盘最好设置在黏土或粉质黏土等具有较高塑性指数的土层中。在容许设置支盘的土层中,承力盘数量越多,桩的承载力就越高,但并不等于可以无限制地设置承力盘。因为过多地设置承力盘一方面会延长施工时间、降低成孔质量,另一方面盘距太近会影响其他已成盘,增加工程量,影响桩身承载力的提高。因此承力盘竖向间距适当增加,更能充分发挥支盘的承载作用。

当设置两个以上承力盘时,如果承力盘间距太近,会造成盘间土体的剪裂,致使承力盘的承载能力大大降低。如果间距过小,上部承力盘在竖向荷载下产生的附加应力影响区会延伸到下部承力盘上,从而型成相互叠加的公共应力区,影响承力盘承载能力的发挥。当间距较大时,各承力盘可以独立地工作,并充分发挥其承载能力。因而合理设计承力盘间距是设计多支盘桩的一个重要因素。

通过大量室内试验和工程桩实践得出结论,每根承压挤扩支盘桩的盘数不宜多于 4 个,抗拔挤扩支盘桩的盘数宜为一两个,挤扩支盘桩竖向最小盘间距不应小于 $2D$;挤扩支盘桩的承力盘应设在土层结构稳定、压缩性较小、承载力较高、层厚较大的土层中,设置承力盘的承载土层厚度宜大于 $2D$;承力盘底进入持力层的深度不宜小于 $0.5h \sim 1.0h$;

(4) 桩根长度 f 不宜小于 $1d$。桩端以下持力层厚度不宜小于 $1.5D$,当存在软弱下卧层时,桩端以下持力层厚度不宜小于 $2D$。

(5) 桩杆配筋率宜采用 $0.3\% \sim 0.65\%$(小桩径取高值,大桩径取低值);对受荷载特别大的桩和抗拔桩宜根据计算确定配筋率。

(6) 配筋长度应符合下列规定:对以底承力盘为主受力的挤扩支盘桩,宜沿桩身通长配筋;短桩宜通长配筋;对不以底承力盘为主受力的长桩,配筋长度宜不小于 2/3 桩长,且钢筋端部应延伸至相邻盘底面 500mm 以下;对竖向承载力较高的单桩,宜沿土层深度分段变截面通长配筋;当桩身周围有淤泥质土和液化土层时,配筋长度应穿过该软弱土层;对承受负摩阻力的桩和位于坡地岸边的桩应沿桩身通长配筋;抗拔挤扩支盘桩应通长配筋;因地震作用、冻胀或膨胀力作用而承受拔力的挤扩支盘桩,应通长配筋。

(7) 挤扩支盘桩桩身的混凝土强度等级不得低于 C25;主筋的混凝土保护层厚度不应小于 35mm,水下灌注混凝土时不应小于 50mm。

3.7　挤扩支盘桩的适用要求

3.7.1　挤扩支盘桩的适用性

(1) 适用于工业与民用建筑物、高层建筑及高耸构筑物、道路、桥梁、码头等桩基础。如 15～30 层高楼、大型工业厂房、水塔、烟囱、电厂冷却塔、市政立交桥、高架桥桩基、复合地基、基坑支护等。

（2）挤扩支盘桩适用于黏性土、中密～密实的粉土、填土、中等密实及以上砂土、砂砾石、卵石层、强风化岩层,但不宜在流塑、软塑的淤泥质土及受大气影响深度内的膨胀土、自重湿陷性黄土、坚硬岩土层及液化的土层中分支和成盘,持力层的选用与上部建筑荷载大小有关,必须互为适应。

支盘桩适用于我国大多数地区的地质条件。据报道,设置承力盘或分支的持力层指标宜满足下列要求:砂土,比贯入阻力 $P_s \geqslant 5\text{MPa}$,标准贯入 $N_{63.5} > 10$ 击;粉土,$P_s \geqslant 4\text{MPa}$,$N_{63.5} > 8$ 击;黏性土,$P_s \geqslant 1.5\text{MPa}$,$N_{63.5} > 6$ 击;另外可塑性黏土、砂土、粉土与黏性土交互层以及 $P_s < 5.0\text{MPa}$ 的砂土不宜作为支盘桩的承力盘或分支的持力层。

（3）该桩可用作建筑抗压桩、抗拔桩（水厂清水池、大型油罐）基坑及边坡支护桩、复合地基、高承载力锚杆,以及建筑物的地基加固和增层改造的桩基。

（4）就地域而言可在内陆冲积、洪积平原、沿海河口部位的海陆交替沉积的三角洲平原下的硬塑黏性土、密实粉土、粉细砂层等均适合作挤扩支盘桩基的持力层,如天津、上海、苏州软土下的上述地层。

（5）在建筑中的地基处理方面,优化地基处理方案、满足工程需要,技术简单易行,又能节省工程造价是建设方、设计方、施工方所盼望的,目前有多种技术处理方法,DX 桩基处理技术就是其中的一种新型可靠的实用技术。

（6）可根据各种地层不同的力学指标,选择若干个有利的层面,利用 DX 设备在孔中不同深度挤扩成多个岔和盘,完成横向的侧面型腔,然后再进行混凝土灌注;将原直杆灌注桩变成多层三岔型、多盘型的由多端承和多段侧摩阻共同作用的新型桩。

（7）以挤扩支盘桩作基础,沉降变型小,使建筑结构更加稳定。由于单桩承载力大幅度提高,可大大减少混凝土用量。实践证明,DX 桩基技术在岩土工程方面有广泛的应用价值。此项技术目前已受到有关专家的关注和好评。它已不是一项单纯的专利使用技术,而是通过高科技手段改变传统的施工工艺,充分利用了混凝土自身的强度,在大量减少原材料用量的情况下,发挥事半功倍的效用。因此具有潜在的、巨大的经济价值和社会效益,尤其在经济迅速发展的今天,更显示出强大的生命力和发展前途。

支盘成形机是支盘成形的专用设备,通过液压传动,产生三维挤扩功能,从其挤扩压力值的大小反映地层的软硬程度。通过对支盘机深浅尺寸的控制,还可掌握各地层的厚薄软硬变化来弥补勘察精度之不足,从而可有效地控制持力层及设计盘位尺寸,保证单桩承载力能充分满足设计要求。这种调控功能(其他桩机难以办到)是支盘桩成桩工艺的突出特点。其次是成形机操作简单,生产率高,维修方便,设计新颖,适合地层广,能与现有普通钻孔机械配套使用。另外在挤扩设备挤压土体时,弓压臂是通过液压系统控制的,土层性质的好坏,可由液压表数字大小反映出来。一般情况下,挤压过程中油压数值越大,说明土层性质越好,承载力越大,成支(盘)以后,支(盘)端阻力越大。因此,挤压过程相当于静力触探,可检验勘探资料的可靠性,并可以了解支盘所在土层承载力大小。如果发现土层性质及支(盘)承载力与单桩承载力设计值不吻合时,可通过增设支盘来提高单桩承载力,弥补一些损失,这也是其他桩型不能比拟的。

3. 7. 2　支盘桩的不适用性

有过资料表明,下列情况不适合采用支盘桩:

(1) 很厚的软土层(含无持力层夹层)不宜应用支盘桩。

因为支盘桩主要是将桩身受摩阻力的性状,局部改变成挤扩支盘,增加桩的支托承载力,这是支盘桩的独特特点,如果在桩身很深的土层内没有能设置支盘的持力层(一般软土层深度不超过 20m),采用支盘桩效果不显著,经济效益也不好,所以最好不要采用。如果在软土层内有两三层能作为持力层的好土夹层,支盘桩就可以利用夹层内的好土设支盘,此时支盘桩宜在这种软土层中采用。

(2) 孤石和障碍物多的地层不宜采用。主要原因是容易发生如下工程事故:

① 支盘桩不能全部沉至设计持力层,有时在同一工程内,有的桩可打至持力层,有的桩打不进去,桩长相差很多;

② 桩端接触孤石或地下障碍物时,桩身会突然偏离原位或大幅度倾斜;

③ 支盘桩桩端破损、桩身折断和桩端不成形。

(3) 有坚硬夹层时不宜应用或慎用。

有些地区基岩以上的覆盖层中,存在着一层或多层坚硬夹层。所谓夹层,有些是极密实的砂层,有些是密实的卵石层,有些是钙或硅质胶结的砾石、碎石层,还有一些石贝壳岩化的硬夹层或贝壳碎片胶结等。如果这些夹层厚度大且又无软弱下卧层,可以考虑作为支盘桩的持力层。若厚度只有一两米甚至几十厘米,其下又为软弱层或一般土层,挤扩支盘桩必须穿越这个夹层直到以下坚硬的设计持力层。但这个夹层又很坚硬,标贯试验锤击数有时达到 100 以上,挤扩支盘桩遇到这类夹层时,要么贯穿不了,要么桩的支盘质量不高。此时可先采用钻孔灌注桩。当存在着较厚而密实的砂层或卵石层时,最好采用试打的方法来判断成桩的可行性,不宜轻易采用支盘桩方案。在较厚而密实的砂夹层或卵石层中施打挤扩支盘桩,可能会发生以下现象和事故:贯穿砂砾层的过程中挤扩压力剧增,目前设备压力难以提高;桩身特别是桩支盘的难度大,不成形率可高达 10% 以上;有的桩可贯穿夹层,而有的桩不能贯穿,致使同一工程内的桩,持力层不同,桩长悬殊。

（4）石灰岩地层不宜采用。

因为在石灰岩上的覆盖土层中，坚硬土层和密实砂层是不多见的，很少可作为支盘桩的持力层。而石灰岩是水溶性岩石，不存在强风化层，基岩表面就是裸露的新鲜岩石，抗压强度高达100MPa以上。在这样的工程地质条件下，高强的桩机钻头也会很快被打断，所以应当严禁以石灰岩作为挤扩支盘桩的持力层。如果石灰岩上面有适合做挤扩支盘桩的岩土层，则另当别论。

在石灰岩地区，溶洞、溶沟，溶槽、石笋（芽）、漏斗等"喀斯特"现象的地区。在这样的工程地质条件下施工挤扩支盘桩，也会经常发生以下工程质量事故。

挤扩支盘桩一旦接触岩面，挤扩承力盘时，如果桩身不发生滑移，贯入度就立即变得很小，桩身反弹厉害，挤扩支盘桩很快出现破坏现象；或桩端变型，或支盘不成形，或桩身断裂。有时桩端不成形，桩身混凝土也随着浇灌混凝土而破坏，表面看起来，桩身向下浇筑混凝土，实质上用于破坏断桩桩身并将其碎块压到四周的土中，浇灌混凝土桩入土深度只不过是个假象而已。

桩端接触岩面以后，很容易沿倾斜的岩面滑移。有时桩身是突然倾斜，桩断后容易被发现，有时却是慢慢倾斜，到一定的时候桩身便会折断，往往不易被发现。如果上覆土层浅而软，桩身还会明显跑位。

施工时桩长很难控制，桩身尺寸标高控制相当困难。有些正好落在岩顶上，有些却陷在深深的溶沟里，同一工程内桩长很不一致。

桩端只是坐落在基岩上，无法嵌入基岩中，稳定性较差。有些桩的桩端只有一部分落在岩面上而另一部分却悬空，桩的承载力很难得到保证。

（5）从松软突变到特别坚硬的地层不宜应用。

大多数石灰岩地层属于"从松软突变到特别坚硬的地层"，对花岗岩、砂岩、泥岩来说，这些岩石类有强、中、微风化岩层之分，支盘桩以这些基岩的强风化层作桩端持力层是相当理想的。但有些地区的基岩中没有强风化岩层或强风化岩层只有薄薄的几十厘米，且基岩上的覆土层比较松软，在这种"上软下硬，软硬突变"的工程地质条件下打桩，支盘桩将轻易穿过覆盖层后立即碰到中风化岩面。这种缺一层强风化岩或缺一层所谓的"缓冲层"的工程地质条件，不宜采用支盘桩。

（6）不能成直孔桩时也无法应用。

总之，采用支盘桩前应对工程地质做深入细致分析，然后做出决策，不要片面追求采用支盘桩而误了工程大事。

第4章　支盘桩承载力和沉降计算方法

4.1　单桩受力机理分析

4.1.1　单桩竖向荷载的传递

1.桩土体系的荷载传递

桩侧阻力与桩端阻力的发挥过程就是桩土体系荷载的传递过程。当竖向荷载逐步施加于单桩桩顶时,桩身上部受到压缩而产生相对于土的向下位移,此时,桩侧表面会受到土向上的摩阻力。桩顶荷载通过所发挥出来的摩阻力传递到桩周土层中去,致使桩身轴力和桩身压缩变型随深度递减。随着荷载的增加,桩身压缩量和位移量增大,桩身下部的摩阻力逐步发挥作用,桩底土层因压缩而产生桩端阻力,同时,桩端土层的压缩加大了桩土相对位移,从而使桩身摩阻力逐步发挥作用。当桩身摩阻力达到极限后,若继续增加荷载,其荷载增量全部由桩端阻力来承担。由于桩端持力层的大量压缩和塑性挤出,桩身位移增长速度显著增大,直到桩端阻力达到极限,位移逐渐增大至破坏,此时,桩承受的荷载即是桩的极限承载力。

以桩顶为坐标原点,桩顶作用荷载 Q,桩身荷载传递过程如图 4-1 所示,离桩顶 z 处的桩身轴力为

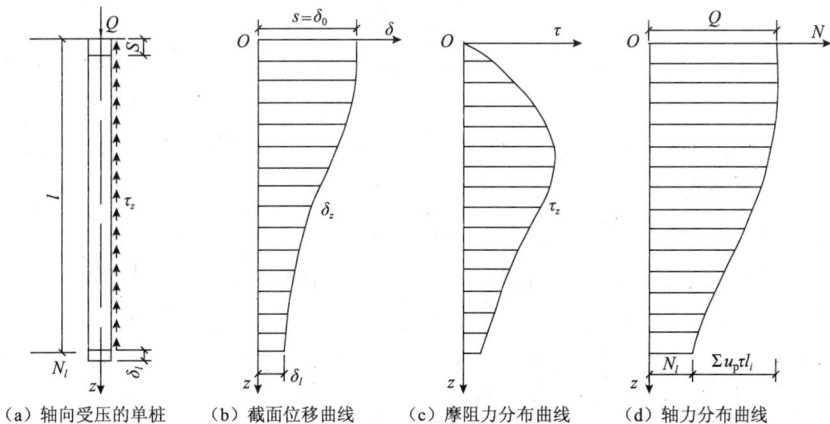

（a）轴向受压的单桩　　（b）截面位移曲线　　（c）摩阻力分布曲线　　（d）轴力分布曲线

图 4-1　单桩的荷载传递

$$Q(z) = Q_0 - U \int_0^z q_s(z) \mathrm{d}z \tag{4-1}$$

竖向位移为

$$S(z) = S_0 - \frac{1}{E_0 A} \int_0^z Q(z) \mathrm{d}z \tag{4-2}$$

由微分段 $\mathrm{d}z$ 的竖向平衡可求得 $q_s(z)$ 为

$$q_s(z) = -\frac{1}{U} \frac{\mathrm{d}Q(z)}{\mathrm{d}z} \tag{4-3}$$

微分段 $\mathrm{d}z$ 的压缩量为

$$\mathrm{d}S(z) = -\frac{Q(z)}{AE_p} \mathrm{d}z \tag{4-4}$$

故

$$Q(z) = -AE_p \frac{\mathrm{d}S(z)}{\mathrm{d}z} \tag{4-5}$$

将式(4-5)代入式(4-3)中

$$q_s(z) = \frac{AE_p}{U} \frac{\mathrm{d}^2 S(z)}{\mathrm{d}z^2} \tag{4-6}$$

式中：A——桩身截面积，m^2；

E_p——桩身弹性模量，MPa；

U——桩身周长，m。

式(4-6)即为桩土荷载传递分析计算的基本微分方程。通过在桩身埋设应力或位移测试元件(钢筋应力计、应变片、应变杆等)，利用上述公式即可求得轴力和侧摩阻力沿桩身的变化曲线。

2. 影响荷载传递的因素

poulos(1971)通过理论分析得到桩土体系荷载传递性状随相关因素的变化规律如下。

(1) 桩端土与桩周土的刚度比 E_b/E_s 愈小，桩身轴力沿深度衰减愈快，即传递到桩端的荷载愈小。在桩的长径比 $L/d = 25$ 的情况下，$E_b/E_s = 1$ 时，即在均匀土层中，桩端阻力占总荷载约 5%，接近纯摩擦桩；当 E_b/E_s 增大至 100 时，其端阻力占总荷载约 60%，属于端承桩，桩身下部阻力的发挥相应降低；E_b/E_s 再继续增大，对端阻力分担荷载比的影响不大。

(2) 随着桩土刚度比 E_p/E_s (桩身刚度与桩侧土刚度比)的增大，传递到桩端的荷载增大，侧阻力相应增大；但当 $E_p/E_s \geqslant 1000$ 后，端阻力分担的荷载比变化不明显。

(3) 随着桩长径比 L/d 的增大，传递到桩端的荷载比趋于零，当 $L/d \geqslant 40$ 时，端阻力分担的荷载趋于零,当 $L/d \geqslant 100$ 时,不论桩端土刚度多大,端阻分担荷载值小到可以忽略不计。

（4）随着桩端扩径比 D/d 的增大,桩端分担荷载比增加。均匀土层中的长桩（$L/d=25$）,其桩端分担荷载比的大小对于等直径桩约 5%,对 $D/d=3$ 的扩径桩约 35%。

上述荷载传递的理论分析结果表明,单桩极限承载力对应的某特定土层的极限侧阻力 Q_{su} 和极限端阻力 Q_{pu},由于桩长与桩径比异常,桩端、桩周土刚度比异常,或由于该土层分布位置的变化,其发挥值是不同的。为有效发挥桩的承载性能以取得最佳经济效果,设计中利用桩土体系荷载传递特性,根据土层的分布与性质,合理确定桩径、桩长、桩端持力层是十分必要的。

3. 桩土荷载传递理论分析方法

桩基础的主要功能是把上部结构的荷载向地基传递,荷载的传递同时出现在桩侧表面和桩端支承面上,并且涉及离开桩身相当距离范围内的土体中。因此,为了能正确解释桩基础中每一根桩的荷载传递机理,必须考虑整个桩—土体系的主要特征,这不仅包括土层地质历史特征,而且也包括在地层的特殊部位设置桩时的施工程序特征。Vesic(1969)指出,桩土体系的荷载传递是与一系列因素有关的复杂过程,不可能或很难用数学公式简单表达。然而,为了合理设计桩基础,需要对桩土体系的荷载传递特性做出定量的评价。目前,对桩基荷载传递的理论研究大体可以归纳为四种方法:荷载传递法、弹性理论法、剪切位移法、有限单元法。荷载传递函数模型如图 4-2 所示。

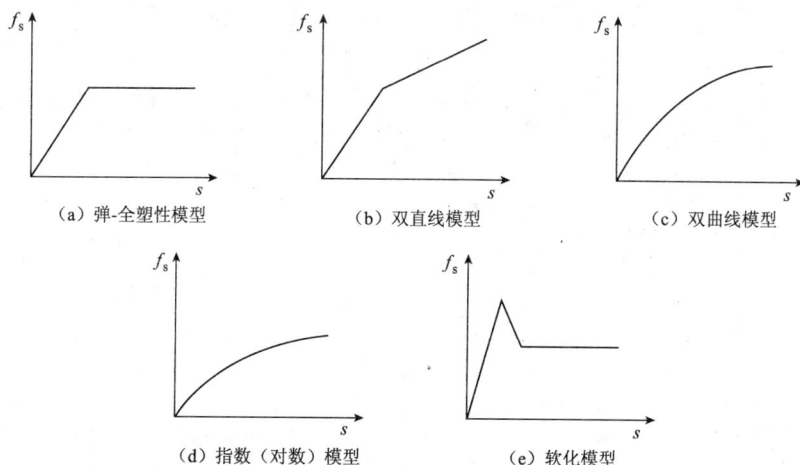

（a）弹-全塑性模型　　　　（b）双直线模型　　　　（c）双曲线模型

（d）指数（对数）模型　　　　（e）软化模型

图 4-2　荷载传递函数模型

1) 荷载传递法

该法由 Seed 和 Reese 于 1955 年提出,此后,Kezdi(1957)、佐腾悟(1965),Coyle、Resese(1996)和 Vijayvergiya(1977)等相继在此基础上对荷载传递法进行研究。这些方法的基本理念都是把桩视作由许多弹性单元组成,每一单元与土体之间(包括桩尖)用非线性弹簧联系,非线性弹簧表示桩侧摩阻力(或桩尖阻力)与其剪切位移(或桩尖位移)之间的关系,此即桩侧荷载传递函数。同时,桩端土也用一个弹簧代替,该弹簧的力-位移关系表示桩端阻力与桩端沉降的关系,即桩端荷载传递函数。该方法的关键在于确定荷载传递函数。Kezdi 假定荷载传递函数为指数函数,以此分析原位试桩,取得了比较满意的结果。荷载传递法的缺点是,假定桩身任意点的位移仅与该点的侧摩阻力有关,与桩身其他点的应力无关,没有考虑土体的连续性,当用于群桩分析时,必须借助于其他连续法的理论。

2) 弹性理论法

弹性理论法的基本假定是,桩被插入一个理想均质、各向同性的弹性半空间内,此范围内的弹性模量和泊松比不因桩的存在而变化,运用 Mindlin 公式可导出土的柔度矩阵以及满足桩土边界位移协调条件的平衡方程式,即可得到桩的轴向位移和桩侧摩阻力。弹性理论法的优点是考虑了实际土体的连续性,可进行群桩分析,比荷载传递法更合理。弹性理论法的缺点是,运用 Mindlin 公式时忽略了桩对土体产生的影响,认为桩作用于未加桩时的理想均质、各向同性的半无限体内;在考虑非均质土时,不得不采用一些近似的假设;由于假设土体的应力应变关系为线弹性,分析桩的非线性受力特征存在困难。

3) 剪切位移法

Cooke 等(1973)提出了摩擦桩的桩身荷载传递物理模型。假定桩身发生竖向位移时,桩侧摩阻力通过环型土体单元由桩身侧面向四周逐层传递,剪应力随之逐渐减小。在竖向剪应力的作用下,周围土体发生相应的剪切变型,直至距离桩轴 nd(d 为桩径,例如 $n=10$)处,剪应变可忽略不计。根据任意两个圆环面上剪应力总和相等的条件,可导出桩侧土的剪切变型与剪应力之间的关系。Randolph(1978)发展了该法,使之可以考虑桩压缩的情况,并且可得到桩长范围内轴向位移和荷载分布情况。此类方法原理简单,基本假设合理,但在群桩分析中,以两根桩桩侧土的刚度代替群桩桩侧土刚度的做法欠妥,且未能考虑第三根桩以外桩存在的影响。

4) 有限单元法

有限单元法是桩基分析中十分有力的分析方法。从理论上来说,此法能考虑影响桩、土性能的许多因素,如桩的非线性(包括开裂)、土的非线性、固结效应和动力效应等。采用有限元方法,通过建立桩土空间几何模型,考虑桩土本构关系、桩土摩擦接触,可得到整个桩土作用区域的应力场和应变场,从而得到桩的荷载传递规律。

4.1.2　支盘桩的荷载传递机理分析

1.支盘桩提高承载力的机理

（1）支、盘在其成形过程中挤密了土体。挤扩支盘灌注桩采用普通钻机成孔，通过专用挤扩装置液压挤密成支或盘，属于部分挤土灌注桩。在所需挤扩的支或盘的土层中，支盘成形设备施加较大的油缸压力（10～28MPa），最大挤扩压力可达300t。支盘桩在承力时，由于分支和承力盘周边土体预先受到压密，类似于"预应力"作用，因而可减少土体承载后的压缩量，增大土体内摩擦角和压缩模量，则承力盘端阻力可得到相应提高；充分发挥桩土共同作用性能，提高桩的侧摩阻力和支端阻力，从而提高桩的承载力。同时，支盘的存在改变了桩侧的受力型式和桩土共同作用机理，提高了地基土的承载力和桩侧摩阻力，从而使桩的承载力大幅度增加。

（2）支、盘的存在增大了桩身表面积。支盘桩利用桩周中下部较好的土层，将荷载通过支、盘传递到土层中去，即分层承受荷载。通过荷载沿深度的扩展，不仅减少了桩端荷载，而且还扩大了承力面积，从而达到大幅度提高承载力的目的。

（3）挤扩后孔隙水压力得以消散。在挤扩过程中，弓压臂携带能量对四周土体做功，迫使土颗粒移动。挤扩初期，土体以水平位移为主，挤密或推动前方土颗粒，随着弓压臂的张开，土颗粒逐渐向前、向下运动，当弓压臂张开到最大时，弓压臂上下端土体承受的挤压作用最强，挤密效果最好。在挤压应力的作用下，孔隙水压力上升，由于挤压应力大于孔隙水压力，有效应力将迫使土体产生塑性变型，原状结构被破坏。挤扩过程结束后，土体中仍保持有一定的孔隙水压力，土体在此压力作用下排水固结时，土体的承载力随时间的延续有所提高，从而支盘桩的单桩承载力得到提高。

2.承载受力机理

支盘桩是在原钻孔灌注桩基础上衍生出来的一种新型桩基。它根据仿生学原理，在主桩桩身的不同部位，利用特制专用设备挤扩分支或盘，型成介于摩擦桩与端承桩之间的变截面桩型，从而增加桩与周围土层的接触面积，改善桩身受力条件，达到提高单桩竖向承载力的目的。

普通直杆桩单桩竖向承载力，是由桩身与周围土层的摩擦阻力和桩端阻力组成，而支盘桩增加了若干个盘，它不仅存在以上桩侧阻力和桩端阻力，而且增加了支盘与周围土的摩阻力和盘端阻力。支盘桩的受力如图 4-3 所示。由于支或盘的存在使得支盘桩桩身的荷载传递情况更加复杂。

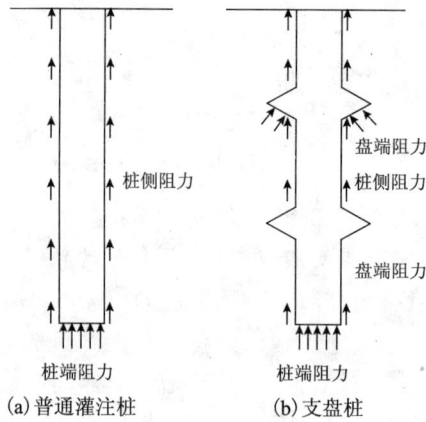

图 4-3　普通灌注桩和支盘桩受力机理示意图

$$Q_{z底} = Q_{z顶} - \pi \frac{(D-d)^2}{4} q_{pl} \tag{4-7}$$

式中：$Q_{z底}$、$Q_{z顶}$——支盘体底面和顶面处的轴力，kN；

　　　　q_{pl}——支盘体单位净水平投影面积上的阻力，kPa；

　　　　D——支盘体的直径，m；

　　　　d——主桩身直径，m。

3. 支盘桩荷载传递的理论公式推导（钱德玲，2003）

1）支盘桩任一深度截面处的竖向轴力随深度变化公式的推导

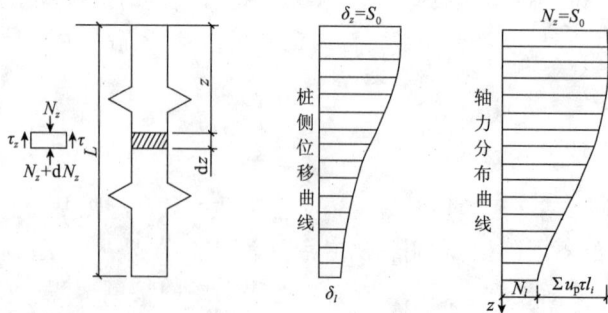

图 4-4　支盘桩单桩轴向荷载传递示意图

支盘桩单桩轴向荷载传递示意图见图 4-4，在支盘桩的直杆部分，任一深度 z 处的截面荷载为

$$Q_l(z) = Q_0 - U \int_0^z q_s(z) dz \tag{4-8}$$

式中：Q_0——桩顶部所加荷载，kN。

由微分段 dz 的竖向平衡可求得

$$q_s(z) = -\frac{1}{U}\frac{\mathrm{d}Q_l(z)}{\mathrm{d}z}\qquad(4\text{-}9)$$

式中：$q_s(z)$——桩身直杆部分的侧摩阻力，kPa；

　　　　$Q_l(z)$——桩身直杆部分任一深度的截面荷载，kN；

　　　　U——主桩身周长，m。

在桩的扩盘部分，由于盘上部分在压荷载作用下与土体分离，即不存在桩-土的相互作用，因而可认为盘的顶部截面至最大处截面的荷载是不变的，因此，在最大半径处以下任一截面的荷载为

$$Q(z) = Q_l - \int_{\frac{D-d}{2}\tan\theta}^{z}\tau_{pk}\frac{\mathrm{d}z}{\sin\theta}U(z)\sin\theta - \int_{\frac{D-d}{2}\tan\theta}^{z}N_{pk}\frac{\mathrm{d}z}{\sin\theta}U(z)\cos\theta\qquad(4\text{-}10)$$

经整理后支盘处任一截面的荷载为

$$Q(z) = Q_l - \int_{\frac{D-d}{2}\tan\theta}^{z}\tau_{pk}U(z)\mathrm{d}z - \int_{\frac{D-d}{2}\tan\theta}^{z}N_{pk}U(z)\cos\theta\mathrm{d}z\qquad(4\text{-}11)$$

$$Q_{i+1} = Q(z) = Q[z = (D-d)\tan\theta]\qquad(4\text{-}12)$$

式中：τ_{pk}——支盘下部的侧摩阻力，MPa；

　　　　N_{pk}——支盘下部的法向端承力，MPa。

式(4-11)和式(4-12)中，τ_{pk}、N_{pk} 按如下方法确定：

由公式 $\tau = \sigma\tan\varphi + c$，有

$$\tau = \tau_{pk}\sin\theta$$

$$\sigma = k\sum\gamma h$$

式中：σ——桩直杆部分的法向应力，kPa；

　　　　k——土的侧压力系数，通常为 $\nu/(1+\nu)$，ν 为泊松比。

由此得

$$\tau_{pk} = \frac{k\sum\gamma h\tan\varphi + c}{\sin\theta}$$

而

$$N_{pk} = \tau_{pk}/\mu$$

所以

$$N_{pk} = \frac{k\sum\gamma h\tan\varphi + c}{\mu\sin\theta}\qquad(4\text{-}13)$$

式中：τ——桩竖直方向的侧摩阻力，kPa；

　　　　μ——桩-土之间的摩擦系数；

　　　　h——支盘的高度，m。

支盘桩竖向荷载受力分析如图 4-5 所示。

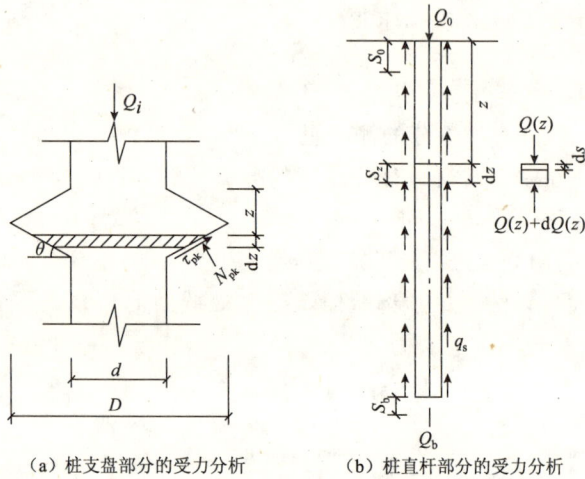

（a）桩支盘部分的受力分析　　　　　（b）桩直杆部分的受力分析

图 4-5　支盘桩各部分受力分析

在盘的下半部分,盘的半径 $d(z)$ 呈线性变化,其函数型式为

$$d(z) = -2z\cot\theta + 2D - d$$

$$U(z) = \pi d(z) = -2\pi z\cot\theta + \pi(2D - d)$$

当 $z = \dfrac{D-d}{2}\tan\theta$ 时,即扩盘的中间截面处,$U(z) = \pi D$ 。

当 $z = (D-d)\tan\theta$ 时,即盘下部和直杆的交界截面处,$U(z) = \pi d$ 。

式中:$d(z)$——盘下半部分 z 处的截面圆直径,m;

　　$U(z)$——盘下半部分 z 处的截面圆周长,m。

2) 支盘桩任一深度截面处的竖向位移随深度变化公式的推导

（1）在支盘桩的直杆部分 z 处的竖向位移。

$$S_l(z) = S_0 - \frac{1}{E_p A}\int_0^z Q_l(z)\mathrm{d}z \tag{4-14}$$

式中:$S_l(z)$——支盘桩直杆部分任一深度截面的位移。

微分段 $\mathrm{d}z$ 的压缩量为

$$\mathrm{d}S_l(z) = -\frac{Q_l(z)}{A E_p}\mathrm{d}z$$

所以

$$Q_l(z) = -A E_p\frac{\mathrm{d}S_l(z)}{\mathrm{d}z} \tag{4-15}$$

由此可以推导出

$$q_s(z) = \frac{A E_p}{U}\frac{\mathrm{d}^2 S_l(z)}{\mathrm{d}z^2} \tag{4-16}$$

$q_s(z)$ 的变化如图 4-6 所示。

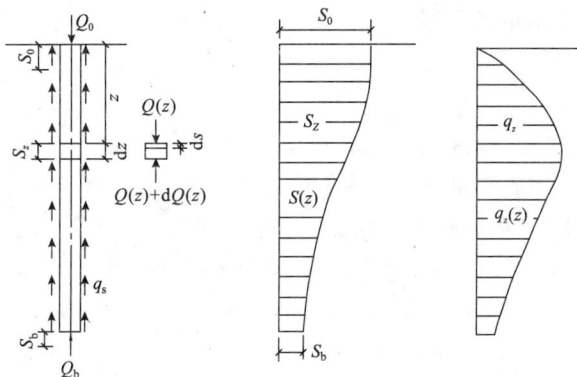

图 4-6　桩直杆部分位移和侧摩阻力随深度的变化曲线

（2）在支盘桩的扩盘部分。

盘下部分微分段 $\mathrm{d}z$ 的压缩量为

$$\mathrm{d}S(z) = \frac{Q(z)}{A(z)E_\mathrm{p}}\mathrm{d}z$$

由于支盘部分混凝土的压缩量很小，所以整个盘的压缩量可以按平均截面面积来计算，这样的计算比按照变截面面积积分算法更为简洁，上式可变为

$$\mathrm{d}S(z) = \frac{Q(z)}{E_\mathrm{p}\overline{A}}\mathrm{d}z$$

其中，$\overline{A}$ 表示支盘部分截面的平均值

$$\overline{A} = \left(\frac{\pi}{4}d^2 + \frac{\pi}{4}D^2\right)/2$$

整个盘的压缩量为

$$S_盘 = \int \mathrm{d}S(z) = \frac{1}{E_\mathrm{p}A}\int_0^z Q(z)\mathrm{d}z \tag{4-17}$$

这样桩体任一部分的竖向位移可以表示为

$$S(z) = S_0 - \int_杆 \mathrm{d}S_l(z) - \int_盘 \mathrm{d}S(z) = S_0 - \int \frac{-Q_l(z)}{AE_\mathrm{p}}\mathrm{d}z - \int \frac{Q(z)}{A(z)E_\mathrm{p}} \tag{4-18}$$

通过在桩身（盘）处埋设应力或位移测试元件（钢筋应力计、应变计等），利用公式即可求得轴力和位移沿桩身的变化曲线。

4.2　单桩竖向承载力的计算

4.2.1　单桩竖向承载力的确定方法

单桩竖向承载力的确定，取决于两个方面：一是取决于桩本身的材料强度；二是取决于地层的支承力,设计中可分别按两个方面确定后,取其中的较小值作为单桩竖向承载力。采用单桩荷载试验确定桩身竖向承载力的方法可兼顾到这两个方面。如果按材料强度计算低承台桩基的单桩承载力,可视桩为轴心受压杆件,并将混凝土轴心抗压强度设计值按规定折减,由于桩周存在土的约束作用可不考虑纵向压屈的影响。对于贯通较厚的软黏土层并支承在岩层上的端承桩以及高承台桩基或承台底面以下存在可液化土层的桩,应考虑纵向压屈的影响。

　　一般情况下,确定桩的承载力有直接法和间接法。直接法主要有静载荷试验和大应变法两种。支盘桩的荷载-沉降关系一般呈缓变型,通常取 $S=40\sim60\text{mm}$ 对应的荷载为极限荷载。对于沉降不敏感的建筑物桩基,一般可取 $S=0.01D$ 对应的荷载作为设计承载力;对于沉降敏感的建筑桩基,宜按等变的准则确定设计承载力。用直接法确定桩基承载力具有直接、可靠,但费时、费力的特点,且试桩数量受到限制而难以反映工程桩的离散性。工程实践中多采用间接法进行桩基设计,在施工过程中按规定的比例确定试桩数量,然后进行静载荷试验或大应变试验,用以检验设计的正确性,如果实测结果与设计结果不符,需对原设计方案进行必要的修改和调整,以最大限度满足工程实际的要求。

　　1.直接法——静载荷试验法

　　静荷载试验是评价确定单桩承载力的方法中可靠性较高的一种,它不仅可以确定桩的极限承载力,而且可以通过埋设各类测试元件而获得荷载传递、桩侧阻力、桩端阻力、荷载-沉降关系等诸多资料。但由于试验费用、工期、设备等原因,往往只能对部分工程的少量桩基进行静载荷试验。

　　1)各级建筑桩基确定单桩竖向极限承载力标准值的试验方法

　　(1)一级建筑桩基应采用现场荷载试验,并结合静力触探、标准贯入等原位测试方法综合确定。

　　(2)二级建筑桩基应根据静力触探、标准贯入、经验公式等估算,并参照地质条件相同的试桩资料综合确定,当缺乏可参照的试桩资料或地质条件复杂时,应由现场静荷试验确定。

　　(3)三级建筑桩基,如无原位测试资料时,可利用承载力经验公式估算。

　　2)静载荷试验的装置和方法

　　试验装置主要包括加荷稳压部分、提供反力部分和沉降观测部分。静荷载一般由安装在桩顶的油压千斤顶提供。千斤顶的反力可通过锚桩承担或借助压重平台的重物来平衡。量测桩顶沉降的仪表主要有百分表或电子位移计等。百分表安装在基准梁上,桩顶设置相应的沉降观测标点。单桩静载荷试验的加载装置见图4-7。

　　试验方法的关键是加荷方式,应尽可能体现桩的实际工作情况。按《建筑桩基

(a) 压重法试验装置   (b) 锚桩反力法试验装置

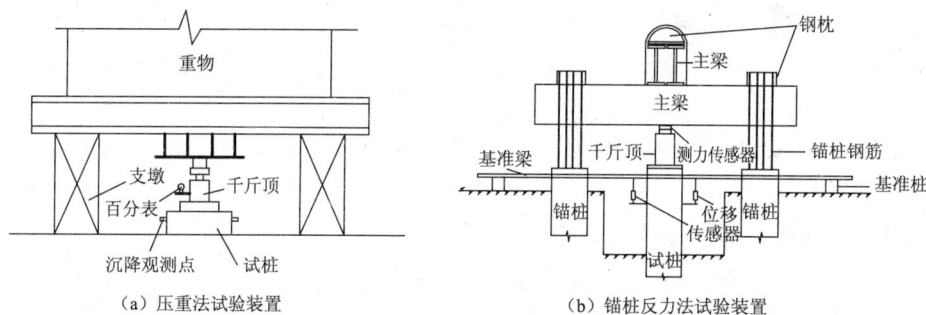

图 4-7 单桩静载荷试验的加载装置

技术规范》(JGJ 94—2008)规定,采用慢速分级连续加荷方式,每级荷载值约为估算的单桩极限承载力的 1/15～1/10,第一级可按 2 倍分级荷载加荷。在每级荷载作用下,桩顶的沉降量在每小时内不超过 0.1mm,并连续出现两次(由 1.5h 内连续 3 次观测值计算)时,则认为已趋于稳定,然后施加下一级荷载,直到桩已显现破坏特征,再分级卸荷至零。

3) 单桩的竖向极限承载力标准值

用静载荷试验确定单桩竖向承载力设计值时,可采用如下公式:

$$R = \frac{Q_{uk}}{\gamma_{sp}} \tag{4-19}$$

式中:R ——单桩竖向承载力设计值,kN;

Q_{uk} ——单桩竖向极限承载力标准值,由静载荷试验方法确定,kN;

γ_{sp} ——桩侧阻端阻综合抗力分项系数,取 1.67。

在承台设计中要同时满足:

$N_{max} \leqslant 1.5R$(偏心竖向力);$\gamma_0 N_{max} \leqslant 1.5R$(偏心竖向力及地震作用效应组合时),详见《建筑桩基技术规范》(JGJ 94—2008)。

2. 间接法

间接法是根据室内模型试验分析,结合现场试桩结果和大量工程使用情况,总结出经验公式进行计算。

(1) 目前国内外的各种建筑桩型,通常情况下其竖向承载力采用桩基规范中的公式计算。即

$$R_k = \sum_{i=1}^{n} q_{si} A_{si} + \sum_{j=1}^{m} q_{pj} A_{pj} \tag{4-20}$$

式中:R_k ——单桩竖向承载力标准值,kN;

q_{pj} ——桩端土承载力标准值,kPa;

A_{pj} ——分支或盘的投影横断面面积,m^2;

A_{si} ——桩产生侧阻力的侧面面积，m^2；

q_{si} ——桩周土的单位侧摩阻力标准值，kPa。

（2）经验公式。

根据土的物理指标与承载力参数之间的经验关系，可建立如下单桩竖向极限承载力标准值的计算公式。

① 当桩径 $d < 0.8$m 时

$$Q_{uk} = Q_{sk} + Q_{pk} = u \sum q_{sik} l_i + q_{pk} A_p \tag{4-21}$$

式中：q_{sik} ——桩侧第 i 层土的单位极限侧阻力标准值，kPa，当无当地经验时，取表 4-1 中的数值；

q_{pk} ——单位极限端阻力标准值，kPa，当无当地经验时，取表 4-2 中的数值；

A_p ——桩端截面面积，m^2；

u ——桩身周长，m；

l_i ——按土层划分的各段桩长，m。

表 4-1　桩的极限侧阻力标准值 q_{sik} 　　　　　（单位：kPa）

土的名称	土的状态		混凝土预制桩	泥浆护壁钻（冲）孔桩	干作业钻孔桩
填土			22～30	20～28	20～28
淤泥			14～20	12～18	12～18
淤泥质土			22～30	20～28	20～28
黏性土	流塑	$I_L > 1$	24～40	21～38	21～38
	软塑	$0.75 < I_L \leqslant 1$	40～55	38～53	38～53
	可塑	$0.50 < I_L \leqslant 0.75$	55～70	53～68	53～66
	硬、可塑	$0.25 < I_L \leqslant 0.50$	70～86	68～84	66～82
	硬塑	$0 < I_L \leqslant 0.25$	86～98	84～96	82～94
	坚硬	$I_L \leqslant 0$	98～105	96～102	94～104
红黏土	$0.7 < a_w \leqslant 1$		13～32	12～30	12～30
	$0.5 < a_w \leqslant 0.7$		32～74	30～70	30～70
粉土	稍密	$e > 0.9$	26～46	24～42	24～42
	中密	$0.75 \leqslant e \leqslant 0.9$	46～66	42～62	42～62
	密实	$e < 0.75$	66～88	62～82	62～82
粉细砂	稍密	$10 < N \leqslant 15$	24～48	22～46	22～46
	中密	$15 < N \leqslant 30$	48～66	46～64	46～64
	密实	$N > 30$	66～88	64～86	64～86
中砂	中密	$15 < N \leqslant 30$	54～74	53～72	53～72
	密实	$N > 30$	74～95	72～94	72～94

续表

土的名称	土的状态		混凝土预制桩	泥浆护壁钻（冲)孔桩	干作业钻孔桩
粗砂	中密	$15<N\leqslant30$	74~95	74~95	76~98
	密实	$N>30$	95~116	95~116	98~120
砾砂	稍密	$5<N_{63.5}\leqslant15$	70~110	50~90	60~100
	中密（密实)	$N_{63.5}>15$	116~138	116~130	112~130
圆砾、角砾	中密、密实	$N_{63.5}>10$	160~200	135~150	135~150
碎石、卵石	中密、密实	$N_{63.5}>10$	200~300	140~170	150~170
全风化软质岩		$30<N\leqslant50$	100~120	80~100	80~100
全风化硬质岩		$30<N\leqslant50$	140~160	120~140	120~150
强风化软质岩		$N_{63.5}>10$	160~240	140~200	140~220
强风化硬质岩		$N_{63.5}>10$	220~300	160~240	160~260

注:1. 对于未完成自重固结的填土和以生活垃圾为主的杂填土,不计算其侧阻力。

2. a_w 为含水比, $a_w = w/w_L$,ω 为土的天然含水量,ω_L 为土的液限。

3. N 为标准贯入击数;$N_{63.5}$为重型圆锥动力触探击数。

4. 全风化、强风化软质岩和全风化、强风化硬质岩指其母岩分别为 $f_{rk}\leqslant15\text{MPa}$,$f_{rk}>30\text{MPa}$ 的岩石。

表 4-2　桩的极限端阻力标准值 q_{pk}　　　（单位:kPa)

土名称	土的状态	混凝土预制桩桩长 l/m				泥浆护壁钻(冲)孔桩桩长 l/m				杆作业钻孔桩桩长 l/m		
		$l\leqslant9$	$9<l\leqslant16$	$16<l\leqslant30$	$l>30$	$5\leqslant l<10$	$10\leqslant l<15$	$15\leqslant l<30$	$30\leqslant l$	$5\leqslant l<10$	$10\leqslant l<15$	$15\leqslant l$
黏性土	软塑 $0.75<I_L\leqslant1$	210~850	650~1400	1200~1800	1300~1900	150~250	250~300	300~450	300~450	200~400	400~700	700~950
	可塑 $0.50<I_L\leqslant0.75$	850~1700	1400~2200	1900~2800	2300~3600	350~450	450~600	600~750	750~800	500~700	800~1100	1000~1600
	硬可塑 $0.25<I_L\leqslant0.50$	1500~2300	2300~3300	2700~3600	3600~4400	800~900	900~1000	1000~1200	1200~1400	850~1100	1500~1700	1700~1900
	硬塑 $0<I_L\leqslant0.25$	2500~3800	3800~5500	5500~6000	6000~6800	1100~1200	1200~1400	1400~1600	1600~1800	1600~1800	2200~2400	2600~2800
粉土	中密 $0.75<e\leqslant0.9$	950~1700	1400~2100	1900~2700	2500~3400	300~500	500~650	650~750	750~850	800~1200	1200~1400	1400~1600
	密实 $e<0.75$	1500~2600	2100~3000	2700~3600	3600~4400	650~900	750~950	900~1100	1100~1200	1200~1700	1400~1900	1600~2100

续表

土名称	土的状态	桩型	混凝土预制桩桩长 l/m				泥浆护壁钻(冲)孔桩桩长 l/m			杆作业钻孔桩桩长 l/m			
			$l \leq 9$	$9 < l \leq 16$	$16 < l \leq 30$	$l > 30$	$5 \leq l < 10$	$10 \leq l < 15$	$15 \leq l < 30$	$30 \leq l$	$5 \leq l < 10$	$10 \leq l < 15$	$15 \leq l$
粉砂	稍密	$10 < N \leq 15$	1000~1600	1500~2300	1900~2700	2100~3000	350~500	450~600	600~700	650~750	500~950	1300~1600	1500~1700
	中密、密实	$N > 15$	1400~2200	2100~3000	3000~4500	3800~5500	600~750	750~900	900~1100	1100~1200	900~1000	1700~1900	1700~1900
细砂	中密、密实	$N > 15$	2500~4000	3600~5000	4400~6000	5300~7000	650~850	900~1200	1200~1500	1500~1800	1200~1600	2000~2400	2400~2700
中砂			4000~6000	5500~7000	6500~8000	7500~9000	850~1050	1100~1500	1500~1900	1900~2100	1800~2400	2800~3800	3600~4400
粗砂			5700~7500	7500~8500	8500~10000	9500~11000	1500~1800	2100~2400	2400~2600	2600~2800	2900~3600	4000~4600	4600~5200
砾砂		$N > 15$	6000~9500		9000~10500		1400~2000		2000~3200	3500~5000			
角砾、圆砾	中密、密实	$N_{635} > 10$	7000~10000		9500~11500		1800~2200		2200~3600	4000~5500			
碎石、卵石		$N_{635} > 10$	8000~11000		10500~13000		2000~3000		3000~4000	4500~6500			
全风化软质岩		$30 < N \leq 50$	4000~6000				1000~1600			1200~2000			
全风化硬质岩		$30 < N \leq 50$	5000~8000				1200~2000			1400~2400			
强风化软质岩		$N_{635} > 10$	6000~9000				1400~22000			1600~2600			
强风化硬质岩		$N_{635} > 10$	7000~11000				1800~2800			2000~3000			

② 当桩径 $d \geqslant 0.8\text{m}$ 时

$$Q_{uk} = Q_{sk} + Q_{pk} = u \sum \psi_{si} q_{sik} l_i + \psi_p q_{pk} A_p \qquad (4\text{-}22)$$

式中:q_{sik}——桩侧第 i 层土的单位极限侧摩阻力标准值,kPa,当无当地经验时,可
　　　　按表 4-1 取值,对于扩底桩,不计入桩端变截面部分的侧阻力。

　　　q_{pk}——桩径为 0.8m 的单位极限端阻力标准值,kPa,可采用深层载荷板试
　　　　验确定;当不能进行深层载荷板试验时,可按当地经验或按表 4-2 取
　　　　值,对于干作业,可按表 4-3 取值。

　　ψ_{si}、ψ_p——大直径桩侧阻、端阻尺寸效应系数,按表 4-4 取值。

表 4-3　干作业桩(清底干净,$d_b = 0.8\text{m}$)**极限端阻力标准值 q_{pk}**　(单位:kPa)

土的名称		状态		
黏性土		$0.25 < I_L \leqslant 0.75$	$0 < I_L \leqslant 0.25$	$I_L \leqslant 0$
		800~1800	1800~2400	2400~3000
粉土		$0.75 < e \leqslant 0.9$	$e \leqslant 0.75$	
		100~1500	1500~2000	
砂土、碎石类土		稍密	中密	密实
	粉砂	500~7000	800~1100	1200~2000
	细砂	700~1000	1200~1800	2000~2500
	中砂	1000~2000	2200~3200	3500~5000
	粗砂	1200~2200	2500~3500	4000~5500
	砾砂	1400~2400	2600~4000	5000~7000
	圆砾、角砾	1600~3000	3200~5000	6000~9000
	卵石、碎石	200~3000	3300~5000	7000~11000

注:q_{pk} 取值宜考虑桩端持力层的状态及桩进入持力层的深度效应,当进入持力层的深度 h_b 分别为:$h_b \leqslant d_b$,$d_b < h_b < 4d_b$,$h_b \geqslant 4d_b$ 时,q_{pk} 可分别取较低值、中值、较高值,d_b 为桩端直径。砂土密实可根据标准贯入锤击数 N 判定,$N \leqslant 10$ 为松散,$10 < N \leqslant 15$ 为稍密,$15 < N \leqslant 30$ 为密实。当对沉降要求不高时,可适当提高 q_{pk} 的值。

表 4-4　大直径桩侧阻尺寸效应系数 ψ_{si}、端阻尺寸效应系数 ψ_p

土的类别	黏性土、粉土	砂土、碎石土
ψ_{si}	1	$\left(\dfrac{0.8}{d_b}\right)^{1/3}$
ψ_p	$\left(\dfrac{0.8}{d_b}\right)^{1/4}$	$\left(\dfrac{0.8}{d_b}\right)^{1/3}$

注:d_b 为桩端直径。对于混凝土护壁的大直径挖孔桩,其设计桩径应取外壁外直径。

（3）嵌岩桩。

嵌岩桩单桩竖向极限承载力标准值由桩周土总侧阻、嵌岩段总侧阻和总端阻三部分组成。当根据室内试验结果确定单桩竖向极限承载力标准值时，可按下式计算：

$$Q_{uk} = Q_{sk} + Q_{rk} + Q_{pk} \tag{4-23}$$

$$Q_{sk} = u \sum_{i=1}^{n} \zeta_{si} q_{sik} l_i \tag{4-24}$$

$$Q_{rk} = u \zeta_i f_{rc} h_r \tag{4-25}$$

$$Q_{pk} = \zeta_p f_{rc} A_p \tag{4-26}$$

式中：Q_{sk}、Q_{rk}、Q_{pk}——土的总极限侧阻力、嵌岩段总极限侧阻力、总极限端阻力标准值，kN。

ζ_{si}——覆盖层第 i 层的侧阻力发挥系数，当桩的长径比不大（$l/d<30$，桩端置于新鲜或微风化硬质岩中且桩底无沉渣时，对于黏性土、粉土，取 $\zeta_{si}=0.8$；对于砂土及碎石土，取 $\zeta_{si}=0.7$；对于其他情况，取 $\zeta_{si}=1$。

q_{sik}——桩侧第 i 层土的单位极限侧阻力标准值，kPa，根据成桩工艺按表 4-1 取值。

f_{rc}——岩石饱和单轴抗压强度标准值，对于黏性土岩质，取天然湿度单轴抗压强度标准值，kPa。

h_r——桩身嵌岩（中等风化、微风化、新鲜基岩）深度，超过 $5d$ 时，取 $h_r=5d$，当岩层表面倾斜时，以坡下方的嵌岩深度为准，m。

ζ_i、ζ_p——嵌岩段侧阻力和端阻力的修正系数，与嵌岩深度比有关，按表 4-5 采用。

表 4-5　嵌岩段侧阻和端阻修正系数

嵌岩深度比 h_r/d	0	0.5	1	2	3	4	≥5
侧阻修正系数 ζ_i	0	0.025	0.055	0.070	0.065	0.062	0.050
端阻修正系数 ζ_p	0.5	0.50	0.40	0.30	0.20	0.10	0

注：当嵌岩段为中等风化岩时，表中数值乘以 0.9 折减。

4.2.2　支盘桩抗压承载力的确定方法

支盘桩承载力计算是其应用中一个十分重要的内容。桩身型状不规则，施工过程复杂，使得影响支盘桩承载力和变型的因素较多，这就给比较准确地计算支盘桩承载力和沉降带来了许多不利的影响。然而，从支盘桩的承载和变型机理出发，经过一定的理论探索和实践积累，可寻求到计算支盘桩承载力和沉降比较可靠的方法。

从图 4-3 中支盘桩与普通灌注桩的承载机理可以看出，直孔桩的竖向抗压极限承载力 Q_{uk} 是由侧摩阻力 q_{sk} 和桩底的端承力 q_{pk} 组成的，而支盘桩除了侧摩阻

力 q_{sk} 和桩底的端承力 q_{pk} 以外,还有各个支与盘的支承力 q_{zpk} 。显然,由于支、盘的承载作用,支盘桩的单桩极限承载力明显高于直孔桩。由静载荷试验结果分析可知,直孔桩的 $Q\text{-}s$ 曲线一般为陡降型,拐点明显,对应于曲线的拐点处,桩身开始产生剪切刺入型破坏。支盘桩的 $Q\text{-}s$ 曲线一般为缓变型,没有明显的比例界限点,也无明显的陡降段,当荷载存在明显拐点时,桩身开始产生剪切刺入型破坏,当加载至极限荷载的 1/2 或 2/3 时,桩顶的沉降速度反而变小,$Q\text{-}s$ 曲线的斜率不是随着荷载的增大变陡,而是略变平缓。出现该现象的主要原因是桩侧摩阻力与各盘端承力在桩的受荷过程中压密土层,依照变型协调原理在变化中交替发挥作用,使得各盘下被压密的持力层土体沉降变型减小。因此,试验时每级荷载的稳定较快,卸载回弹率较高,一般能达到 30%~50%。

支盘桩单桩抗压承载力的方法主要分为两类:直接法和间接法。

直接法主要有静载压桩试验和大应变试验法。其中,桩的静载荷试验是确定支盘桩单桩极限承载力标准值最基本、最可靠的方法,但它的费用高,费时、费工,因此只限于重要工程通过压桩试验确定其承载力,这种方法既可满足变型条件又可有效的确定其承载力标准值。

间接法是根据室内试验的分析,结构现场试桩结果和大量工程使用情况,考虑不同地区的土层性质和支盘桩的特殊性能等因素总结出用于计算的经验公式,且公式是建立在桩侧摩阻力及桩端承载力与物理力学指标关系上的。

4.2.3　支盘桩承载力计算公式

1. 支盘桩抗压承载力计算通用公式

支盘桩单桩承载力标准值的确定一般应采用静载荷试验法。采用现场静载试验确定单桩承载力标准值时,在同一条件下试桩的数量不宜小于总桩数的 1%,且不小于 3 根,工程总桩数在 50 根以内时不应小于两根。由于支盘桩的 $Q\text{-}S$ 曲线一般为缓变型,极限承载力一般可取桩顶沉降为 40~60mm 对应的荷载,对于大直径桩可取桩顶沉降为 $(0.03~0.06)D$(D 可取为承力支盘直径 20cm)对应的荷载为容许承载力。

根据静载荷试验确定支盘桩单桩竖向极限承载力标准值时,桩的竖向承载力设计值为

$$R = Q_u/\gamma_{sp} \tag{4-27}$$

式中:γ_{sp}——桩侧阻端阻综合抗力分项系数,取 1.62。

桩数超过 3 根的非端承桩复合桩基,宜考虑桩群、土、承台的相互作用效应,其竖向承载力设计值可按《建筑桩基技术规范》(JGJ 94—2008)的规定计算。

当根据土的物理力学性质指标与承载力参数之间的经验关系来确定单桩竖向

抗压极限承载力标准值时,宜按下列公式估算:

$$Q_u = u\sum q_{si}L_i + \sum \eta q_{pj}A_{pj} + \eta q_p A_p \quad (4-28)$$

式中:u——主桩桩杆周长,m;

L_i——当第 i 层土中设置承力盘,桩穿越第 i 层土折减盘高的有效厚度,按表 4-6 计算方法确定,m;

q_{si}——桩侧第 i 层土的极限侧阻力标准值,可按勘察报告提供的值采用,也可参照当地经验或国家现行相关标准的规定取值;

η——盘底土层极限端阻力标准值修正系数,水下作业时可按表 4-7 的规定取值,干作业可参照表 4-8 的规定取值;

A_p——单桩底盘投影面积,m²;

A_{pj}——第 j 盘扣除桩身截面积的盘投影面积,m²;

q_p——底盘所在土层的极限端阻力标准值,kPa,可参照表 4-9 的规定采用;

q_{pj}——第 j 盘处土层的极限端阻力标准值,kPa,可参照表 4-9 的规定采用。

表 4-6　L_i 的计算方法

土层名称	公式
黏性土、粉土	$L_i = H_i - 1.2h$
砂土	$L_i = H_i - (1.5 \sim 1.8)h$
碎石类土	$L_i = H_i - 1.8h$
其他	$L_i = H_i - (1.1 \sim 1.2)h$

注:H_i 为第 i 层土的厚度,h 为盘高,未设置承力盘时 $h=0$。

表 4-7　水下作业时盘底土层极限端阻力标准值修正系数 η

承力盘位置 \ 盘径/mm	900	1400	1900
上盘	1.3	0.95	0.9
中盘	1.2	0.85	0.8
下盘	1.1	0.75	0.7

注:当盘底部持力层厚度小于 $4d$ 时,表中取值宜适当折减;表中上盘、下盘以外的所有盘均称为"中盘"。

表 4-8　干作业时盘底土层极限端阻力标准值修正系数 η

土层名称	硬塑黏土	可塑黏土	粉土	粉砂	细砂	中粗砂	黏性土
η	0.6~0.8	0.8~1.0	0.8~1.0	0.8~0.9	0.6~0.7	0.4~0.5	0.5~0.6

表 4-9　盘底处土层的极限端阻力标准值 q_p、q_{pj}　　　（单位：kPa）

土层名称	桩型 土的状态	水下作业时承力盘距桩顶的距离 H/m			
		5	10	15	>30
黏性土	$0.75 < I_L \leqslant 1$	150~250	250~300	300~450	300~450
	$0.50 < I_L \leqslant 0.75$	350~450	450~600	600~750	750~800
	$0.25 < I_L \leqslant 0.5$	800~900	900~1000	1000~1200	1200~1400
	$0 < I_L \leqslant 0.25$	1100~1200	1200~1400	1400~1600	1600~1800
粉土	$0.75 < e \leqslant 0.9$	300~500	500~650	650~750	750~850
	$e \leqslant 0.75$	650~900	750~950	900~1100	1100~1200
粉砂	密实	350~500	450~600	600~700	600~700
	中密、密实	700~800	800~900	900~1100	1100~1200
细砂	中密、密实	1000~1200	1200~1400	1300~1500	1400~1500
中砂		1300~1600	1600~1700	1700~2200	2000~2200
粗砂		2000~2200	2300~2400	2400~2600	2700~2900
砾砂		1800~2500			
角砾、圆砾		1800~2800			
碎石、卵石		2000~3000			

土层名称	桩型 土的状态	干作业时承力盘距桩顶的距离 H/m		
		5	10	15
黏性土	$0.50 < I_L \leqslant 0.75$	200~400	400~700	700~950
	$0.25 < I_L \leqslant 0.5$	500~700	800~1100	1000~1600
	$0 < I_L \leqslant 0.25$	850~1100	1500~1700	1700~1900
	$0.75 < e \leqslant 0.9$	1600~1800	2200~2400	2600~2800
粉土	$e \leqslant 0.75$	800~1200	1400~1900	1400~1600
	密实	1200~1700	1300~1600	1600~2100
粉砂	密实	500~950	1700~1900	1500~1700
	中密、密实	900~1000	2100~2400	1700~1900

续表

土层名称	桩型　土的状态	干作业时承力盘距桩顶的距离 H/m		
		5	10	15
细砂	中密、密实	1200～1400	2800～3300	2400～2700
中砂		1800～2000	4200～4600	3300～3500
粗砂		2900～3200		4900～5200
砾砂		3600～5300		
角砾、圆砾		4000～7000		
碎石、卵石		6000		

　　注:水下作业时,砂性土(细砂、中砂、粗砂)的取值应同时参考该处土层的标准贯
　　　入击数。当细砂标准贯入击数较高(如大于 50 击)时,表中取值应适当提高;当中砂标准贯入击数较低(低于 30～40 击)时,
　　　表中取值应适当降低。

2. 研究者总结计算公式

　　支盘桩出现以后,引起了广大研究者的兴趣,许多学者都根据自己的研究成果总结出了有关支盘桩竖向承载力的计算公式,据不完全统计,主要有以下公式。

　　1) 北京交通大学唐业清总结出支盘桩承载力的计算公式:

　　支盘桩单桩承载力设计值按下式计算:

$$R = Q_{uk}/r \tag{4-29}$$

$$Q_{uk}/r = Q_{sk} + Q_{pk} \tag{4-30}$$

$$Q_{sk} = u \sum q_{sik} L_i \tag{4-31}$$

$$Q_{pk} = \sum q_{pjk} A_b \cos\theta + q_p A_p \tag{4-32}$$

式中: Q_{uk} ——单桩竖向极限承载力标准值,kN;

　　　r ——桩基抗力分项系数;

　　　q_{sik} ——主桩的极限侧阻力标准值,kPa;

　　　u ——桩身周长,m;

　　　L_i ——桩穿越第 i 层土的厚度;

　　　q_{pjk} ——第 j 个分支端的极限端阻力标准值,kPa;

　　　A_b ——桩分支盘底面积,m²;

　　　q_p ——主桩极限端阻力标准值,kPa;

　　　A_p ——主桩桩端面积,m²;

　　　θ ——桩支、盘与水平面的夹角,(°)。

　　当采用两个以上中间承力盘或分支时,支盘间距的大小和中间土层性状对支

盘桩承载力的影响很大,其最小临界间距按下式取值。

盘与盘之间最小临界间距

$$h_{\min} = \frac{(D^2 - d^2)f_k}{8Dq_{sk}} \tag{4-33}$$

分支与分支之间的最小临界间距

$$h_{\min} = \frac{4abf_k}{(\pi d - 8b)q_{sk}} \tag{4-34}$$

式中:d——桩径,m;

D——盘径,m;

f_k——支盘土体承载力标准值,kN;

q_{sk}——支盘间土体摩阻力标准值,kPa;

a、b——分支投影的宽和长,m。

2)根据阻力法确定支盘桩的承载力

土体对盘体斜面产生阻力,等于挤扩成形时土壁对土体底部的挤压力 σ,将 σ 分解成水平方向的分力 σ_s 和垂直方向的分力 σ_p。

设土的标准贯入度为 $\overline{N}$,则 σ 与 $\overline{N}$ 的关系可用下式估算:

$$\sigma = \left(\lambda + \frac{2h}{d}\right)\overline{N} \tag{4-35}$$

式中:λ——支或盘入持力层深度为零时的成孔挤压应力与标贯击数的比值,kPa, 由试验测定计算;

σ_s、σ_p 可分别用下式计算:

$$\sigma_s = \sigma\sin\theta_x, \quad \sigma_p = \sigma\cos\theta_x \tag{4-36}$$

式中:θ_x——支盘下半盘斜角,(°)其值可用下式计算:

$$\theta_x = \arctan\frac{2h_x}{D-d} \tag{4-37}$$

则挤扩桩承载力可用下式计算:

$$R_k = \sum_{i=1}^{n} \frac{1}{K_i}(\sigma_{pi}A_{pi} + \sigma_{si}A_{si}) + \sum_{j=1}^{m} \frac{1}{K_j}q_{sj}A_{sj} + \frac{1}{K_k}q_{pk}A_p \tag{4-38}$$

式中:A_{pi}——支或盘与土接触部分正投影面积,m^2;

σ_{si}、σ_{pi}——第 i 个承力盘水平方向的分力、竖直方向分力;

A_p——底盘面积,m^2, $A_p = \frac{1}{4}\pi D^2$;

A_{sj}——除支盘外,主桩各段的有效侧面积,m^2;

q_{sj}——第 j 段土层的极限侧阻力,kPa;

　　K_i、K_j、K_k——测阻力分项系数、中间盘和上盘分项系数、底盘分项系数,可按表 4-10 选取。

$$A_{pi} = \frac{1}{4}\pi(D^2 - d^2) \tag{4-39}$$

式中:A_{si}——支或盘与土接触部分的等效侧面积,m^2;

　　承力盘采用下列公式计算:

$$A_{si} = \pi D h_x \tag{4-40}$$

　　分支采用下列公式计算:

$$A_{si} = B h_x + \frac{1}{2}(D - d)h\zeta \tag{4-41}$$

式中:D——承力盘直径,m;

　　h_x——为下半盘高度,m;

　　B——分支厚度,m;

　　h——分支高度,m;

　　d——主桩直径,m;

　　ζ——折减系数,可取 $0.6 \sim 0.8$。

表 4-10　侧阻力及支盘分项系数

侧阻力分项系数 K_i	中间盘、上盘分项系数 K_j	底盘分项系数 K_k
$1.1 \sim 1.2$	$1.4 \sim 1.8$	$2.5 \sim 3.5$

　　3)用地基土基本力学参数确定支盘桩的承载力

　　以地基土基本力学参数为基础,结合支盘桩的受力特点及破坏模式提出支盘桩的承载力标准值如下:

$$R_k = \sum_{i=1}^{n} u_i \frac{l}{K_i} l_i q_{sui} + \sum_{j=1}^{m} \frac{l}{K_j} q_{puj} A_p \tag{4-42}$$

　　式中,第一项为侧摩阻力的作用,第二项包括中间分支或承力盘及底盘的作用,当支或盘间距小于最小临界间距时,不计侧摩阻力。

式中:R_k——支盘桩的极限承载力标准值,kN;

　　K_i——侧摩阻力分项系数,取 $1.2 \sim 1.5$;

　　u_i——第 i 段桩身周长,m;

　　l_i——第 i 段桩身长度,m;

　　A_p——支或盘的投影面积,m^2;

　　K_j——中间分支或支盘及底盘端阻力分项系数,对中间分支或支盘取 $2 \sim 4$,对底盘取 $1.2 \sim 2$;

　　q_{sui}——第 i 段桩身桩周土极限侧摩阻力,kPa;

q_{puj} ——第 j 个中间分支或支盘及底盘下部土层极限端阻力,kPa。

n ——桩有效深度范围内的土层数;

m ——扣除盘外的承力盘和分支的个数;

4) 根据标准贯入试验确定支盘桩承载力

北京交通大学唐业清教授建议,在大直径桩承载力公式的基础上,结合挤扩支盘桩的特点进行修正,得到如下承载力计算公式:

$$R_k = \frac{\eta_1 u}{K_1} \sum_{i=1}^n \left[(L_i \overline{N_i})_1 + (L_i \overline{N_i})_2 \right] + \eta_{2j} \sum_{j=1}^m \frac{\overline{N_j}}{K_{2j}} A_{pbj} + \frac{\eta_3 \overline{N}}{K_3} A_p - W \quad (4\text{-}43)$$

式中:R_k ——支盘桩单桩竖向承载力标准值,kN;

u ——主桩桩身周长,m,$u = \pi d$,其中 d 为桩径,m;

L_i ——经折减后,桩穿越第 i 层土的有效厚度,m,计算采用表 4-11 的相应公式;

η_1、η_{2j}、η_3 ——土性系数,按表 4-11 选取;

K_1、K_{2j}、K_3 ——桩侧、中间盘或上盘、底盘的分项系数,按表 4-11 选取。

A_{bpj} ——扣除桩身截面面积的支盘水平面上的投影面积,m^2;

$\overline{N_i}$、$\overline{N_j}$、$\overline{N}$ ——第 i、j 层土标贯平均值和底盘位置上下各 $4d$ 土层的标贯平均值;

A_p ——底盘投影面积,m^2,按承力盘直径减去 10cm 计算;

W ——桩身自重,水下部分取浮容重,kN。

表 4-11　支、盘周围土性系数(η_1、η_{2j}、η_3)及第 i 层土有效厚度计算方法

项目	土 性 类 别			
	黏土、粉土	砂土	碎石、砾石	其他
η_1	5	5	5	5
η_{2j}	21~25	55~60	55	—
η_3	21	55	75	—
L_i/m	$H_i - 1.2h$	$H_i - (1.5 \sim 1.8)h$	$H_i - 1.8h$	$H_i - (1.1 \sim 1.2)h$

注:1. H_i 为土层厚度,m;h 为承力盘厚度,m。

2. 当桩基埋入深度小于或等于 6m 时,不计侧摩阻力。

3. 地下水下取高值,水位上取低值。

5)《火力发电厂支盘桩暂行技术规定》(DLGJ 153—2000)的计算方法

$$Q_{uk} = Q_{sk} + Q_{pk} = u \sum q_{sik} l_i + \sum \psi_{pi} q_{pik} A_{pi} + q_{pk} A_p \quad (4\text{-}44)$$

式中:Q_{uk} ——单桩竖向极限承载力标准值,kN;

Q_{sk} ——单桩总极限侧摩阻力标准值,kN;

Q_{pk} ——单桩总极限端阻力标准值,kN;

u ——主桩桩身周长,m;

q_{sik} ——桩侧第 i 层土的极限侧阻力标准值,如无当地经验时,按表 4-1 取值,kPa;

l_i ——桩穿越第 i 层土厚度,计算时应减去盘根高度,m;

q_{pik} ——桩身第 i 个支、盘处土的极限端阻力标准值,如无当地经验时,按表 4-2 取值,kPa;

q_{pk} ——主桩底处土的极限端阻力标准值,kPa,如无当地经验时,按《建筑桩基技术规范》(JGJ 94—2008)表 5.2.8-2 取值,kPa;

A_{pi} ——扣除主桩身截面积的支或盘的水平投影面积,m²;

A_p ——主桩桩端截面积,m²;

ψ_{pi} ——支、盘极限端阻力标准值的修正系数,按表 4-12 取值。

表 4-12　支、盘极限端阻力标准值的修正系数 ψ_{pi}

支、盘处土的名称	硬塑黏土	可塑黏土	黏土	粉土	细砂	中粗砂
极限侧阻力标准值修正系数	0.6~0.8	0.8~1.0	0.8~1.0	0.8~0.9	0.6~0.7	0.4~0.5

6)挤扩支盘桩北京地区技术规程计算公式

$$Q_{uk} = Q_{sk} + Q_{pk} = u\sum q_{sik}l_{si} + \sum \eta_{pik}q_{pik}A_{pi} + \eta_p q_{pk}A_p \quad (4\text{-}45)$$

式中:Q_{uk} ——单桩竖向极限承载力标准值,kN;

Q_{sk} ——单桩总极限侧摩阻力标准值,kN;

Q_{pk} ——单桩总极限端阻力标准值,kN;

u ——主桩桩身周长,m;

q_{sik} ——桩侧第 i 层土的极限侧阻力标准值,如无当地经验时,按表 4-13 取值,kPa;

q_{pk} ——主桩底处土的极限端阻力标准值,如无当地经验时,按表 4-14 取值,kPa;

q_{pik} ——桩身第 i 个支、盘处土的极限端阻力标准值,如无当地经验时,按表 4-15 取值,kPa;

η_{pik} ——支、盘极限端阻力标准值的面积修正系数,可按表 4-15 取值;

η_p ——底盘极限端阻力标准值的面积修正系数,可按表 4-15 取值;

l_{si} ——桩穿越第 i 层土的有效厚度,计算时应减去盘根高度,可按表 4-16 选取,m;

A_{pi} ——扣除主桩身截面积的支或盘的水平投影面积,m²;

A_p ——主桩桩端截面积,m²。

表 4-13　挤扩支盘桩侧阻力标准值 q_{sik}　　　　　（单位：kPa）

土的名称	土的状态	极限侧阻力标准值	土的名称	土的状态	极限侧阻力标准值
填土		15～30	粉土	$e>0.9$	20～40
淤泥质土		20～30		$0.75<e\leqslant0.9$	40～60
黏性土	$I_L>1$	20～35		$e\leqslant0.75$	60～80
	$0.75<I_L\leqslant1$	35～50	粉、细砂	稍密	20～40
	$0.5<I_L\leqslant0.75$	50～65		中密	40～60
	$0.25<I_L\leqslant0.5$	65～80		密实	60～80
	$0<I_L\leqslant0.25$	80～90	中、粗砂	中实	50～90
	$I_L<0$	85～100		密实	70～110
			卵石、圆砾	中密、密实	110～140

注：1. $N\leqslant30$ 为中密，$N>30$ 为密实。

2. 当为水下钻孔时，极限侧阻力标准值不宜取高值。

3. 地层越深，极限侧阻力标准值趋高，常规地层条件下，15m 深以下桩周极限侧阻力标准值可取较高值。

4. 未完成的自重固结的填土和以生活垃圾为主的杂填土，不应计算侧摩阻力。

5. 新近沉积层，宜对上述侧摩阻力进行折减后予以使用，或根据勘察部门意见予以使用。

6. 对于可液化地层，不计算侧摩阻力。

7. 当桩长小于 6m，不宜计算侧摩阻力。

表 4-14　支盘桩极限端阻力标准值 q_{pik}、q_{pk}　　　　　（单位：kPa）

土名称	土的状态	桩的入土深度/m			
		5	10	15	>30
黏性土	$0.75<I_L\leqslant1$	150～230	220～380	370～450	450～680
	$0.5<I_L\leqslant0.75$	300～450	520～680	670～830	820～1130
	$0.25<I_L\leqslant0.5$	600～750	1050～1200	1200～1350	1350～1500
	$0<I_L\leqslant0.25$	1120～1280	1500～1800	1800～2100	2100～2400
黏土	$0.75<I_L\leqslant0.9$	350～490	420～700	670～910	910～1190
	$e\leqslant0.75$	770～1120	910～1260	1050～1400	1190～1400
粉砂	稍密	260～520	455～650	585～780	780～910
	中密、密实	520～650	910～1040	1040～1170	1170～1430
细砂	中密、密实	660～780	1080～1200	1200～1440	1440～1800
中砂		1020～1140	1560～1680	1920～2040	2040～2280
粗砂		1680～1800	2400～2640	2760～2880	2760～3000

土名称	土的状态	桩的入土深度/m			
		5	10	15	＞30
砾砂	中密、密实	1980～3080			
圆砾、卵石		2200～3300			

注:1.砂土密实程度按标贯击数 N 确定,$N \leqslant 0$ 为松散,$10 < N \leqslant 15$ 为稍密,$15 < N \leqslant 30$ 为中密,$N > 30$ 为密实。

2.当为水下钻孔时,极限侧摩阻力标准值不宜取高值。

3.当为水下钻孔时,极限端阻力标准值不宜取高值。

表 4-15　桩端土承载力的面积修正系数 η_{pik}、η_p

支、盘端土质 ＼ 支、盘直径 D/m	$\leqslant 1.4$	1.6	1.8	2.0	2.5	3.0
粉 土	1.0	0.96	0.93	0.9	0.85	0.83
砂 土	1.0	0.95	0.91	0.87	0.8	0.76
卵 石	1.0	0.93	0.86	0.79	0.7	0.64

注:本修正只适用于主桩直径不大于 800mm 的支盘桩。

表 4-16　各地层桩长修正值 l_{si}　　　　　　（单位:m）

地 层	黏土、粉土	砂 土	碎石、砾石
l_{si}	$l_i - 1.2h_i$	$l_i - (1.5 \sim 1.8)h_i$	$l_i - 1.8h_i$

注:1. l_{si} 为桩周地层厚度,h_i 为各承力盘盘体的净高度。

2.地下水位以下取高值,水位以上取低值。

7) 按河北省《DX 挤扩灌注桩技术规程》中的方法

$$R_a = u_p \sum q_{sia} L_i + \eta \sum q_{pja} A_{pa} + q_{pa} A \qquad (4-46)$$

式中:q_{sia}——第 i 层土的桩侧摩阻力特征值,kN;

q_{pja}——承力盘(支)所在第 j 层土的端阻力特征值,kN;

q_{pa}——桩端土层承载力特征值,kN;

A_{pa}——扣除桩身截面面积的承力盘(分支)投影面积,m²;

u_p——桩身周长,m;

η——当盘数不小于 3 时,为 0.9,其他为 1;

L_i——折减后桩周第 i 层土厚度,m,计算方法见表 4-17;

H_i——桩周第 i 层土的厚度,m;

h——承力盘(分支)的高度,m。

表 4-17　不同土层厚度 L_i 折减方法对应表　　　　　　（单位：m）

黏性土、粉土	$L_i = H_i - 1.2h$
粉土	$L_i = H_i - (1.5 \sim 1.8)h$
砂石土	$L_i = H_i - 1.8h$
其他	$L_i = H_i - (1.1 \sim 1.2)h$

注：1. H_i 为桩周第 i 层土的厚度，m。

　　2. h 为承力盘（分支）的高度，m。

8）北京、天津两市建设委员会联合推荐的设计方法

$$R_k = u \sum_{i=1}^{n} q_{si}L_i + \sum_{j=1}^{m} \frac{\eta_{2j} \overline{N_j}}{K_{2j}} A_{pbj} + \eta_3 \frac{\overline{N}}{K_3} A_p \qquad (4\text{-}47)$$

式中：q_{si}——桩侧第 i 层土的极限侧阻力标准值，kPa，如无当地经验时，可按《建筑桩基技术规范》(JGJ 94—2008) 表 5.2.8-1 取值；其他数值的选取同式(4-43)。

9）史鸿林、胡林忠等通过试桩的原型载荷试验及计算分析，提出的支盘桩单桩承载力的计算公式

$$Q_{uk} = Q_{sk} + Q_{pk} = u \sum q_{sik}L_i + \sum m_i q_{sik} \cdot A_B + q_{pk}A_p + \sum m_i q_{pik}\beta A_B \qquad (4\text{-}48)$$

式中：Q_{uk}——单桩竖向极限承载力标准值，kN；

　　　Q_{sk}——单桩极限总侧阻力标准值，kN；

　　　Q_{pk}——单桩极限总端阻力标准值，kN；

　　　q_{sik}——单桩第 i 层土的极限侧阻力标准值，kPa；

　　　q_{pik}——单桩第 i 层土的极限端阻力标准值，kPa；

　　　u——主桩身周长，m；

　　　L_i——第 i 层土的土层厚度，m；

　　　m_i——第 i 层土中的分支数；

　　　A_p——桩端截面积，m^2；

　　　A_B——扣除桩身截面积的承力盘投影面积，m^2；

　　　β——分支挤压修正系数，一般 $\beta > 1$，可通过现场试验测定。

实际设计计算时，公式右边第二项可以不计。

10）浙江省《建筑地基基础设计规范》(DB33/1001-2003 J10252-2003)建议挤扩支盘桩单桩承载力计算公式

根据浙江省《建筑地基基础设计规范》(DB33/1001-2003 J10252-2003)，对于地基基础设计等级为丙级的建筑物和初步设计时，单桩竖向抗压承载力特征值可由下式计算：

$$R_a = u_p \sum_{i=1}^{n} q_{sia}l_i + \alpha \sum_{j=1}^{m} \psi_{pj} q_{pja} A_{pj} + \alpha q_{pa} A_p \qquad (4\text{-}49)$$

式中：u_p ——主桩桩身周长，m；

　　　q_{sia} ——桩侧第 i 层土侧阻力特征值，kPa，参见表 4-1；

　　　n ——桩穿越的侧阻力起作用的土层数；

　　　m ——第 i 层土中桩身的盘数；

　　　l_i ——桩穿越第 i 层土的计算厚度，m，$l_i = L_i - 1.2mh_i$，L_i 为桩穿越第 i 层土的厚度，m；

　　　q_{pja} ——桩身第 j 个盘所支承的土的端阻力特征值，kPa，参见表 4-2；

　　　α ——端阻系数，取 $\alpha = 0.24$；

　　　q_{pa} ——桩端土的端阻力特征值，kPa；

　　　A_{pj} ——扣除主桩桩身截面积的第 j 个承力盘的水平投影面积，m²；

　　　A_p ——主桩的桩端截面积，m²；

　　　ψ_{pj} ——第 j 个盘的端阻力修正系数，见表 4-20。

11）浙江省《挤扩支盘桩混凝土灌注桩规程》的计算公式

根据浙江省《挤扩支盘桩混凝土灌注桩技术规程》(DB33/T1012-2003 J10270-2003)对于地基基础设计等级为丙级的建筑物和初步设计时，单桩竖向抗压承载力特征值可由下式计算：

$$R_a = u_p \sum_{i=1}^{n} q_{sia} l_i + \sum_{j=1}^{m} \psi_{pj} q_{pja} A_{pj} + q_{pa} A_p \qquad (4\text{-}50)$$

式中：u_p ——主桩桩身周长，m；

　　　q_{sia} ——桩侧第 i 层土的侧阻力特征值，kPa，参见表 4-1；

　　　l_i ——桩穿越第 i 层土的计算厚度，m，$l_i = L_i - 1.2mh_i$，L_i 为桩穿越第 i 层土的厚度，m；

　　　n ——桩穿越的侧阻力起作用的土层数；

　　　m ——第 i 层土中桩身的盘数；

　　　h ——盘根高度，m；

　　　q_{pja} ——桩身第 j 个盘所支承的土的端阻力特征值，kPa，参见表 4-2；

　　　q_{pa} ——桩端土的端阻力特征值，kPa；

　　　A_{pj} ——扣除主桩桩身截面积的第 j 个承力盘的水平投影面积，m²；

　　　A_p ——主桩的桩端截面积，m²；

　　　ψ_{pj} ——第 j 个盘的端阻力修正系数，见表 4-18。

表 4-18　盘端阻力修正系数 ψ_{pj}

盘底土层类别	硬塑黏性土	可塑黏性土	粉土	粉砂、细砂、中粗砂	砾石土
ψ_{pj}	0.6～0.8	0.8～1.0	0.8～1.0	0.7～0.9	0.7～0.85

12）卢成原、孟凡丽、战永亮在文献《挤扩支盘桩的承载性能及工程应用研究》

中建议的计算方法

桩身构造如图 4-8 所示。

$$Q_{uk} = Q_{sk} + Q_{pk} = u\sum \psi_{si}\beta_{si}q_{sik}l_i$$

$$+ \sum m_i\beta_i q_{sik}h(a-b)$$

$$+ \beta_p\psi_p q_{pk}A_p + \sum m_i\beta_i q_{pik}ab$$

$$+ \sum \psi_p\beta_i q_{pik}\frac{\pi}{4}(D^2-d^2) \quad (4\text{-}51)$$

式中：l_i——第 i 层土的厚，m，设盘处减去承力
　　　　盘的高度 h；

　　　d——主桩的直径，m；

　　　D——承力盘直径，m；

　　　h——承力盘及分支的高度，m；

　　　a、b——分支的挑长和厚度，m；

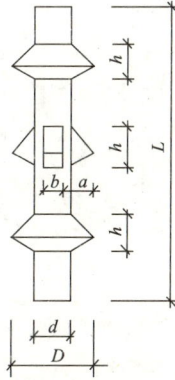

图 4-8　挤扩支盘桩桩身构造示意图

　　　β_i——第 i 个支、盘底土承载力综合效应系数，包括受挤压后土承载力的提
　　　　　高效应，多支盘时土压力的重叠效应，支盘的位置效应等，由于目前还
　　　　　缺乏试验资料，为了方便，计算时可取 $\beta_i = 1.0$；

　　　β_{si}——第 i 层土的侧阻综合效应系数，主要考虑由于支盘顶部土的松动和支
　　　　　盘底部土随支盘产生变型使得桩侧支盘附近一定范围内侧阻力降低，
　　　　　即 $\beta_{si} < 1.0$；

　　　β_p——桩端承载力折减系数，主要考虑孔底沉渣对承载力的影响，可按施工
　　　　　经验选取。

13）由崇劲松、钱德玲等在文献《支盘桩-地基相互作用的研究》中提出的计算
公式

$$Q_{uk} = Q_{sk} + Q_{pk} = u\sum q_{sik}l_i + \eta_{pj}\sum q_{pjk}\frac{\pi}{4}(D^2-d^2)$$

$$+ \psi_p\eta_p q_{pk}A_p + \sum q_{sik}\frac{\pi}{4}(D^2-d^2)\tan\theta$$

$$+ \sum n_i q_{sik}[h(a-b)+ab\tan\theta] + \eta_{pj}\sum n_j q_{pjk}ab \quad (4\text{-}52)$$

式中：Q_{sk}——单桩总极限侧阻力标准值，kN；

　　　Q_{pk}——单桩总极限端阻力标准值，kN；

　　　u——主桩桩身周长，m；

　　　q_{sik}——桩侧第 i 层土的极限侧阻力标准值，kPa；

　　　l_i——第 i 层土的厚度，m；

　　　n_i、n_j——第 i 或第 j 层土处分支的单支数；

　　　h、a、b、θ——分支或盘的几何尺寸；

q_{pjk}——桩身第 j 个支或盘处土的极限端阻力标准值,kPa;

q_{pk}——桩端所在土层的极限端阻力标准值,kPa;

η_{pj}、η_p——支、盘极限端阻力标准值的修正系数;

ψ_p——桩端尺寸效应;

A_p——桩端投影面积,m^2。

公式第四项为盘侧阻力,第五项为分支侧阻力,第六项为分支端阻力。

14) 东营利东公司采用的单桩承载力的计算公式

$$R_{uk} = Q_{sk} + Q_{pk} = 0.85[u_p \sum \psi q_{sik} L_i + \psi_{si} \sum q_{pik} h(a-b) + q_{pik} A_p \\ + \psi_p \sum n_i q_{pik} ab + \psi_p \sum q_{pik} \pi (D^2 - d^2)/4] \tag{4-53}$$

式中:Q_{sk}——单桩总极限侧阻力标准值,kN;

Q_{pk}——单桩总极限端阻力标准值,kN;

u_p——主桩桩身周长,m;

q_{sik}——桩侧第 i 层土的极限侧阻力标准值,kPa;

L_i——第 i 层土的厚度,m;

n_i——第 i 土处分支的单支数;

h,a,b——分支或盘的几何尺寸;

q_{pik}——桩身第 i 个支或盘处土的极限端阻力标准值,kPa;

q_{pk}——桩端处土体的极限端阻力标准值,kPa;

η_{pj}、η_p——支、盘极限端阻力标准值的修正系数;

ψ_{si}——桩侧摩阻力尺寸效应系数;

ψ_p——支、盘端尺寸效应系数;

A_p——桩端投影面积,m^2。

d——主桩的直径,m;

D——承力盘直径,m。

15) 余忠在文献《挤扩支盘灌注桩设计理论与工程应用研究》中提出挤扩支盘桩单桩竖向承载力经验公式

$$Q_{uk} = u \sum_{i=1}^{n} q_{ski} L_i + \sum_{l=1}^{t} q_{plk} A_z + \sum_{j=1}^{m} q_{pjk} A_p + \psi_p q_{pk} A_d \tag{4-54}$$

式中:u——桩身周长,m,$u = \pi d$,d 为主桩直径,m;

n——支盘桩有效深度范围内的土层数;

q_{sik}——桩侧第 i 层土的极限侧阻力标准值,kPa,参见表 4-19;

L_i——桩周第 i 层土的厚度,m,对于有十字分支或盘的上层应减去相应十字分支或盘的高度;

t——十字分支的个数;

q_{plk} ——第 l 个十字分支所在土层的极限端阻力标准值,kPa,参见表 4-20;

A_z ——扣除桩身截面面积的十字分支投影面积,m^2;

m ——除底盘外的承力盘个数;

q_{pjk} ——第 j 个盘所在土层的极限端阻力标准值,kPa,参见表 4-20;

A_p ——扣除桩身截面面积的盘投影面积,m^2;

q_{pk} ——底盘所在土层的极限端阻力标准值,kPa;

ψ_p ——端阻尺寸效应系数,对于黏性土、粉土 $\psi_p = (0.8/D)^{1/4}$,对于砂土、碎石类土 $\psi_p = (0.8/D)^{1/3}$,其中 D 为盘直径。

A_d ——底盘的投影面积,m^2,$A_d = \pi D^2 / 4$,其中 D 为盘直径。

表 4-19 挤扩支盘桩极限侧阻力标准值 q_{sik} (单位:kPa)

土层名称	土的状态	q_{sik}	土层名称	土的状态	q_{sik}
填土		20		$e>0.9$	24
淤泥		11	粉土	$0.75 \leqslant e \leqslant 0.9$	44
淤泥质土		20		$e<0.75$	66
黏性土	$I_L>1$	22	粉细砂	稍密	24
	$0.75<I_L \leqslant 1$	37		中密	44
	$0.5<I_L \leqslant 0.75$	53		密实	66
	$0.25<I_L \leqslant 0.5$	70	中砂	中密	60
	$0<I_L \leqslant 0.25$	86		密实	79
	$I_L \leqslant 0$	97	粗砂	中密	81
				密实	105
			砾砂	中密~密实	128

注:对于未完成自重固结的填土和以生活垃圾为主的杂填土,不计算其侧摩阻力。

表 4-20 挤扩支盘桩极限端阻力标准值 q_{pik}、q_{pk} (单元:kPa)

土层名称	土的状态	盘入土深度/m			
		5	10	15	>30
黏性土	$0.75<I_L \leqslant 1$	120	150	250	300
	$0.5<I_L \leqslant 0.75$	150	350	450	550
	$0.25<I_L \leqslant 0.5$	400	700	800	900
	$0<I_L \leqslant 0.25$	750	1000	1200	1400
粉土	$0.75<e \leqslant 0.9$	250	300	450	650
	$e<0.75$	550	650	750	850

续表

土层名称	土的状态	盘入土深度/m			
		5	10	15	>30
粉砂	稍密	500	600	700	800
	中密～密实	600	900	1000	1250
细砂	中密～密实	620	920	1000	1270
中砂		900	1350	1600	1700
粗砂		1450	2050	2300	2300
砾砂	中密、密实		2500		
角砾、圆砾			2600		
碎石			3000		

注：表中数值作为初步设计估算；桩端入土深度大于 30m 时，按 30m 计。

16) 徐至钧等提出的计算方法

徐至钧通过收集现有工程实例中的试桩技术资料，采用逐步调整的方法，统计分析了计算值与试验值的比值的平均值、均方差、变异系数等，提出了一个经验公式，计算所得的结果与试桩结果比较吻合，建议在计算单桩承载力中试用。

(1) 挤扩支盘桩单桩竖向极限承载力计算公式。

$$Q_{uk} = Q_{sk} + Q_{pk} = u \sum q_{sik} l_i + \sum \eta_{pik} q_{pik} A_{pi} + \psi_p \eta_p q_{pk} A_p \qquad (4\text{-}55)$$

式中：Q_{sk} ——单桩总极限侧阻力标准值，kN；

　　　Q_{pk} ——单桩总极限端阻力标准值，kN；

　　　u ——主桩桩身周长，m；

　　　q_{sik} ——桩侧第 i 层土的极限侧阻力标准值，kPa；

　　　l_i ——桩穿越第 i 层土折减盘高后的厚度，m；

　　　q_{pik} ——桩身上第 j 个分支或盘处土的极限端阻力标准值，kPa；

　　　q_{pk} ——底盘所在土层的极限端阻力标准值，kPa；

　　　A_{pi} ——扣除桩身截面积的支或盘的投影面积，m²；

　　　η_{pik}、η_p ——支、盘极限端阻力标准值修正系数；

　　　ψ_p ——盘底尺寸效应系数；

　　　A_p ——底盘投影面积，m²。

式中的第一项为直杆桩部分的侧摩阻，第二项为除底盘以外的支或盘的支承阻力，第三项为底盘的支承阻力。

(2) 关于该公式的应用说明。

① 地下水位以上的成桩情况。地下水位以上成桩一般是指螺旋成孔、干作业

成孔等。q_{sik}、q_{pik}、q_{pk} 分别为侧阻极限值标准、支或盘的端阻极限值标准及底盘处的端阻极限值标准，如无当地经验时，可参照《建筑桩基技术规范》(JGJ 94—2008)的相应参数表取值。η_{pik}、η_p 按表 4-21 取值。

表 4-21　地下水位以上支、盘极限端阻力标准值修正系数 η_{pik}、η_p

支盘处土层	硬塑黏土	可塑黏土	粉土	粉砂	细砂	中粗砂
η_{pik}、η_p	0.6～0.8	0.8～1.0	0.8～1.0	0.8～0.9	0.6～0.7	0.4～0.5

② 地下水位以下的成桩情况。对于 Ⅱ 类土地区，如北京市及周边地区，设计计算时如果没有当地经验，q_{sik}、q_{pik}、q_{pk} 同样按照上述方法取值，η_{pik}、η_p 按表 4-22 取值，且 ψ_p 取 1。

表 4-22　地下水位以下支、盘极限端阻力标准值修正系数 η_{pik}、η_p

支盘处土层	黏性土	粉土	粉、细砂	中粗砂	卵石、圆砾
η_{pik}、η_p	1.4～1.5	1.3～1.4	1.2～1.3	0.8～0.9	0.6～0.7

对于 Ⅲ 类土地区，如天津、浙江一带地区，估算支盘桩的 Q_{uk} 时，可以按下式估算：

$$Q_{uk} = u \sum q_{sik} l_i + \sum q_{pik} A_{pi} + \psi_p q_{pk} A_p \tag{4-56}$$

式中：ψ_p ——底盘尺寸效应系数，对于黏性土、粉土取 $\psi_p = (0.8D)^{\frac{1}{4}}$，对于砂土、

碎石类土取 $\psi_p = (0.8D)^{\frac{1}{3}}$，$D$ 为支盘的直径，m；

q_{sik} ——桩侧第 i 层土的极限侧阻力标准值，kPa，如无当地经验时，可按表 4-19 取值；

q_{pik} ——桩身上第 j 个分支或盘处土的极限端阻力标准值，kPa，如无当地经验时，可按表 4-20 取值。

q_{pk} ——底盘所在土层的极限端阻力标准值，kPa，按表 4-20 取值。

17) 王立建等根据统计的结果，总结出挤扩支盘桩竖向承载力的计算公式

$$Q_{uk} = u \sum_{i=1}^{n} q_{sik} L_i + \sum_{l=1}^{t} q_{plk} A_z + \sum_{j=1}^{m} q_{pjk} A_p + \varphi_p q_{pk} A_d \tag{4-57}$$

式中：u ——桩身周长，m；

n ——支盘桩有效深度范围内的土层数；

q_{sik} ——桩侧第 i 层土的极限侧阻力标准值，kPa；

L_i ——桩周第 i 层土的厚度，m，对于有十字分支或盘的土层应减去相应十字分子或盘的高度；

t ——十字分支的个数；

q_{plk} ——第 l 个十字分支所在土层的极限端阻力标准值，kPa；

A_z ——扣除桩身截面积的十字分支投影面积，m^2；

m ——除底盘外的承力盘个数；

q_{pjk} ——第 j 个盘所在土层的极限端阻力标准值，kPa；

A_p ——扣除桩身截面积的盘投影面积，m^2，$A_p = \dfrac{\pi}{4}(D^2 - d^2)$，$d$ 为主桩直径，m；

q_{pk} ——底盘所在土层的极限端阻力标准值，kPa；

ψ_p ——端阻尺寸效应系数，对于黏性土、粉土，$\psi_p = \left(\dfrac{0.8}{D}\right)^{1/4}$，对于砂土、碎石类土，$\psi_p = \left(\dfrac{0.8}{D}\right)^{1/3}$，其中 D 为盘直径，m；

A_d ——底盘的投影面积（包括主桩桩端），m^2，$A_d = \dfrac{\pi}{4}D^2$。

18）其他计算方法

（1）挤扩支盘桩单桩承载力设计值的计算。

$$P_k = 0.6\left(u\sum_{i=1}^{n} q_{si}L_i + \sum_{j=1}^{m} q_{pHj}A_{pHj} + q_p A_p\right) \qquad (4\text{-}58)$$

式中：P_k ——扩盘桩承载力设计值，kN；

u ——非扩盘段的周长，m；

q_{si} ——桩侧极限摩阻力标准值，kPa；

L_i ——桩的有效桩长，即扣除扩盘高度之后的长度，m；

q_{pHj} ——扩盘段端承载力标准值，kN；

A_p ——桩端面积，m^2；

A_{pHj} ——扩盘段圆环面积，m^2；

n ——桩身范围内土层数；

m ——桩身扩盘数。

（2）若不考虑扩大盘端阻力与桩侧阻力的相互影响，单桩极限侧阻力可由下式求出：

$$Q_{uk} = Q_{sk} + \eta Q_{pk} + Q_{pk} = U\sum_{i=1}^{n} \psi_{si}q_{sik}l_{si} + \eta\sum_{j=1}^{n} \psi_{Bj}q_{Bjk}A_{Bj} + q_{pk}A_p \qquad (4\text{-}59)$$

式中：q_{sik} ——第 i 层土的极限侧阻力标准值，kN；

l_{si} ——第 i 层土有效侧阻桩身长度，m；

ψ_{si} ——桩侧阻力综合修正系数，$\psi_{si} = \psi_{sig}\psi_{sic}$，$\psi_{sig}$ 为施工工艺对桩侧阻力影响系数，ψ_{sic} 为桩侧阻力尺寸效应系数；

η ——承力扩大盘发挥性状修正系数；

q_{Bjk} ——桩身第 j 个扩大头土体极限端阻力标准值，kPa；

A_{Bj} ——扣除桩身截面积的承力扩大盘投影面积,m^2;

ψ_{Bj} ——第 j 个承力扩大盘端阻力综合修正系数。$\psi_{Bj} = \psi_{Bjg}\psi_{Bjc}\psi_{Bjf}$,$\psi_{Bjg}$ 为施工工艺对承力扩大盘端阻影响的修正系数;ψ_{Bjc} 承力扩大盘尺寸修正系数;ψ_{Bjf} 为承力支盘盘间净距的折减系数;

q_{pk} ——桩端土层极限端阻力标准值,kPa;

A_p ——桩端面积,m^2。

工程实际中的承载力设计计算公式,都是在以上计算公式的基础上,具体针对各地土层性质的特点及工程施工经验确定的,而且不同的计算方法其结果偏差也很大。

由此可见,要想采用严密的回归分析方法提出准确的计算参数,或者通过某一计算公式将上述诸多因素囊括起来是相当困难的,至少目前是不可能的。除此之外,由于桩的承载力发挥与地基特性有着紧密的联系,而不同地区或者同一地区不同地段有着不同的地质条件,从而决定了地基土不同的承载能力。因此,现阶段所采用的支盘桩设计计算方法和公式只是估算公式或者经验公式,在更多的情况下,还要依靠设计者丰富的经验和对工程地质条件的准确分析和判断,对承载力计算公式进行科学的调整。

总之,由于不同地区的地质条件千差万别,工程要求各有不同,要确定并使用统一的单桩极限承载力计算公式是不现实的。目前的工程做法大多是根据某一地区地质土层状况和当地工程试桩技术资料进行统计分析和研究,不论采用哪一种计算方法计算,都在对试桩的现场试验结果进行分析之后,再确定原设计的合理性,必要时还需对原设计进行修正。

4.2.4　影响支盘桩抗压承载力大小的因素

由于全国各地的地质土层性质千差万别,要确定单桩极限承载力,用统一的计算公式是不科学的。某一个地区根据当地土质条件结合大量试桩资料的统计分析结论,在本地地区性规定中提出单桩极限承载力计算公式,其准确性将有所提高。但不论是规范中提出的计算公式,还是研究报告中提出的计算桩极限承载力的公式都只能作为极限单桩承载力的工程估算,可作为实际工程参考,而不能作为普遍使用的公式。

1. 影响支盘桩承载力因素的分析

支盘桩是从灌注桩衍生出来的一种新桩型,因此,影响普通灌注桩承载力的因素必然会影响支盘桩的承载力。除此之外,桩的成桩工艺、地基土层分布情况、土层类别以及土的物理性质都是影响桩承载力的重要因素。针对支盘桩还包括设计桩长、桩径、支盘的数量、支盘在土层中位置、盘间距和桩间距的大小等影响因素。

1）支盘间距的影响

支盘间净间距太小会影响侧摩阻力和支盘端阻力的正常发挥，因此，合理设置支盘间距是支盘桩设计时应该首先考虑的问题。因此间距的大小直接关系到承载力的大小。具体设计支盘间距时要综合考虑支盘的埋深、支盘的尺寸大小和桩侧土的物理力学性质。

2）支盘数及支盘尺寸效应

当支盘间距确定时，应在力学性质较好的土层上设置支盘，支盘数也应依据土层性质的好坏来确定。支盘数不宜过多，因为达到极限承载力时，并非每一个支或盘都能发挥作用或达到极限值，支盘数过多，势必会影响到桩侧阻力和支盘力的发挥。因此，设置支盘时除应满足支盘间距外，还应尽量选择较好的持力层设置支盘。

支盘型状不同，其受力性状也不同。目前出现的单支型状有两种：等支臂和不等支臂。从受力角度分析，不等支臂的型状较好，单支在水平面上投影面积越大，其承受的荷载也越大。成桩时支盘腔模型状也易于保持完整，不易坍塌。工程中支盘直径经常采用 2～3 倍主桩径，且支臂不宜过长，否则施工上难以保证质量，且支盘在承力时混凝土易发生破损，或沿桩的圆柱面剪断。

3）支盘位置的影响

各支盘极限承载力的不同，主要取决于支盘所处位置的土层力学性质。因此，在确定支盘位置时，应尽量选择力学性质较好的土层，以提高支盘的承力效果。支盘发挥其承载作用是有时间效应的，因此确定最上面支盘的位置是非常重要的，但目前尚未有人明确提出确切的位置。通常情况下，支盘桩在上拔荷载作用下，第一个盘设置在桩中上部土层性质较好的那一层上，这样既不影响桩侧摩阻力的发挥，又能更好的发挥支盘的作用。

4）支盘刚度的影响

支盘桩在成桩时由于支盘截面处无法配置钢筋，在承力时，易造成支盘处应力集中，若支盘刚度不够，在支盘断面处将会发生剪切破坏。支盘的强度除了混凝土本身强度外，还取决于支盘的型状设计，若支盘高度不够，其抗冲切能力较低，支盘发生冲切破坏的可能性就会增大。因此，为了提高支盘的抗剪强度和承载力，支盘的高度与臂长投影之比应大于 1.2。

5）施工质量的影响

支盘桩在整个成桩过程中，孔底易产生沉渣，若沉渣太厚，势必会影响到支盘的承力效果，特别是对于靠近孔底的支盘更为不利。由于沉渣堵塞，混凝土不易进入支盘腔模，支盘因此失去承力作用，或支盘力或侧阻力过低。因此，施工中，孔底应清淤干净，且桩身最下面的支盘距离孔底的距离应大于 700mm。

选择最适宜的桩型必须综合考虑以下诸多因素，例如，地质条件、荷载性质、施工对周围结构物和环境的影响、现场的制约情况及施工设备的供给情况,安全、工期、造价,以及桩的设计寿命等,即必须考虑该桩型在技术、质量、安全、环境、工期、造价诸方面的综合效果。

2.支盘桩的支和承力盘设置原则

(1)承力盘应设置在可塑-硬塑状态的黏性土或中密-密实状态的砂土或中密-密实状态的粉土中,底承力盘也可设置在中密-密实状态的卵砾石层、强风化岩或残积土层的上层面上。设置承力盘的硬土层厚度宜大于 $3d$(d 为桩身直径),且各承力盘下 $2d$ 深度范围内不应有软弱下卧层。

(2)分支型式有一字型(双支,如图 1-2 所示)、十字型(四支,如图 1-2 所示)、米字型(八支,如图 1-2 所示)及其他类型,通常以十字型为主。支盘桩的分支具有如下作用:作为竖向承载力的补充;增加桩的整体刚度;在桩身上部较硬土层中设分支以增加对水平荷载的抗力;针对某些地层设承力盘可能引起坍塌的问题,在此地层设置分支,由于挤扩次数的减少可保证分支腔体直立而不坍塌。同时,分支设置时选择地层的原则应与设置分承力盘的基本相同,但设置分支的硬土层厚度宜大于 $2d$,且各分支下 d 深度范围内不允许有软弱下卧层。

(3)分承力盘之间或分承力盘与分支之间的最小间距不宜小于 $2D$,分支之间的最小间距不宜小于 $1.5D$(D 为支盘直径)。

4.2.5　支盘桩抗拔承载力计算方法

支盘桩一般作为承压基础,竖向承载在抗压方面研究和应用较多,而在抗拔方面的研究和应用都较少,常被人忽视它的抗拔性能。其实支盘桩的造型及其特殊的施工工艺不仅提高了抗压承载力,而且也提高了抗拔承载力。

(1)北京市建设委员会和天津市城乡建设管理委员会于 2000 年共同推荐使用的《挤扩多支盘灌注桩基础设计和施工规程》,给出支盘桩单桩抗拔极限承载力标准值估算公式如下:

$$U_k = \frac{\lambda \eta_1}{k_1} u \sum_{i=1}^{n} \overline{N} L_i + \sum_{j=1}^{m} \frac{\eta_2 \overline{N}_j}{k_{2j}} A_{pbj} + \eta_3 \frac{\overline{N}}{k_3} A_p + W \qquad (4\text{-}60)$$

式中: U_k ——基桩抗拔极限承载力标准值,kN;

　　 λ ——抗拔系数,取 $0.6 \sim 0.8$;

　　 η_1、 η_2、 η_3 ——土性系数;

　　 L_i ——折减后桩穿越第 i 层土的有效厚度,m;

　　 k_1 ——桩侧阻力的分项系数;

　　 k_{2j} ——中间盘、上盘的分项系数;

　　 k_3 ——底盘的分项系数;

A_{pbj}——扣除桩身截面面积的支盘水平面上的投影面积，m^2；

A_p——支或盘的投影面积，m^2；

n——桩有效深度范围内的土层数；

m——除底盘外的承力盘与分支的个数；

W——支盘桩自重（水下部分取浮重度），kN；

$\bar{N}$——底盘位置上下各 $4d$ 土层的标贯平均值；

$\bar{N}_j$——第 j 层土标贯平均值。

（2）支盘桩单桩竖向抗拔承载力特征值的确定及要求。

① 支盘桩单桩抗拔承载力特征值的确定：

a. 对于地基基础设计等级为甲级、乙级的建筑物，应采用单桩竖向抗压静载荷试验确定；

b. 对地基基础设计等级为丙级的建筑物和初步设计时，可按下式估算：

单桩或群桩呈非整体破坏时

$$R_{al} = u_p \sum_{i=1}^{n} \lambda_i q_{sia} l_i + \beta \sum_{j=1}^{m} \psi_{pj} q_{pja} A_{pj} + G_{pk} \tag{4-61}$$

群桩呈整体破坏时

$$R_{al} = \frac{1}{n} u_l \sum \lambda_i q_{sia} l_i + G_{pk}^1 \tag{4-62}$$

式中：R_{al}——单桩竖向抗拔承载力特征值，kN；

λ_i——侧阻力抗拔系数，按表 4-23 取值；

β——盘端阻力抗拔系数，可取 $\beta = 0.8$；

G_{pk}——单桩自重标准值，kN，仅计主桩的重量，地下水位以下应扣除浮力；

u_l——桩群外围周长，m，可仅按主桩外边缘计算；

G_{pk}^1——群桩基础所包围体积的桩土总自重标准值除以总桩数，地下水位以下应扣除浮力，kN。

表 4-23　侧阻力抗拔系数 λ_i

土类	λ_i
砂土	0.5～0.7
黏性土、粉土	0.7～0.8

② 支盘桩单桩抗拔承载力特征值验算。承受上拔荷载的支盘桩基础，应按下列公式验算群桩中单桩的抗拔承载力，并按《混凝土结构设计规范》（GB 50010—2002）验算单桩材料的受拉承载力

$$P \leqslant R_{al} \tag{4-63}$$

式中：P——相应于荷载效应标准组合时，作用于任一单桩的上拔荷载，kN。

（3）当根据土的物理指标与承载力参数之间的经验关系确定单桩竖向抗拔极限承载力标准值时，宜按下列公式估算：

$$U_u = u\sum \lambda_i q_{si}L_i + \sum \eta q_{pj}A_{pj} \tag{4-64}$$

式中：U_u——单桩竖向抗拔极限承载力标准值，kN；

　　　　q_{pj}——桩身第 j 个盘顶部土层的极限端阻力标准值，kPa，可按表 4-9 取值。

　　　　λ_i——桩周第 i 层土的侧阻力抗拔系数，按表 4-23 的规定取值；

（4）群桩基础及其基桩的抗拔极限承载力标准值。

基桩的抗拔极限承载力标准值需按下列规定进行：

① 一级建筑支盘桩，基桩的抗拔极限承载力标准值应按现场单桩上拔静载荷试验确定。

② 二级建筑支盘桩，基桩的抗拔极限承载力标准值宜按现场单桩上拔静载荷试验确定。

③ 三级建筑支盘桩，基桩的抗拔极限承载力标准值可按下列规定计算。

群桩呈整体破坏时，基桩的抗拔极限承载力标准值可按下式计算：

$$U_{gk} = \frac{1}{n}u_l\sum \lambda_i q_{sik}l_i \tag{4-65}$$

单桩或群桩呈非整体破坏时，根据《建筑桩基技术规范》（JGJ 94—2008）单桩抗拔极限承载力标准值可按下式计算：

$$U_k = \sum \lambda_i q_{sik}u_il_i \tag{4-66}$$

式中：U_{gk}——群桩呈整体破坏时基桩的抗拔极限承载力标准值，kN；

　　　　U_k——单桩或群桩呈非整体破坏时基桩抗拔极限承载力标准值，kN；

　　　　u_l——桩群外围周长，m；

　　　　λ_i——抗拔系数，取值同表 4-23；

　　　　u_i——支盘桩破坏表面周长，按表 4-24 取值，m；

　　　　q_{sik}——桩侧表面第 i 层土地抗压极限侧阻力标准值，kPa，如无当地经验时，可按《建筑桩基技术规范》（JGJ 94—2008）表 5.2.8-2 取值；

　　　　l_i——两相临盘底的距离，m。

表 4-24　支盘桩破坏表面周长 u_i　　　　　　　　（单位：m）

两相临盘底的距离 l_i	$\leqslant 5d$	$>5d$
u_i	πD	πd

（5）抗拔基桩承载力验算。承受上拔力的基桩，应按下列公式同时验算群桩及其基桩的抗拔承载力，并按《混凝土结构设计规范》（GB 50010—2002）的有关规定验算基桩的受拉承载力。

$$\gamma_0 N \leqslant \frac{U_{gk}}{\gamma_s} + G_{gp} \tag{4-67}$$

$$\gamma_0 N \leqslant \frac{U_k}{\gamma_s} + G_p \tag{4-68}$$

式中：N ——基桩上拔力设计值，kN；

$\quad$ G_{gp} ——群桩基础包围体积的桩土总自重设计值除以总桩数，地下水位以下取浮重度，kN；

$\quad$ G_p ——基桩(土)自重设计值，地下水以下取浮重度，kN；

$\quad$ γ_0 ——建筑支盘桩基重要性系数，对于一级、二级、三级分别取 γ_0 为 1.1、1.0、0.9，对于柱下单桩的一级建筑支盘桩 γ，取 1.2。

4.3　支盘桩群桩抗压极限承载力的计算

4.3.1　不考虑承台、桩、土相互作用计算支盘桩群桩极限承载力公式

$$P_u = \sum_{i=1}^{n} A_{pi} p_{ui} + \sum_{j=1}^{m} L_j q_{suj} U_j \tag{4-69}$$

式中：P_u ——支盘桩群桩的极限承载力，kN；

$\quad$ p_{ui} ——支或盘底平面处地基极限承载力，kPa；

$\quad$ A_{pi} ——墩底处与地基土的接触面积，m²，按群桩外围面积计算。对底盘 $A_{pi} = ab$，其中 a、b 分别为群桩支盘外围的长度和宽度；对中间盘 $A_{pi} = kab$，其中 $k(k<1)$ 为折减系数，k 具体数值有待于进一步研究后确定；

$\quad$ L_j ——第 j 段桩周围产生侧摩阻力的有效桩长，m；

$\quad$ U_j ——群桩外围周长，m，$U_j = 2(a+b)$；

$\quad$ q_{suj} ——群桩外围第 j 层土范围内的极限侧阻力，kPa，按 4.2 节桩的侧阻力确定方法确定。

4.3.2　考虑承台、桩、土相互作用计算支盘桩群桩极限承载力公式

根据单支盘桩极限侧阻、极限端阻计算群桩极限承载力

$$p_u = p_{su} + p_{pu} + p_{eu} = \eta_s n Q_{su} + \eta_p n Q_{pu} + Q_{eu} \tag{4-70}$$

式中：Q_{su}、Q_{pu} ——单支盘桩总极限侧阻力和总极限端阻力(包括中间支或盘的端阻)，kPa，可利用式(4-19)～式(4-68)估算；

$\quad$ p_{eu} ——承台分担荷载极限值，kN；

$\quad$ n ——群桩中的桩数；

η_s、η_p——群桩的侧阻效率和端阻效率,定义为

$$\eta_s = \frac{\text{群桩平均极限侧阻}}{\text{单桩平均极限侧阻}}$$

$$\eta_p = \frac{\text{群桩平均极限端阻}}{\text{单桩平均极限端阻}}$$

$$\eta_s = G_s C_s$$

$$\eta_p = G_p C_p$$

式中:G_s、G_p——群桩侧阻的桩、土相互作用系数和群桩端阻的桩、土相互作用系数;

C_s、C_p——群桩侧阻的承台作用系数和群桩端阻的承台作用系数;对于高承台群桩:$C_s = C_p = 1$;当按下式计算所得的 $C_s > 1$ 时,取 $C_s = 1$。

$$G_s = \frac{\alpha}{\ln(e + 1 - \frac{r + m}{2m})}$$

$$G_p = \frac{8}{(\frac{S_a}{d} - 3)^2 + 9}$$

$$C_s = 1 + 0.1 \frac{S_a}{d} - 0.9 \frac{B_e}{L}$$

$$C_p = 1 + 0.2 \frac{S_a}{d} \frac{B_e}{L}$$

式中:α——系数,取值如表 4-25 所示;

S_a——桩距,m;

e——自然对数底,取 e = 2.718;

m、r——桩的行数和每行中的桩数,且 $r \leqslant m$;

B_e——承台换算宽度,m,$B_e = \sqrt{ab}$;

L、d——支盘桩长度和直径,m。

表 4-25　系数 α 的取值

S_a/d	2	3	4	5	6
α	1.1	1.3	1.2	1.1	1.6

4.4　支盘桩沉降量的计算

4.4.1　桩基沉降量计算

1. 单桩沉降量计算

在竖向荷载作用下,单桩的沉降由以下三部分组成:

(1) 桩身在轴向压力作用下的压缩变型 S_p;

$$S_p = \frac{1}{EA} \int_0^l N(l) \, \mathrm{d}l$$

式中:E 为桩身材料弹性模量,A 为桩身横截面积,l 为桩长,$N(l)$ 为桩身轴力。

(2)桩侧荷载传递到桩端平面以下引起桩端以下土体压缩,桩端随土体压缩而产生的沉降 S_b。

(3)桩端荷载较大时,桩端土产生剪切破坏或刺入破坏而引起的沉降 S_c。

所以

$$S = S_p + S_b + S_c$$

计算以上三部分沉降必须已知桩侧、桩端各自分担的荷载以及桩侧阻力沿桩身的分布,但对支盘桩来说,情况有所不同。支盘桩的桩身除有侧阻力外,还有支盘各自分担的荷载,一般是由上盘开始,然后自上而下是各层支盘荷载,最后到桩端底盘,这种支盘承载力要比桩侧阻力大得多。

单桩沉降不仅与桩的长度、桩与土相对压缩性、土的剖面有关,还与荷载水平、荷载持续时间有关。当荷载水平较低时,桩端土尚未发生明显的塑性变型且桩周土与桩之间并未产生滑移,这时桩端土体压缩特性近似为弹性;当荷载水平较高时,桩端土将发生明显的塑性变型,导致单桩沉降组成及其特性都发生明显的变化。若荷载持续时间较短,桩端土体压缩特性通常呈现弹性性能,反之,如荷载持续时间较长,则需考虑沉降的时间效应,即土的固结与次固结效应。

2. 群桩沉降量计算

1) 分析群桩(低承台)的沉降

(1) 桩间土的压缩变型 S_s。桩间土的压缩变型包括桩侧剪应力引起的压缩变型 S_f、承台土反力引起的压缩变型 S_p、由于土的自重固结、湿陷、震陷引起的压缩变型 S_l。若忽略桩的弹性压缩,则桩间土的压缩变型 S_s 与桩端贯入变型 δ_p 相等,$S_s \approx \delta_p$。

(2)桩端平面以下地基土的整体压缩变型 S_g。因此,群桩沉降可表示为桩间土

压缩变型与地基整体压缩变型之和,即

$$S = S_s + S_g \approx \delta_p + S_g \qquad (4\text{-}71)$$

2)按等代墩基计算群桩沉降

按等代墩基模式计算群桩沉降是一种简化方法。该计算模式是基于以下假定建立起来的:等代墩基范围内桩间土不产生压缩变型,如同实体墩基一样工作。等代墩基沉降计算与扩展基础的沉降计算方法相同。其地基中附加应力宜按明德林课题确定,或近似按布辛奈斯克课题确定。当采用布氏课题时,$\sigma_z = \delta \sigma_0$,其中 δ 为附加应力系数,σ_0 为等代墩基底面的附加压力。为考虑桩间土的压缩变型,将等代墩基底面取在桩端以上一定高度处,一般取离桩端 $l_e = l/4 \sim l/3$ 处(l 为桩入土深度)。为了考虑桩群外围侧面剪应力的扩散作用,由桩顶引出的与桩身呈 α 夹角的斜线与假想墩底面水平线相交,则墩底面积变为

$$A_e = [a + (l - l_c)\tan\alpha][b + (l - l_c)\tan\alpha] \qquad (4\text{-}72)$$

式中:a、b——桩群外围的长度和宽度,m;

$\quad\quad l_c$——考虑桩间土压缩变型的等代桩长,m;

$\quad\quad \alpha$——桩侧剪应力扩散角,$\alpha \approx \overline{\varphi}/4$,$\overline{\varphi}$ 为等代墩基侧面土层内摩擦角的加权
平均值,α 也可参照表 4-26 取值。

桩基计算图式确定后便可采用实体平底基础沉降计算方法计算其沉降。应用等代墩基模式计算群桩沉降时还要考虑以下几个问题:

(1)当桩距较大($S_a \geqslant 6d$)时,桩间土压缩量明显增大,桩的工作性状更接近于单桩,按上述方法计算沉降,与实际不符。

表 4-26　桩侧剪应力扩散角取值 α

土类		$\alpha/(°)$	$\tan\alpha$
非黏性土	密实的	7	0.123
	中等密实	6	0.105
	松散	5	0.087
黏性土	坚实及半坚实	6	0.105
	硬塑及可塑性	4	0.070
	软塑性	1	0.017

(2)等代墩基底面位置要视持力土层性质、桩距大小、成桩工艺的恰当选择。在常用桩距条件下($S_a = 3d \sim 4.5d$),若桩端持力层为较硬的黏性土、砂土,则假想墩基底面位置与桩端底面一致。若桩端持力层与桩身范围土层性质差异不大,则视桩距大小可取 $l_c = l/4 \sim l/3$(桩距较大者取高值)。当承台底部为较硬土层时,相当于承台底标高下移,故应扣除上部硬土层厚度 h 后,按下部桩身长度确定 $l_c[l_c = (1/4 \sim 1/3)(l - l_h)]$。

（3）对于高承台群桩，桩土相对位移较大，假想墩基底面位置应比低承台群桩适当提高。对于荷载水平（极限承载力/工作荷载）较高的低承台群桩，也应以同样办法处理。

由于荷载传递与变型过程中承台-桩-土的相互作用使得群桩的沉降变型性状比单桩复杂的多，单桩的沉降计算方法不再适用于群桩。

在低桩承台情况下，除了群桩产生的应力重叠会影响侧摩阻力和端阻力外，由于承台与其下地基土的接触及接触应力的存在，都会使得桩、承台、地基土之间的相互作用趋于复杂。承台不仅限制了桩上部的桩土相对位移，从而减少了桩上部的侧摩阻力，而且还改变了荷载传递的过程，即随着外荷载的增大，侧摩阻力将从桩的中、下部开始逐步向上和向下发挥。同时，承台底面接触应力也改变了地基土和桩的受力状态，进而影响侧摩阻力和端部阻力。因此，低承台群桩效应改变了单桩侧摩阻力从桩上部逐步向下发挥的荷载传递过程，也改变了侧摩阻力的大小、分布、发展过程以及端部阻力的大小和发展过程，同时，改变了地基受力状态。

有以上分析可以看出，群桩承载力不能简单地看作为孤立单桩承载力的总和，且群桩沉降量及其性状与单桩明显不同，这就是群桩效应。在常用桩距情况下，相邻桩应力的重叠将导致桩端平面以下应力水平的提高和压缩层的加深，群桩效应对沉降量的影响较之承载力的影响更为显著，因为群桩的沉降量和延续时间往往大于单桩，尤其是大群桩。因此，与群桩的其他问题一样，群桩沉降性状也是一个非常复杂的问题。

4.4.2　支盘桩沉降计算方法

1. 支盘桩单桩沉降量计算

桩的沉降变型是控制支盘桩承载力的首要条件。支盘灌注桩的承载能力，既要考虑桩的承载能力因素，更应考虑桩的沉降因素，因为即使地基还没有发生塑性破坏，过大的沉降往往会导致上部结构的开裂和损坏。因此，桩基承载力和桩的下沉变型是控制挤扩支盘桩承载能力的双重条件，沉降变型更是首要条件。因此，支盘桩应通过现场压桩试验，按桩许可的沉降量选定桩的承载力，以便根据设计要求选择合理桩长、支盘数、支盘间距及盘的大小尺寸等。

吴永红等根据支盘桩的受力机理，应用分层总和法计算单桩沉降。其中，地基土应力采用 Minidlin 解计算。支盘桩的单桩沉降量 S_1 按照分层总和法为

$$S_1 = \sum_{i=1}^{r_1} \frac{\overline{\sigma}_{zi}}{E_{zi}} \cdot h_i = \sum_{i=1}^{r_1} \frac{\sum_{k=1}^{n} \overline{\sigma}_{zik}}{E_{zi}} h_i \tag{4-73}$$

式中：r_1——单桩沉降计算深度范围内的土层数；

$\bar{\sigma}_{zik}$——第 k 桩段引起的平均附加应力,kPa;

$\bar{\sigma}_{zi}$——第 i 层土的平均附加应力,kPa;

E_{zi}——第 i 层土体的压缩模量,kPa;

h_i——第 i 层土的厚度,m;

在计算中,引入群桩效应系数 β,便可得到群桩沉降计算公式。

支盘桩单桩总沉降量,实际上就是桩身材料的压缩量 S_e、分支或承力盘的压密变位 S_p 和桩端对土的压密变位 S_d 三个基本变量的总和。支盘桩的沉降计算表达式可表示为

$$S = S_e + S_r = \sum_{i=1}^{n} \frac{1}{K_i} \left[\frac{4}{\pi} \frac{p_i L}{E_h d^2} + \frac{p_{i+1} - p_i}{C_1} B_i \right] \qquad (4\text{-}74)$$

式中:S_r——盘端和桩端土体的压缩量;

p_i、p_{i+1}——第 i 段上、下端部所承受的压力,kN,计算公式如下:

$$\begin{cases} p_i = N_{ci} C_i + N_{di} \gamma_{ci} Z_i \\ p_{i+1} = p_i - \sigma_{si} \dfrac{D^2 - d^2}{d^2} \\ \sigma_{si} = \sigma_i \cos\alpha \end{cases} \qquad (4\text{-}75)$$

式中：K_i——支或盘的影响系数,对支或盘间距大于最小临界间距时,取 $K_i = 1$,

对支或盘间距小于最小临界间距时,取 $K_i = \dfrac{3}{2}$。

2. 支盘桩群桩沉降量计算

支盘桩群桩的沉降计算,与其他类型桩的沉降计算基本类似。由于承台、桩、土的相互作用,群桩在荷载传递与变型过程中比单桩要复杂得多,因此单桩的沉降计算方法多数不适用于单桩。一般群桩的沉降主要包括桩身弹性压缩引起的桩顶沉降、由桩侧剪应力引起的桩端沉降、由桩端应力引起的桩端沉降、由承台土反力引起的桩端沉降(低承台)和某些特殊情况下由于土的自重固结或湿陷、震陷引起的桩端沉降。

对于支盘直径为 D,桩间距为 S_a,桩径为 d,桩数为 m 的支盘桩群桩。其中第 j 根桩的沉降为

$$S_{gj} = \sum_{i=1}^{r_g} \frac{\bar{\sigma}_{zi}}{E_{zi}} h_i = \sum_{i=1}^{r_g} \frac{h_i \sum_{L=1}^{m} \sum_{k=1}^{n} \sigma_{ziLk}}{E_{zi}} h_i \qquad (4\text{-}76)$$

式中:r_g——群桩沉降计算深度范围内划分的土层数;

σ_{ziLk}——第 L 根桩第 k 段引起桩 j 的第 i 层平均附加应力,kPa。

定义第 L 根桩对第 j 根桩的沉降影响系数为

$$\beta_{jL} = S_{jL} / S_{LL} \qquad (4\text{-}77)$$

式中：S_{jL}——群桩中桩 L 引起桩 j 的沉降，m；

S_{LL}——桩 L 自身的沉降，m。

群桩中桩 j 的沉降计算公式可改写为

$$S_{gj} = \sum_{L=1}^{m} \beta_{jL} S_{LL} \qquad (4\text{-}78)$$

因此，支盘桩群桩沉降的计算公式可用矩阵型式表示为

$$\begin{bmatrix} S_{g1} \\ \vdots \\ S_{gm} \end{bmatrix} = \begin{bmatrix} \beta_{11} & \cdots & \beta_{1m} \\ \vdots & & \vdots \\ \beta_{m1} & \cdots & \beta_{mm} \end{bmatrix} \begin{bmatrix} S_{11} \\ \vdots \\ S_{mm} \end{bmatrix} \qquad (4\text{-}79)$$

在用分层总和法进行上述计算时，包含了许多假设，这就使得实际条件与计算条件相差很大，为了保证计算结果的准确性，引进了修正系数 ψ_{cQ}，则

$$\psi_{cQ} = \frac{S_{1Q}}{S_1} \qquad (4\text{-}80)$$

式中：ψ_{cQ}——对应于桩顶荷载 Q 时的桩基沉降修正系数；

S_{1Q}——对应于桩顶荷载 Q 时的试桩的沉降，m；

S_1——对应于桩顶荷载 Q 时按式(4-73)计算所得的沉降，m。

第5章 支盘桩在湿陷性黄土地基中的应用研究

支盘桩承载力由桩侧摩阻力、支或盘的端承力和摩阻力、桩端阻力几部分组成。竖向荷载下支盘桩的荷载传递规律,许多人已经做了有益的研究,其中采用静载荷试验仍然是最普遍的方法。我国地域辽阔,土的工程性质差别很大,一个地方的试验资料不一定适用于所有土质情况。目前,支盘桩在非湿陷性黄土中的应用已经不少,取得了很多成功的经验,但关于挤扩支盘桩在湿陷性黄土地基中应用的报道很少。我国黄土分布面积约为 63.5 万 km^2,湿陷性黄土约占中国黄土分布面积的 60% 左右,厚度最大达 30m 左右。湿陷性黄土中的一种有效的基础型式是桩基础,其用量达 20%~30%,因此,研究支盘桩在湿陷性黄土中的应用具有十分重要的现实意义。

5.1 支盘桩的静载荷试验

5.1.1 工程概况

本工程为洛阳三门峡某电厂,场地主要属于黄河Ⅲ级阶地,在地貌上属于黄土塬,场地地层以黄土状粉质黏土为主,自上而下可分为 5 个大层和若干个亚层。

层①黄土状粉质黏土:棕黄色、浅黄色,坚硬,含云母及贝壳碎屑,见虫孔及针状孔隙,厚度 8.50m。

层②黄土状粉质黏土:棕黄色、黄棕色,含氧化锰结核、姜石和白色钙质网丝,孔隙明显,坚硬,原位测试值明显大于层①,厚度为 9.20m。

层③黄土状粉质黏土:棕黄色、深棕色,含氧化锰结核、姜石和贝壳碎屑,局部见黏土团块。根据静力触探试验结果可分 5 个亚层,但土工试验结果表明各亚层地基土工程特性无明显差异。

层③-1 黄土状粉质黏土:天然状态下,坚硬,具低压缩性。厚度为 1.50m。

层③-2 黄土状粉质黏土:天然状态下为硬塑~坚硬,具低压缩性,厚度为 2.50m。

层③-3 黄土状粉质黏土:可塑~硬塑,具低压缩性,厚度为 1.50m。

层③-4 黄土状粉质黏土:坚硬,具低压缩性,厚度为 3.00m。

层③-5 黄土状粉质黏土:可塑为主,具低压缩性,厚度 1.30~3.90m。

层④黄土状粉土(饱和黄土):夹黄土状粉质黏土,该区的含水量高于厂区其他地区的含水量。多为棕黄色、褐黄色,含贝壳碎屑及姜石,可见白色钙质网丝,中密,上为湿,下为很湿~饱和,厚度 9.90~12.80m。

层⑤粉质黏土:浅黄色、棕黄色,含氧化锰斑点、姜石,局部夹粉土。该区勘探时揭露了两个亚层。

层⑤-1 粉质黏土:可塑状态为主,局部软塑状态,厚度 4.40~5.00m。

层⑤-2 粉质黏土:可塑状态,上部夹软塑状态的粉质黏土,揭露的最大厚度4.90m。

该区场地以自重湿陷性黄土场地为主,湿陷等级为Ⅲ~Ⅳ级,湿陷土层的厚度不一,在 300kPa 压力下,湿陷性土下限深度为 11.6~12.6m。各土层的物理力学性质指标见表 5-1。

表 5-1　各土层的物理力学性质指标

层号	①	②	③-1	③-2	③-3	③-4	③-5	④	⑤-1
名称	黄土状粉质黏土	黄土状粉质黏土	黄土状粉质黏土	黄土状粉质黏土	黄土状粉质黏土	黄土状粉质黏土	黄土状粉质黏土	黄土状粉土(饱和黄土)	粉质黏土
厚度/m	8.5	9.2	1.5	2.5	1.5	3	1.30~3.9	9.9~12.8	4.40~5.0
含水量 $\omega/\%$	8.6	10	9.3	12.1	12.4	16.7	14.8	20.1	17.5
孔隙比 e	1.04	1.031	0.961	0.936	0.939	0.858	0.724	0.719	0.715
液限 $\omega_L/\%$	26.4	28.2	28.2	30.8	29	30.5	27.3	27.7	28.1
塑限 $\omega_P/\%$	16.9	17.5	18	18.1	18.4	18	17.1	17.3	18.8
液性指数 I_L	−0.92	−0.72	−0.85	−0.52	−0.59	−0.19	−0.26	0.27	−0.14
塑性指数 I_P	9.5	10.7	10.2	12.7	10.5	12.5	10.2	10.2	9.4
压缩模量 E_{s1-2}/MPa	25.1	27.9	37.4	31.6	30.7	20	18.1	13.8	14.9
承载力特征值 f_{ak}/kPa	150	170	180	190	180	185	180		

5.1.2　试验装置及原理

单桩竖向抗压静载试验装置由反力系统、加压系统和观测记录系统三部分组成。反力系统采用锚桩横梁反力装置,每根试桩由 4 根锚桩提供反力,主梁、副梁与锚桩构成反力系统;千斤顶、油泵、高压油管构成加压系统;静力载荷测试仪和测力、位移传感器构成观测记录系统。试验装置示意图见图 5-1。

此次单桩竖向抗压静载试验模拟工程桩的实际工作状态,通过加压系统将锚桩提供的反力由横梁、油压千斤顶作用到试桩桩顶,按拟定的分级荷载、依据《建筑桩基技术规范》(JGJ 94—2008)所规定的判稳标准逐级等量加载,符合终止加载条件时即进行分级卸载,观测直至试验结束。

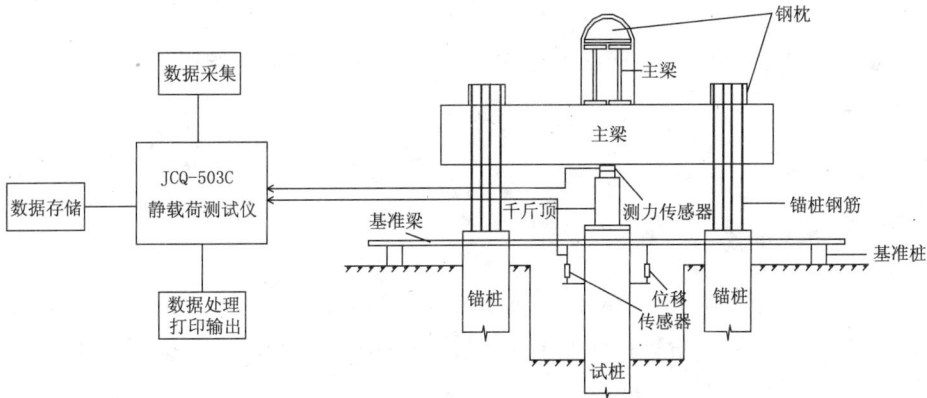

图 5-1　单桩竖向抗压载荷试验装置示意图

5.1.3　加载、卸载方法

根据《建筑桩基技术规范》(JGJ 94—2008)中有关单桩静载荷试验的方法,本次试验单桩静载试验采用慢速维持荷载法,逐级等量加载,每级荷载达到相对稳定后加下一级荷载。分级荷载为预估单桩极限承载力的 1/10。卸载分级进行,每级卸载量取加载时分级荷载的 2 倍,逐级等量卸载。加、卸载时应使荷载传递均匀、连续、无冲击,每级荷载在维持过程中的变化幅度不得超过分级荷载的±10%。

依据本工程《工程地质条件说明》结合高应变承载力检测结果及参考本地区经验估算试桩竖向抗压极限承载力约为 3000kN,因此,1 号试桩分级荷载为极限荷载的 1/10,即 300kN。实测得 1 号桩极限承载力为 3600kN,最大加载 3900kN,加载级别较多,因此将 2 号、3 号试桩分级荷载调整为 400kN。

每级荷载施加后按第 5min、15min、30min、45min、60min 测读桩顶沉降量,以后每隔 30min 测读一次,钢筋应力计的数据测读同步进行,沉降稳定后加下一级荷载。每级荷载作用下,桩的沉降量连续 2 次在每小时内小于 0.1mm 时可视为稳定。

卸载时每级卸载量取加载时分级荷载的 2 倍,逐级等量卸载。每级荷载维持1h,按第 15min、30min、60min 测读桩顶沉降后即可卸下一级荷载。卸载至零后,测读桩顶残余沉降量,维持时间为 3h,测读时间为第 15min、30min,以后每隔 30min 测读一次。

5.1.4　终止加载条件

《建筑桩基技术规范》(JGJ 94—2008)中规定,当出现下列情况之一时,即可终止加载：

（1）当荷载-沉降（Q-s）曲线上有可判断极限承载力的陡降段，且桩顶总沉降量超过 40mm；

（2）某级荷载作用下，桩顶沉降量 ΔS_{n+1} 大于前一级荷载作用下沉降量 ΔS_n 的 2 倍即 $\dfrac{\Delta S_{n+1}}{\Delta S_n} \geqslant 2$，且经 24h 尚未达到稳定；

（3）已达到预估最大加载量 4000kN。

5.1.5 检测数据分析与判定

根据单桩静载荷试验数据确定单桩极限承载力的步骤如下。

首先根据试验原始数据绘制 Q-s、s-$\lg t$ 及 s-$\lg Q$ 曲线；然后根据下列几条综合确定单桩竖向抗压极限承载力 Q_u：

（1）根据荷载变化的特征确定，对于陡降型 Q-s 曲线，取其发生明显陡降的起始点对应的荷载值；

（2）根据沉降随时间变化的特征确定，取 s-$\lg t$ 曲线尾部出现明显向下弯曲的前一级荷载值；

（3）某级荷载作用下，桩顶沉降量大于前一级荷载作用下沉降量的 2 倍，且经 24h 未达到相对稳定标准，取前一级荷载值；

（4）对于缓变型 Q-s 曲线可根据沉降量确定，宜取 $s=40$mm 对应的荷载值；

（5）当按上述 4 条判定桩的竖向抗压承载力未达到极限时，桩的竖向抗压极限承载力应取其中最大试验荷载值。

5.1.6 试桩钢筋应力计安装方法

单桩静载试验时，为测得桩端阻力及桩侧摩阻力的分布情况，每根试桩根据验槽记录在桩身主筋上埋设 10 个钢筋应力计，其安装位置详见图 5-2。钢筋应力计分 5 层，每层对称设置于 2 根纵向钢筋上，在钢筋应力计安装位置处将纵向钢筋切断，钢筋应力计两端焊接于纵向钢筋上，保证钢筋应力计中心与纵向钢筋中心一致。引出线沿与安装钢筋应力计相邻的主筋固定（每隔 20cm 用扎丝固定），从桩顶下 0.5m 沿桩两侧引出桩身。

5.1.7 浸水

预浸水处理法是预先对湿陷性黄土场地或地段大面积浸水，使土体在饱和自重压力作用发生湿陷，产生压密，以消除全部黄土层的自重湿陷性和深部的外荷湿陷性。在试桩桩周均布 4 个直径 250mm 的浸水孔，距桩中心 1.1m，孔深 23.0m，孔内以粗砂充填。然后挖一直径 2.6m、深 1.7m 的浸水坑，坑底铺 10cm

厚的石子。浸水时间不少于 7d,浸水孔布置见图 5-3。

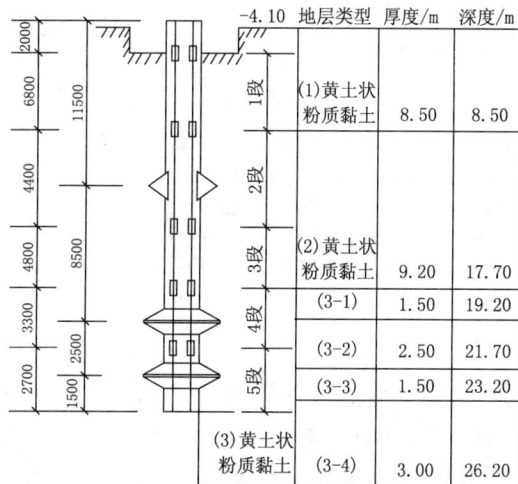

图 5-2　钢筋应力计位置及桩身分段示意图

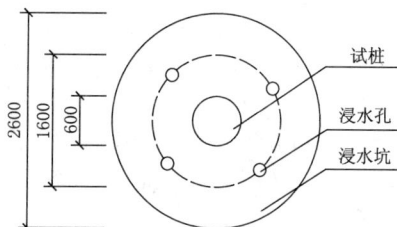

图 5-3　浸水孔位置

5.1.8　支盘桩完整性检测

静载荷试验前,对 3 根试桩及 8 根锚桩的低应变检测曲线进行了分析,结果表明,所测 11 根桩的检测曲线一致性很好,试桩、锚桩桩身完整性满足试验要求。试桩和锚桩的位置见图 5-4。

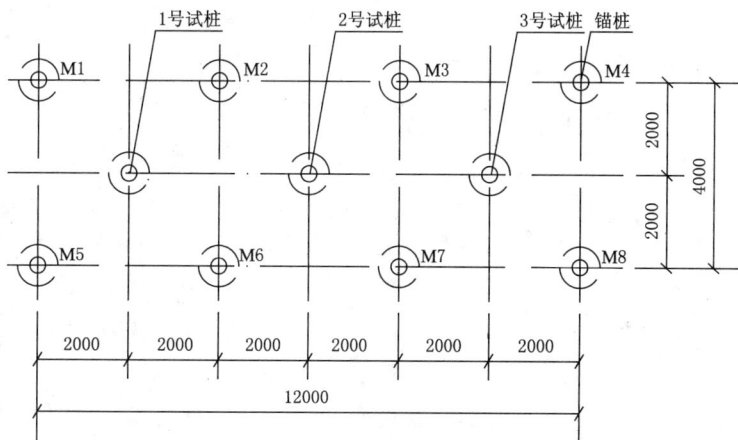

图 5-4　试桩与锚桩位置

5.1.9　支盘桩高应变试验

支盘桩浸水前,对试桩进行了高应变检测,测得桩侧阻力分布如图 5-5 所示。

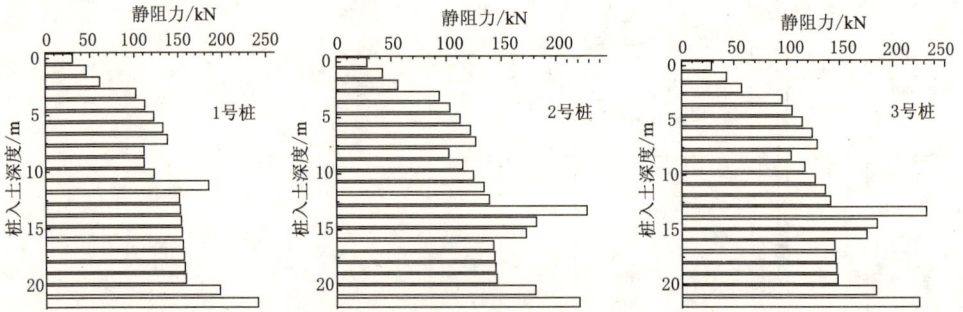

图 5-5　桩侧静阻力沿深度的分布

　　由高应变动测结果可知,在有承力盘或分支的部位,桩侧静阻力显著提高。这是由于在支盘桩成形过程中,挤扩机具对支、盘侧面土体进行挤压,提高了土体的局部承载力,同时承力盘和分支把一部分桩侧摩阻力转变成其底部的端承力,这是支盘桩能够提高单桩承载力的重要原因。

5.2　静载荷试验结果分析

　　在桩进行静载荷试验时,钢筋应力计中钢弦的震动频率发生变化,在微幅震荡条件下,钢弦的自震频率 f 与钢弦应力 σ 之间存在如下关系(巨玉文,2005):

$$f = \frac{1}{2L}\sqrt{\frac{\sigma}{\rho}} \tag{5-1}$$

式中:f——钢弦的自震频率;

　　　L——两支点之间钢弦的长度;

　　　σ——钢弦所受应力;

　　　ρ——钢弦的质量密度。

　　当传感器受力后,使钢筋应力发生变化,钢弦的自震频率相应改变,利用电脉冲激励使钢弦震荡并测试其震荡频率,根据标定得到的"压力-频率曲线"即可获得相应的钢筋应力值。根据《钢筋混凝土结构设计规范》(GBJ 50010—2002),HRB335 级钢筋的弹性模量 E_{st},按公式 $\varepsilon = \sigma/E_{st}$ 即可得到测点处的钢筋应变值,根据钢筋与混凝土的变型协调原理,钢筋应变值就是桩身混凝土的应变值。

　　桩身各截面轴力利用下式计算:

$$\begin{cases} N(i,j) = \dfrac{E_p A_p}{E_{st} A_{st}}[f(0,j) - f(i,j)]K \\ N(i,j+1) = \dfrac{E_p A_p}{E_{st} A_{st}}[f(0,j) - f(i,j+1)]K \end{cases} \tag{5-2}$$

式中：$N(i,j)$、$N(i,j+1)$——第 i 级荷载下第 j 截面和第 $j+1$ 截面桩身轴
　　　　　　　　　　　　力，kN；

　　　　E_p、E_{st}——桩身混凝土和钢筋的弹性模量，MPa；

　　　　A_p、A_{st}——主桩身的截面积和钢筋应力计的截面积，m^2；

　　　　$f(0,j)$、$f(i,j)$、$f(i,j+1)$——加第 i 级荷载前后第 j 截面、第 $j+1$ 截面钢
　　　　　　　　　　　　　　　　　筋应力计的频率，Hz；

　　　　K——钢筋应力计的率定系数，kN/Hz。

　　计算得桩身各截面的轴力以后，各级荷载下，桩身某分段分担的荷载值由下式
计算：

$$F(i,j) = N(i,j) - N(i,j+1) \qquad (5\text{-}3)$$

式中：$F(i,j)$——第 i 级荷载下桩身第 j 到 $j+1$ 截面之间部分分担的荷载，kN；

　　　　$N(i,j)$、$N(i,j+1)$——第 i 级荷载下第 j 截面和第 $j+1$ 截面的桩身轴力
　　　　　　　　　　　　值，kN。

5.2.1　$Q\text{-}s$ 关系曲线

　　各桩桩顶荷载 Q 与桩顶沉降 s 关系见图 5-6。由图 5-6 可见，支盘桩的静载荷
试验曲线为缓变型，既是在达到极限荷载时，$Q\text{-}s$ 曲线也没有出现陡降段，说明支、
盘的存在使桩的受力表现出端承桩的性质。在工作荷载作用下，桩的 $Q\text{-}s$ 曲线处
于直线段，说明支盘桩有足够的承载潜力，不会出现突然破坏的情况。

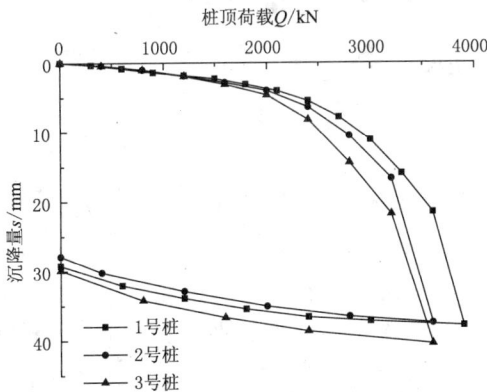

图 5-6　试桩的 $Q\text{-}s$ 曲线

5.2.2　$Q/Q_u\text{-}\Delta s$ 关系曲线

　　为了表示每级荷载下净沉降量 Δs 随荷载 Q 的发展情况，以 Q 除以极限荷载
单位化后绘制出三桩的 $Q/Q_u\text{-}\Delta s$ 曲线见图 5-7。由图 5-7 可见，三根桩的 $Q/Q_u\text{-}\Delta s$
曲线表现出相近的发展趋势。加载过程中，曲线上出现两个比较明显的拐点。第

一个拐点出现在 Q/Q_u＝0.6 左右,曲线出现一凹点,此前曲线的斜率很小,变化趋势比较平缓,此时上部分支及第一个承力盘的承载力逐步发挥作用;当荷载超过60％极限荷载以后,曲线的斜率增大,曲线迅速向上翘起,单级荷载的沉降量增大很快。这是因为第一个承力盘以上的承载能力已经发挥到了极限,增加的荷载迅速向下传递,而下部两个承力盘相距较近,盘间的侧摩阻力又不能得到充分发挥;当 Q/Q_u 为 0.9 左右时,曲线的斜率反而稍有减小,说明此时桩身上部各部分的承载力均发挥到了极限,新增加的荷载大部分传到了桩端,桩端土体被压实,承载力提高,沉降速率降低。此时支盘桩达到了自身的极限承载力,如果再增加桩顶荷载,支盘桩将由于桩顶沉降超过规范规定值而被判定达到破坏状态。

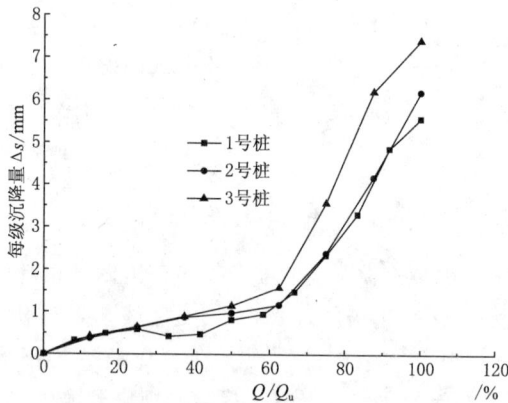

图 5-7　试桩 Q/Q_u-Δs 曲线

5.2.3　支盘桩的荷载传递机理分析

1.支盘桩的轴力分布特征

试桩的轴力传递曲线如图 5-8 所示。由三根桩的桩身轴力传递曲线可以看出,由于钢筋应力计安装位置的关系,支、盘的端阻力无法单独表示出来,只能与其相邻的一部分直桩段的摩阻力划分在一起。因此,桩身轴力传递曲线没有出现明显的"台阶",即支、盘的卸荷作用表现不够直接。但是从曲线的发展趋势上看,轴力在从桩顶向桩端传递过程中,曲线斜率较大,荷载衰减较快,这是支、盘端阻力发挥的结果。从曲线也可以看出荷载传递发展过程,荷载逐级向下传递时,下部承力盘和桩端阻力逐渐发挥出来。最初加载时,第 5 段阻力分别占桩顶荷载的 5.1％、3.8％、3.0％;当达到极限荷载时,第 5 段承担的荷载分别占桩顶荷载的比例为20.9％、24.3％、24.9％;当达到极限荷载以后再加荷,桩侧承担的荷载基本保持不变,增加的荷载大部分传递到第 5 段,此时,第 5 段承担荷载分别占总荷载的32.9％、36.2％、33.1％。这说明侧面摩阻力以及支、盘的承载力都发挥到了极限,这时对应的桩顶沉降超过规范规定值,认为支盘桩达到破坏。

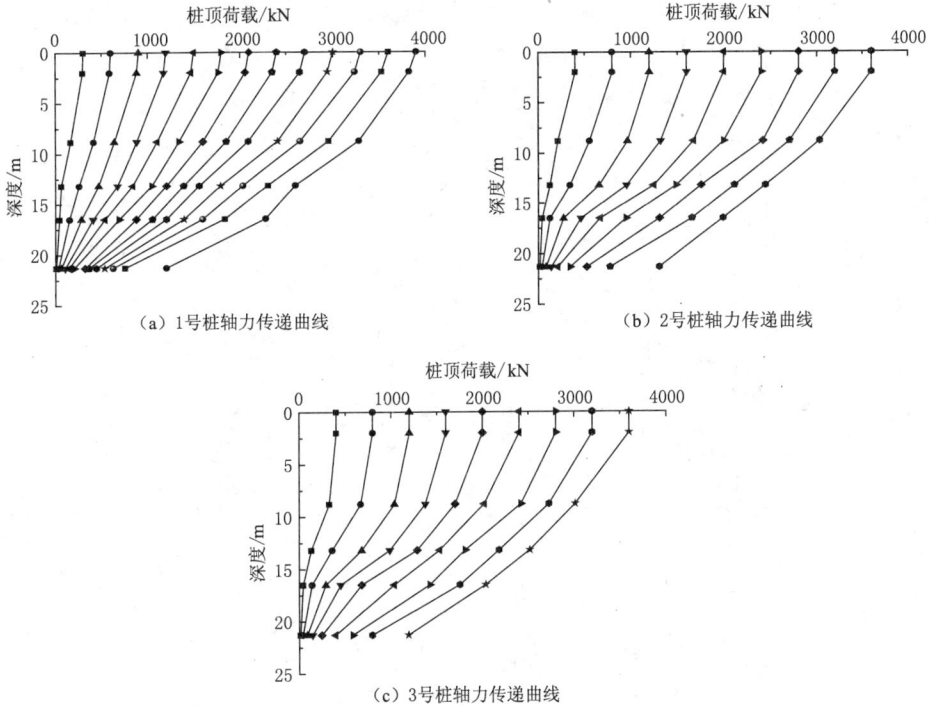

(a) 1号桩轴力传递曲线　　　　　　　(b) 2号桩轴力传递曲线

(c) 3号桩轴力传递曲线

图 5-8　试验桩轴力传递曲线

2. 桩身各部分承担的荷载与桩顶荷载的关系

图 5-9 显示了 3 根桩桩身各段分担的荷载随桩顶荷载的变化过程。1 号桩在达到极限荷载以前,各部分分担的荷载基本上均呈现出直线上升趋势,第 1 段、第 2 段、第 3 段曲线斜率小于第 4 段和第 5 段,且在桩顶荷载达到极限荷载的 60% 以后,这 3 段所分担的荷载增长速度又稍有降低,说明此时这 3 段的承载力将要达到极限,其分担新增加荷载的份额降低。第 4 段和第 5 段承担的荷载增长迅猛,第 4 段所分担的荷载在达到极限荷载以前一直稳步增长,达到极限荷载时,有所降低,说明该段承载力在桩身达到极限承载力时也达到了极限值。第 5 段分担的荷载增长速率在 50% 极限荷载以前小于第 4 段,但此后增长速率与第 4 段接近,当接近极限荷载时,它所分担的荷载量增加明显。结合桩身其他各段分担的荷载可知,最后一级新增加的荷载基本上都由第 5 段承担了。

2 号、3 号桩一开始各段分担的荷载均表现出增长的趋势,只是第 1 段、第 2 段荷载增长速度小于其他 3 段,这是由于这 2 段不包含承力盘,其承载力主要由桩侧摩阻力或分支来承担,其承载力本身较低的缘故。第 3 段分担的荷载,在开始加载时增长较快,当荷载达到极限荷载 60% 左右时,曲线出现一凸点,随后该段分担的荷载下降，曲线表现出比较明显的软化性状，导致第 5 段曲线出现明显的下凹型状，说明该段分担的荷载在达到 60％极限荷载以后增长最快。第 4 段分担的荷载虽然在达到极限承载力以前也在迅速增加，但是增长的速率要小于第 5 段。由此说明，当桩顶荷载达到极限荷载的 60％以后，桩身第 1 段、第 2 段、第 3 段的承载力已接近极限状态，继续增加的荷载主要由第 4 段和第 5 段承担。

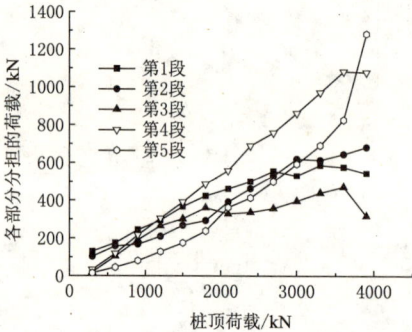

（a）1号桩各段分担的荷载与桩顶荷载的关系　　　（b）2号桩各段分担的荷载与桩顶荷载的关系

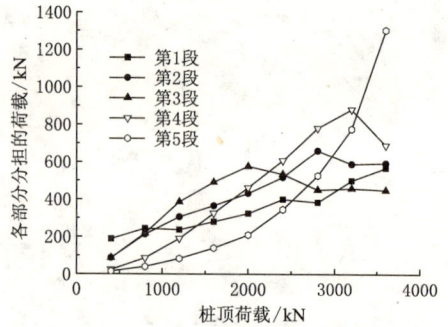

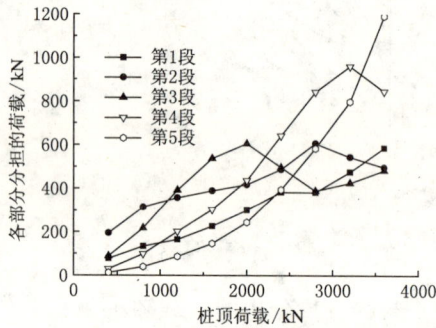

（c）3号桩各段分担的荷载与桩顶荷载的关系

图 5-9　各段分担的荷载与桩顶荷载的关系

3.桩身各分段分担的荷载与桩顶沉降的关系

从图 5-10 可以看出桩身各段分担的荷载随桩顶沉降的发展过程。3 根桩存在的共同特点是加载开始时，各段承担的荷载都在迅速增长，说明支盘桩的各部分一开始就承担了一部分的桩顶荷载。其中第 3 段承担荷载增长速度较快，最先达到极限值，原因是第 3 段只有侧摩阻力，而且长度相对较短。1 号桩第 3 段在桩顶沉降为 3.09 mm 时承载能力基本上已经完全发挥，沉降达到 4.03mm 后承载量又有所增加，但增加的幅度不大；2 号桩为 4mm；3 号桩为 4.66mm，都小于 5mm。因此对于本工地的 3 根试桩来说，第 3 段承载力发挥到极限所需的桩顶沉降都在 5mm 以内。随后第 1 段、第 2 段的承载力相继达到最大值。1 号桩由于第 2 段分

支上移,该段分担荷载减少,但是第 1 段的承载力得到补充,从图 5-10(a)上看,1
号桩第 2 段的极限承载力只高出第 1 段 10.1％;2 号桩、3 号桩第 2 段由于分支的
存在,该段承载力比第 1 段有较大提高,分别高出 32.3％和 27.6％。第 4 段在达
到桩身极限承载力以前所承担的荷载一直处于增长状态,但是在桩顶沉降达到
5mm 以后增长速度变慢。第 5 段分担的荷载一直增长较快,当支盘桩达到极限承
载力时,桩身上部各部分的承载能力都发挥到了极限,此后增加的荷载几乎全部由
该段承担。

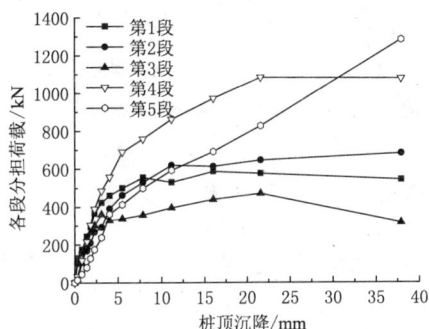

(a)1号桩各段分担的荷载与桩顶沉降的关系　　　(b)2号桩各段分担的荷载与桩顶沉降的关系

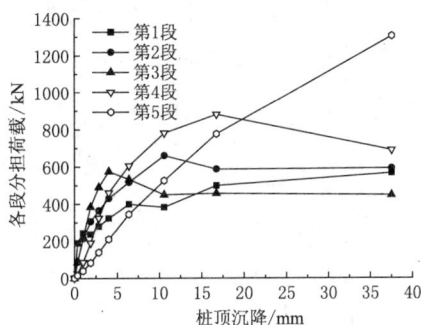

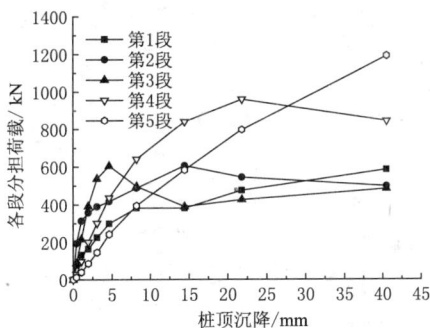

(c)3号桩各段分担的荷载与桩顶沉降的关系

图 5-10　各段分担的荷载与桩顶沉降的关系

4.桩身各分段分担的荷载百分比与桩顶沉降的关系

图 5-11 为支盘桩桩身各段分担的荷载百分比随桩顶沉降的变化关系。从 3
根桩曲线可以看出,第 1 段分担桩顶荷载的百分比随桩顶沉降的增加而减小,1
号、2 号、3 号桩分别从 43.4％、47％、48.5％降至 13.9％、15.7％、13.8％。虽然在
此过程中,2 号桩第 1 段分担的荷载在一定范围内发生变化,但总体上呈现下降趋
势,说明最初桩顶施加的荷载主要由第 1 段承担,后来逐渐向下传递;各桩第 2 段
分担的荷载百分比随桩顶沉降增加而减小,且出现连续的震荡过程,但基本上都是

下降的,分别从 34%、21.7%、19.2%下降到 17.5%、16.4%、16.2%;第 3 段和第 4 段发展趋势比较相似,随桩顶沉降的增加,分担荷载百分比先上升后下降,并且出现一个峰值,1 号、2 号、3 号桩第 3 段峰值分别出现在桩顶沉降为 1.81mm、1.87mm、3.09mm,第 4 段峰值分别出现在 21.55mm、10.55mm、14.43mm。说明在桩顶沉降分别达到上述数值时,桩相应分段承载力达到了极限状态。由此看来,即使在同一场地上,相邻很近的桩,各段达到极限承载力相应的沉降值也是不一样的,甚至差别较大。这是由场地土的土工参数离散性所致,反映了土的不均匀性;第 5 段分担荷载百分比随桩顶沉降的变化比较简单,从加载开始,该段分担的荷载一直呈增加趋势,3 号桩分别从最初加载时的 5.1%、3.8%、3.0%增加到破坏时的 32.9%、36.2%、33.1%,而且最终也没有达到极限值,还有相当大的承载能力。

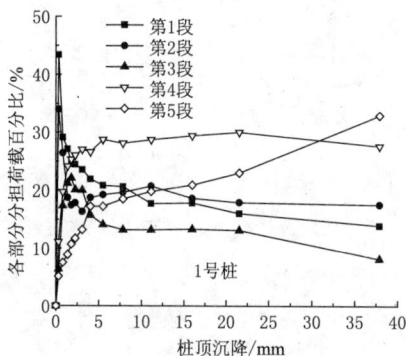

（a）1号桩各段分担的荷载百分比与桩顶沉降的关系　（b）2号桩各段分担的荷载百分比与桩顶沉降的关系

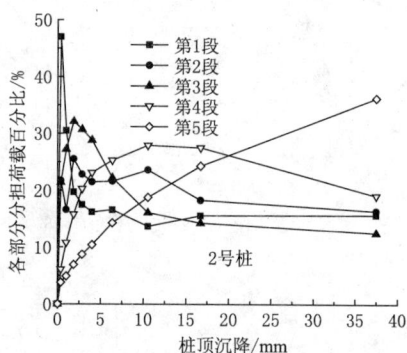

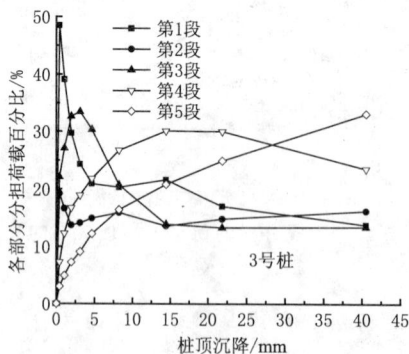

（c）3号桩各段分担的荷载百分比与桩顶沉降的关系

图 5-11　各段分担的荷载百分比与桩顶沉降的关系

5.3　支盘桩极限承载力的预测及分段承载力的拟合

5.3.1　支盘桩极限承载力的预测

单桩的极限承载力是桩基设计的一个主要参数。目前,确定单桩极限承载力的方法主要有静载荷试验法、高应变试验法、理论分析法和经验方法。由于桩的极限承载力受到桩的长度、截面几何型状、截面尺寸及桩周土的特性、施工方法及施工质量等许多因素的影响,要建立一个能够全面表达这些因素影响的理论分析模式或经验公式相当困难。因此,单桩静载荷试验是确定单桩极限承载力的最直观、最可靠的方法之一,也是我国规范规定的方法。然而在工程实践中,由于荷载装置、试桩费用、工程施工进度以及试验终止条件等限制,未能将试桩压至破坏,所得的 Q-s 曲线是不完整的,不能直接得到单桩极限承载力。此时,如何利用已获得的实测数据,合理地预测单桩极限承载力,具有非常重要的意义。对此,国内外学者进行了大量研究,提出了多种数学模型预测方法。常用的有指数方程法、对数曲线法、抛物线法、灰色预测法等(邓志勇等,2002)。其中,双曲线法是比较简单、实用、拟合精度较高的方法之一(张海东,1990)。以前对桩承载力的预测只限于传统桩型,支盘桩是一种新的桩型,其荷载传递性状比较复杂,目前对其极限承载力的确定一般采用单桩静载荷试验方法,通过预测的方法来确定支盘桩的极限承载力的有关研究还比较少,本节利用双曲线法对支盘桩的极限承载力预测做了尝试。

1.双曲线法的基本原理

假设试桩的 Q-s 曲线符合双曲线方程

$$Q = \frac{s}{ks + c} \qquad (5\text{-}4)$$

式中:Q——桩顶荷载,荷载此处用单位 t 表示;

　　s——桩顶沉降,mm;

　　k、c——拟合参数。

则桩的极限承载力 Q_u 为

$$Q_u = \lim_{s \to \infty} \frac{s}{ks + c} \qquad (5\text{-}5)$$

经变换,式(5-4)可以写成 $\dfrac{s}{Q} = ks + c$

令 $y = s/Q$,$x = s$,则

$$y = kx + c \qquad (5\text{-}6)$$

根据最小二乘法原理,可以求出

$$k = \frac{\sum\limits_{i=1}^{n} x_i y_i - n\bar{x}\,\bar{y}}{\sum\limits_{i=1}^{n} x_i^2 - n\bar{x}^2} = \frac{l_{xy}}{l_{xx}}, \quad c = \bar{y} - k\bar{x} \tag{5-7}$$

相关系数

$$\gamma = \frac{l_{xy}}{\sqrt{l_{xx}}\,\sqrt{l_{yy}}}$$

式中

$$\bar{x} = \frac{1}{n}\sum_{i=1}^{n} x_i, \quad \bar{y} = \frac{1}{n}\sum_{i=1}^{n} y_i, \quad l_{yy} = \sum_{i=1}^{n} y_i^2 - n\bar{y}^2$$

上述方法假定位移趋于无穷大时对应的荷载为极限荷载（确切地说为破坏荷载），需再乘以经验性的修正系数（为 0.8～0.9 或 0.7～0.9），才得到外推的极限承载力，此处取 0.85。

按照式(5-4)～式(5-7)，求出 $Q=1/k$ 即为初步预测的极限承载力，在此基础上乘以折减系数 0.85，所得的荷载值作为预测极限承载力 $Q_f=0.85Q$，与实测极限承载力 Q_u 进行对比，误差 $e=(Q_f/Q_u-1)\times100(\%)$。

本次收集到的来自河南、天津、北京、浙江、江苏等地的不同工程地质条件、不同尺寸的 110 根支盘桩的试桩资料，除了 1～7 号桩为作者收集的河南省的现场实测现场资料外，其他的 103 根桩来自有关文献。其中，试桩资料完整的（桩顶沉降超过 40mm，或沉降虽然没有超过 40mm 但达到了极限承载力的）桩共有 44 根。预测时，首先验证拟合双曲线对支盘桩 Q-s 曲线的接近程度，拟合的过程中，根据双曲线法的适用范围剔除开始加载时曲线基本呈直线的几级荷载和接近破坏的几级荷载。通过对 110 根支盘桩的 Q-s 曲线进行拟合，结果表明，s/Q-s 直线的相关系数 γ 都接近于 1，说明 s/Q 与 s 的线性关系较好。拟合双曲线与实测曲线在加载的前期和中期吻合较好，加载后期多数曲线出现不同程度的偏离，但预测极限荷载数值的 1/2 所对应的桩顶沉降较小，而且在此范围内，两曲线比较接近。因此，如果取安全系数为 2，即预测极限荷载的 1/2 作为桩顶容许承载力能够满足工程要求。桩顶沉降的取值方法为：试桩的沉降没有达到 40mm 也没有达到极限承载力的，按照最后一级荷载对应的沉降取值；沉降小于 40mm 但达到极限承载力的，取极限承载力对应的沉降；最终沉降超过 40mm，则取 40mm 的前一级沉降值。

2. 预测成果

表 5-2～表 5-4 是上述试验桩预测结果。

表 5-2　1 号桩极限承载力预测结果

$Q(t)$	s/mm	s/Q	k	c	$1/k$	$\sum k/n$	相关系数 γ	$Q_{\max}/t$
0	0							
30	0.32							
60	0.81							
90	1.39							
120	1.81							
150	2.28	0.0152						
180	3.09	0.017167				0.00239		356
210	4.03	0.01919						
240	5.5	0.022917	0.002383	0.009742	419.6674		0.999493	
270	7.84	0.029037	0.002518	0.009197	397.0903		0.999473	
300	11.14	0.037133	0.002528	0.009048	395.5073		0.999897	
330	15.99	0.048455	0.002427	0.009831	412.0386		0.999719	
360	21.55	0.059861	0.002248	0.011852	444.7625		0.999196	
390	37.89	0.097154	0.002238	0.012219	446.8689		0.999861	

表 5-3　2 号桩极限承载力预测结果

$Q(t)$	s/mm	s/Q	k	c	$1/k$	$\sum k/n$	相关系数 γ	$Q_{\max}/t$
0	0							
40	0.37							
80	1	0.0125						
120	1.87	0.015583						
160	2.84	0.01775				0.002506		339
200	4	0.02	0.002452	0.010505	407.786		0.989683	
240	6.38	0.026583	0.00244	0.010775	409.8719		0.997001	
280	10.55	0.037679	0.002623	0.009919	381.3101		0.999318	
320	16.73	0.052281	0.002531	0.010306	395.0981		0.999343	
360	37.5	0.104167	0.002484	0.01098	402.5142		0.999948	

图 5-12 说明双曲线法适用于挤扩支盘桩极限承载力的预测。由于支盘桩受力过程复杂,部分桩预测误差较大(超过 15%),但总体误差变异系数为 0.004195,数值较小,预测值具有较高的可靠度,能够满足工程精度的要求。随后对 44 根有完整沉降曲线桩的极限承载力进行预测,并把预测值 Q_f 与实测值 Q_u 进行对比。结果表明,除了 19 号和 23 号桩的预测极限承载力与实测极限承载力相差较大(Q_f/Q_u 分别为 2.260952 和 2.027792)外,其他桩的 Q_f/Q_u 的值均接近于 1。排除

这两根桩后所得误差均值为 1.002833,标准差为 0.104199,变异系数为0.103855。误差的分布如图 5-13 所示。

表 5-4　3 号桩极限承载力预测结果

$Q(t)$	s/mm	s/Q	k	c	$1/k$	$\sum k/n$	相关系数 γ	$Q_{\max}/t$
0	0							
40	0.42							
80	1.06	0.01325						
120	1.95	0.01625						
160	3.09	0.019313						
200	4.66	0.0233	0.002761	0.010601	362.2066	0.002703	0.998125	316
240	8.23	0.034292	0.00288	0.010378	347.1915		0.999033	
280	14.43	0.051536	0.002863	0.010344	349.2875		0.999738	
320	21.83	0.068219	0.00261	0.012261	383.0795		0.997766	
360	40.51	0.112528	0.002399	0.015667	416.8617		0.999563	

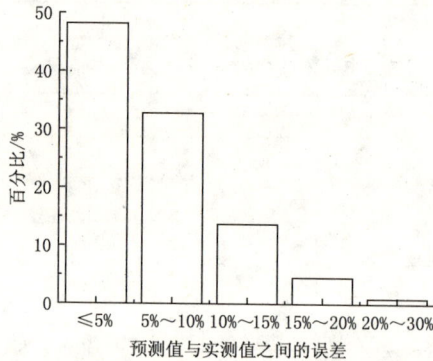

图 5-12　所有桩预测值与实测值之间的误差分布

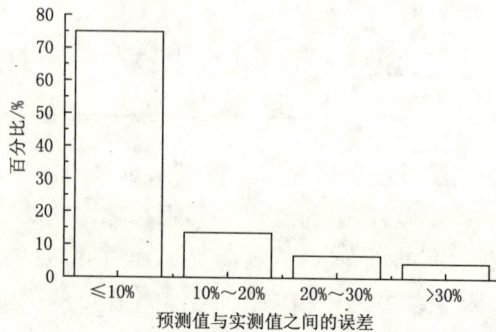

图 5-13　44 根有完整 Q-s 曲线桩预测值与实测值之间误差分布

对上文试验桩进行预测的结果见图 5-14。由图可见,预测曲线与实测曲线比较接近,说明预测结果安全、可靠。

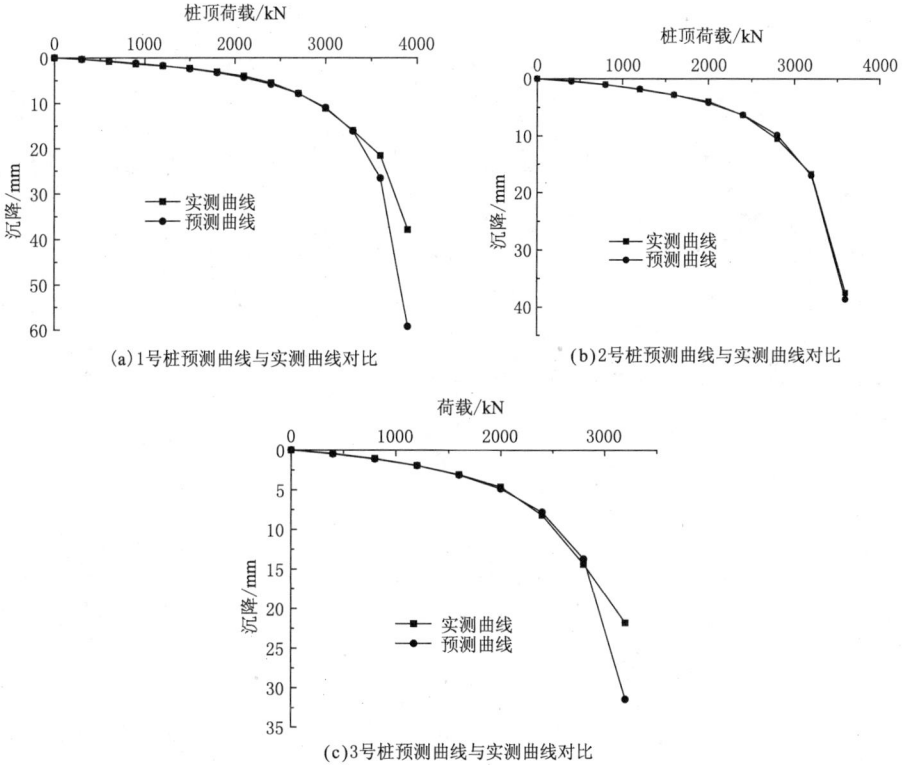

(a)1号桩预测曲线与实测曲线对比

(b)2号桩预测曲线与实测曲线对比

(c)3号桩预测曲线与实测曲线对比

图 5-14　预测曲线与实测曲线对比

5.3.2　分段平均摩阻力 q 与沉降 s 之间的双曲线拟合

由 5.2 节得到支盘桩各分段承担的荷载以后,由下式可算出各直桩段的平均摩阻力和含承力盘或分支段的等效平均摩阻力。

第 i 级荷载下第 j 直桩段的平均摩阻力为

$$q_s(i,j) = F(i,j)/A_{sj} \tag{5-8}$$

式中:$q_s(i,j)$——直桩段的平均摩阻力,kPa;

A_{sj}——第 j 直桩段的侧表面积,m^2。

对于包含分支的第 2 段和包含承力盘的第 4 段,由式(5-8)得到的承载力中包含直桩段的摩阻力和支、盘的端承力,由于钢筋应力计安装位置的关系不能把两部分完全分开,为了分析方便,把该段分担的荷载简化为等效平均摩阻力,用 $q_p(i,j)$ 表示。$q_p(i,j)$ 可以用下式计算:

$$q_p(i,j) = F(i,j)/A_{pj} \tag{5-9}$$

式中：$q_p(i,j)$——包含分支或承力盘段的等效平均摩阻力，kPa；

  A_{pj}——包含分支或承力盘的桩段的侧表面积（分支、承力盘部位取侧向投影面积），m²。

  第 i 级荷载下桩身第 j 段中点处的竖向位移

$$s_{ij} = s_i - s_{ei}$$

式中：s_i——第 i 级荷载下桩顶总沉降量，mm；

  s_{ei}——第 i 级荷载下从测点到桩顶这一段桩的弹性压缩量，mm，$s_{ei} = \dfrac{Q_{ij}l}{E_p A}$；

  Q_{ij}——第 i 级荷载下第 j 段上截面处的轴力，N；

  l——从测点到桩顶的长度（包含支、盘的桩段，减去支、盘的高度），mm；

  E_p——桩身混凝土弹性模量，Pa；

  A——主桩身截面积，m²。

  通过上述计算得到桩侧分段摩阻力与相应桩段的中点处的位移关系如图5-15和图 5-16 所示。

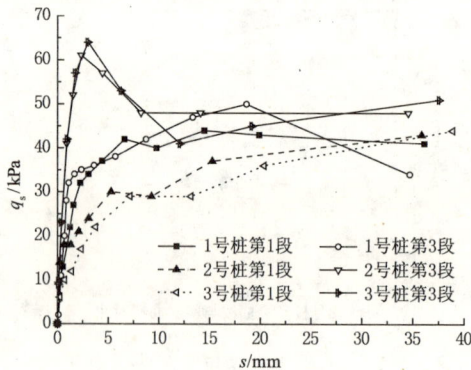

图 5-15　3 根桩平均侧阻力与相应竖向位移的关系

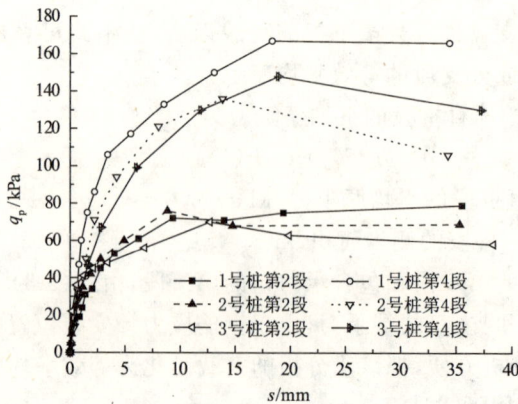

图 5-16　3 根桩平均等效侧阻力与相应竖向位移的关系

由图 3-15 图和图 5-16 可知,含有分支(3 根桩的第 2 段)或者承力盘(3 根桩的第 4 段)的桩段,极限侧阻力的值要高于直桩段(3 根桩的第 1 段和第 3 段),这是分支或承力盘利用土层端承力的缘故,也是支盘桩承载力高于直桩的原因之一。

桩侧摩阻力的发挥需要桩土之间发生相对位移,当相对位移达到一定值时,桩侧摩阻力达到极限值。《桩基础设计与计算》中的有关数据表明黏性土中桩土相对极限位移为 5~7mm,砂类土中为 10mm。本次试验中,完全由侧摩阻力的桩段为 3 根桩的第 1 段和第 3 段。处于桩身上部的第 1 段达到极限摩阻力所需的桩土相对位移较大,1 号桩为 15.99mm,2 号、3 号桩则在桩达到极限承载力时,其侧摩阻力仍在增长,均远远超过了上述文献的数值,这使得该段桩身的侧摩阻力能够充分发挥,这是支盘桩承载力高于直杆桩的另一个原因。按照直杆桩的荷载传递理论,处于下部的桩段,达到极限承载力所需的桩土相对位移应该大于上部,但是在本次试验中,1 号桩第 3 段达到极限摩阻力所需桩土位移为 19.36mm,而 2 号、3 号桩的第 3 段处于较深土层,但达到极限摩阻力所需的位移却很小,仅分别为 2.35mm 和 3mm。由此可见支盘桩的荷载传递过程的复杂性。

假设支盘桩分段侧摩阻力与相应桩土相对位移的关系可以近似用双曲线 $q = \dfrac{s}{ks+c}$ 来表示,该方程可以转化为一元线性方程 $f(s) = \dfrac{s}{q} = ks + c$,从而用最小二乘法求出 k、c 的值。得到各段相关系数 γ 及 k、c 的值见表 5-5。

表 5-5　各分段的 γ 与 k、c 值列表

桩号	参数	第 1 段	第 2 段	第 3 段	第 4 段
1 号桩	γ	0.998782	0.98967	0.998755	0.997629
	k	0.021133	0.011216	0.02178	0.005854
	c	0.021055	0.030017	0.02555	0.013911
2 号桩	γ	0.991176	0.996625	0.996132	0.988711
	k	0.027597	0.012778	0.013565	0.005689
	c	0.049834	0.020331	0.008688	0.019965
3 号桩	γ	0.997156	0.996826	0.993895	0.998824
	k	0.025926	0.016035	0.014902	0.005668
	c	0.071906	0.014915	0.005759	0.026359

对于 1 号桩,第 1 段、第 2 段、第 3 段、第 4 段用双曲线表示的方程分别为

$$q_1 = \frac{s}{0.021133s + 0.021055}, \quad q_2 = \frac{s}{0.011216s + 0.30017}$$

$$q_3 = \frac{s}{0.02178s + 0.02555}, \quad q_4 = \frac{s}{0.005854s + 0.013911}$$

2 号桩各段的方程为

$$q_1 = \frac{s}{0.027597s + 0.049834}, \quad q_2 = \frac{s}{0.012778s + 0.020331}$$

$$q_3 = \frac{s}{0.013565s + 0.008688}, \quad q_4 = \frac{s}{0.005689s + 0.019965}$$

3 号桩各段的方程为

$$q_1 = \frac{s}{0.025926s + 0.071906}, \quad q_2 = \frac{s}{0.016035s + 0.014915}$$

$$q_3 = \frac{s}{0.014902s + 0.005759}, \quad q_4 = \frac{s}{0.005668s + 0.026359}$$

由表 5-5 可以看出,各分段的相关系数接近 1,说明回归效果比较显著。把上述参数 k、c 值分别代入 $q = \frac{s}{ks + c}$ 中,可得到分段的 q-s 关系曲线。其与实测曲线的对比如图 5-17 和图 5-18 所示(为了显示各段侧阻力的发展趋势,图中包含了最后一级加载的数据)。

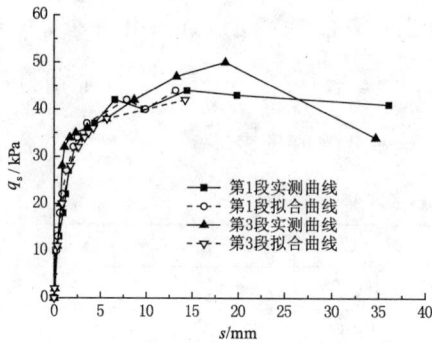

(a)1号桩直桩段拟合曲线与实测曲线对比

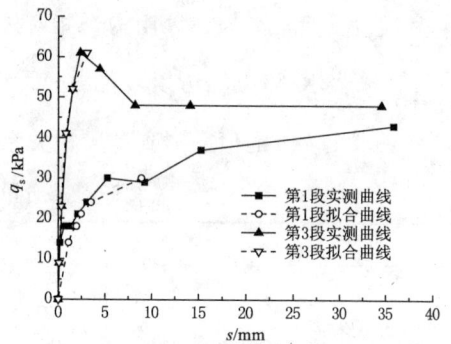

(b)2号桩直桩段拟合曲线与实测曲线对比

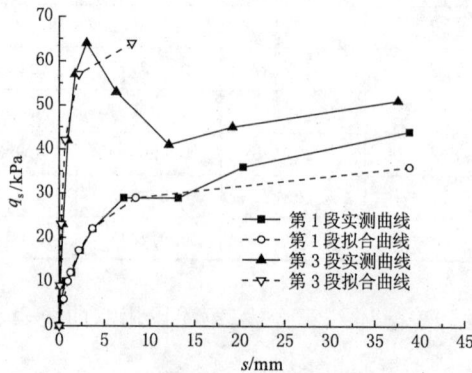

(c)3号桩直桩段拟合曲线与实测曲线对比

图 5-17　直桩段拟合曲线与实测曲线对比

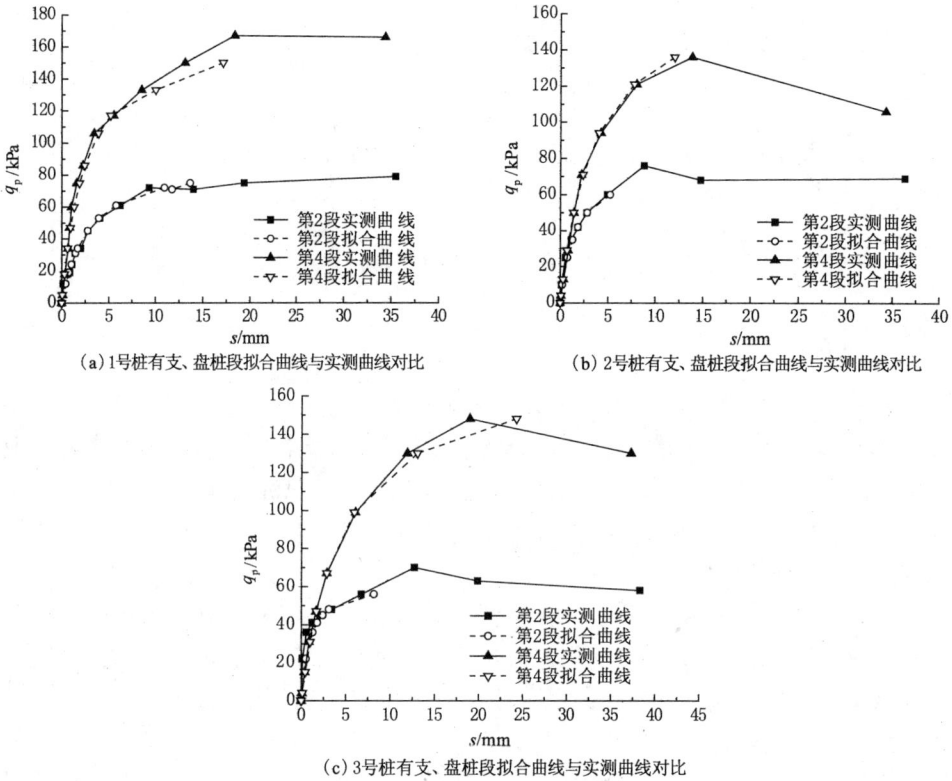

(a) 1号桩有支、盘桩段拟合曲线与实测曲线对比

(b) 2号桩有支、盘桩段拟合曲线与实测曲线对比

(c) 3号桩有支、盘桩段拟合曲线与实测曲线对比

图 5-18　有支、盘桩段拟合曲线与实测曲线对比

从图 5-17 和图 5-18 可以看到，在支盘桩达到极限承载力以前，各分段的 q-s 曲线有两种型式，一种是硬化型，一种是软化型。硬化型曲线表示该段桩身的侧阻力持续增长，未达到极限值或刚好达到极限值(不考虑工程意义)。如 1 号桩的第 2 段、第 3 段、第 4 段，2 号、3 号桩的第 1 段和第 4 段。其中 1 号桩的第 3 段、第 4 段和 2 号、3 号桩的第 4 段，在桩达到极限承载力时，摩阻力也刚好达到极限值，而其余的 3 段在桩顶极限荷载作用下的摩阻力仍在增长。软化型曲线说明该段的极限侧阻力已经发挥，当前荷载下的侧阻力低于它的极限值，如 1 号桩的第 1 段，2 号、3 号桩的第 2 段和第 3 段。支盘桩各分段的 q-s 曲线在达到该段的极限承载力以前，基本上符合双曲线函数关系。总体来看，具有硬化型的曲线拟合效果优于软化型的曲线。这是由于双曲线关系是适用于 q-s 关系为缓变型的曲线，软化型曲线在达到曲线峰值后曲线斜率出现负值，侧阻力降低，而位移却不断增加，说明桩周土发生的塑性变型过大，这时双曲线法已不再适用；而对于硬化型曲线，q-s 曲线变化相对平缓，符合双曲线法的使用条件。尽管如此，在某些情况下，支盘桩的静载荷试验未加载到桩的破坏阶段，要了解各分段的极限承载力，也可用此法进行估算(高笑娟，2007)。

第6章 有限元法

6.1 有限元法概述

6.1.1 引言

有限元方法是 20 世纪 40 年代随着电子计算机的发展而发展起来的一种求解偏微分方程的数值计算方法。它适用性强,使用广泛,是各个学科领域与各种产业部门普遍采用的工程与科学计算方法。现在,它已应用于机械、电子、建筑、采矿采油、航空航天、核电、水电、环保、大气等现代科技和工程中,成为科学研究和工程计算的一种最重要的方法。

有限元法分为位移法、力法和混合法。以位移为基本未知量的求解方法称为位移法;以应力为基本未知量的求解方法称为力法;一部分以位移另一部分以应力作为基本未知量的求解方法称为混合法。由于位移法通用性较强,计算机程序处理简单、方便,因此得到了广泛应用。

有限元法的优点是解题能力强,可以比较精确地模拟各种复杂的曲线或曲面边界,网格的划分比较随意,可以统一处理多种边界条件,离散方程的型式规范,便于编制通用的计算机程序,在固体力学方程的数值计算方面取得巨大的成功。但是在应用于流体流动和传热方程求解的过程中却遇到一些困难,其原因在于,按加权余量法推导出的有限元离散方程也只是对原微分方程的数学近似,当处理流动和传热问题的守恒性、强对流、不可压缩条件等方面的要求时,有限元离散方程中的各项还无法给出合理的物理解释,对计算中出现的一些误差也难以进行改进。

6.1.2 有限元法的概念

有限元法也称为有限单元法(finite element method,FEM),有限元法最初是建立在固体流动变分原理基础之上的,用于固体力学问题的数值计算。

6.1.3 有限元法的基本步骤

用有限元进行分析时,首先将被分析物体离散成为许多小单元,其次给定边界条件、载荷和材料特性,然后求解线性或非线性方程组,得到位移、应力、应变、内力等结果,最后在计算机上,使用图型技术显示计算结果。总之,目前的商用有限元程序不但分析功能几乎覆盖了所有的工程领域,其程序使用也非常方便,只要有一定基础的工程师都可以在不长的时间内应用它来分析实际工程项目,这就是它能被迅速推广的主要原因之一。

用有限元法分析问题时的计算步骤繁多,其中具体的计算步骤叙述如下。

1.连续体离散化

首先,应根据连续体的型状选择最能完满地描述连续体型状的单元,其次,进行单元划分,将求解区域用点、线或面剖分为有限数目的单元,单元型状原则上是任意的。单元划分完毕后,要将全部单元和结点按一定顺序编号,每个单元所受的荷载均按静力等效原理移植到结点上,并在位移受约束的结点上根据实际情况设置约束条件。例如,在平面问题中通常采用三角型单元,有时也采用矩型或任意四边型单元。在空间问题中,可以采用四面体、长方体或任意六面体单元。

由此可见,不管采用什么样的单元型状,在一般情况下,单元的边界总不可能与求解的区域完全吻合,这就带来了有限元法的一个基本近似性——几何近似。在一个具体结构中,确定单元的类型和数目以及哪些部位的单元可以取大一些,哪些部位的单元可以取小一些,这是一个需要由经验作出判断的过程。如果划分单元数目非常多而又合理,则所获得的结果就与实际情况相符合。

2.选择位移模式(或称位移函数)

根据单元的材料性质、型状、尺寸、节点数目、位置及其含义等,找出单元节点力和节点位移的关系式,这是单元分析中的关键一步。此时需要应用弹性力学中的几何方程和物理方程来建立力和位移的方程式,从而导出单元刚度矩阵。

位移函数是表示单元内任一点随位置变化的函数式,因往往往用节点位移来表示它们,所以又叫位移插值函数。由于所采用的函数是一种近似的试函数,一般不能精确地反映单元中真实的位移分布,这就带来了有限元法的另一个近似性。通常假定位移函数为多项式型式,如弹性平面问题三角型单元,最简单的位移函数可以选为线性多项式。

3.建立单元刚度方程

选定单元的类型和位移模式后,按最小势能原理建立单元刚度方程,它实际上是单元各个节点的平衡方程,其系数矩阵称为单元刚度矩阵,即

$$K_e \delta_e = F_e \tag{6-1}$$

式中:角标 e——单元编号;

δ_e 和 F_e——单元的节点位移和节点力向量;

K_e——单元的刚度矩阵,它的每一个元素都反映了一定的刚度特性,即产生单位位移所需施加的力。

单元刚度矩阵通常用变分法建立,它与位移函数、单元型状、单元性质及本构关系有关。

4.集合单元刚度方程,型成有限元法的基本方程

有限元法的分析过程是先分后合,即先进行单元分析,在建立了单元刚度方程以后,再进行整体分析,把这些方程集合起来,型成整个求解区域的刚度方程,称为有限元法基本方程。常用的集合方法是对号集成法(直接刚度法)或变分法,集合所遵循的原则是相邻各单元在共同节点处具有相同的位移。

有限元法基本方程在型式上与单元刚度方程相同,但规模大得多,因为它含有所有的节点,即

$$K\delta = P \tag{6-2}$$

式中:K——结构总刚度矩阵,$K = \sum K_e$;

　　　δ——整体节点位移向量;

　　　P——整体节点荷载向量。

5.求解基本方程,得到所有节点位移分量

根据结构实际的边界位移约束条件,对基本方程进行处理后可进行求解。

6.由节点位移求的内力或应力

根据弹性力学几何方程和物理方程算出各单元的应变和应力。

6.2　有限元法的发展

大约 300 年前,牛顿和莱布尼茨发明了积分法,证明了该运算具有整体对局部的可加性。虽然,积分运算与有限元技术对定义域的划分是不同的,前者进行无限划分而后者进行有限划分,但积分运算为实现有限元技术准备好了一个理论基础。

在牛顿之后约 100 年,著名数学家高斯提出了加权余值法及线性代数方程组的解法。这两项成果的前者被用来将微分方程改写为积分表达式,后者被用来求解有限元法所得出的代数方程组。18 世纪,另一位数学家拉格朗日提出泛函分析,泛函分析是将偏微分方程改写为积分表达式的另一途经。

19 世纪末 20 世纪初,数学家瑞雷和里兹首先提出可对全定义域运用展开函数来表达其上的未知函数。1915 年,数学家伽辽金提出了选择展开函数中型函数的伽辽金法,该方法被广泛地用于有限元。1943 年,数学家库朗德第一次提出了可在定义域内分片地使用展开函数来表达其上的未知函数。这实际上就是有限元的做法。

到这时为止,实现有限元技术的第二个理论基础也已确立。

有限元法的基本思想早在 20 世纪 40 年代初期就有人提出。1941 年 Hreni-koff 首先提出用隔栅的集合体表示二维与三维的结构体,这是离散化的最早思想。1943 年 Courant 也应用了"单元"的概念,但当时没有引起人们的注意和重视。到了 20 世纪 50 年代,由于工程上的需要,特别是高速电子计算机的出现与应用,有限元法才在结构分析矩阵方法的基础上迅速发展起来,并得到越来越广泛的应用。1952 年 Langefors 采用了矩阵变换方法对壳体进行结构分析。1954~1955 年 Argyris 航空工程杂志上相继发表了一系列有关结构分析矩阵方法的论文,并于 1960 年出版了《能量原理与结构分析》一书。它对弹性结构的基本能量原理作了综合和推广,并发展实际的分析方法,成为结构分析、矩阵方法的经典著作之一。

1956 年 Turner、Clough、Martin 和 Topp 等在他们的著作中,提出了计算复杂结构刚度影响系数的方法,并应用电子计算机进行计算分析。他们将刚架位移法的思路,推广应用于弹性力学平面问题,把连续体划分成单个的三角型和矩型单元,单元中的位移函数采用近似的表达式,推导单元的刚度矩阵,建立结点位移与结点力之间的单元刚度方程。1959 年 Turner 在《结构分析的直接刚度法》一文中正式提出了用直接刚度法集合有限元的总方程组。1960 年,Clough 在他的名为 *The finite element in plane stress analysis* 的论文中首次提出了有限元(finite element)这一术语。几乎与此同时,我国的冯康也独立提出了类似的方法。

1960~1970 年,许多学者,例如 Meloshi、Besseling、Jones、Herrmann、Biot、Prager、董平等对各种不同变分原理的有限元模型做出了卓越的贡献。

1969 年 Oden 从能量平衡法出发,成功地列出了热弹性问题有限元解析的方程组。斯查勃 Szabo 和 Lee 在 1969 年利用伽辽金法得到了平面问题的有限元解。

从单元的类型而言,已从一维的杆单元、二维的平面单元发展到三维的空间单元、板壳单元、管单元等;从常应变单元发展到高次单元。1966 年 Ergatoudia、Irons 和 Ziellkiewicz 为等参单元的发展奠定了基础,使计算精度有了较大的提高,并可适用各种复杂的几何型状和边界条件。

从应用数学角度来看,有限元法的基本思想的提出,可以追溯到 Courant 在 1943 年的工作,他第一次尝试应用定义在三角型区域上的分片连续函数和最小位能原理相结合,求解 St. Venant 扭转问题。三十多年来有限元法的理论和应用都得到迅速的,持续不断的发展。1963~1964 年,Besselingt、Melosh 和 Jones 等证明了有限元法使基于变分原理的里茨(Ritz)法的另一种型式,从而使里兹法分析的所有理论基础都适用于有限元法,确认了有限元法是处理连续介质问题的一种普遍方法。在应用范围上,有限元法已由弹性力学问题扩展到空间问题、板壳问题、由静力平衡问题扩展到稳定问题、动力问题和波动问题。分析的对象从弹性材料扩展到塑性、黏弹性、黏塑性和复合材料等。有限元法起源于结构分析理论,近年来由于它的理论与公式逐步改进和推广,不仅在结构理论本身范围内由静力分析发展到动力问题、稳定问题和波动问题,由线性发展到非线弹性和塑性,而且该方法已经在连续体力学的一些场问题中得到应用。20 世纪 70 年代在英国科学家 Zienkiewicz 等的努力下,将它推广到各类场问题的数值求解,如温度场、热传导、流体力学、电磁场等。

有限元法是计算机时代的产物。虽然有限元的概念早在 20 世纪 40 年代就有人提出,但由于当时计算机尚未出现,它并未受到人们的重视。随着计算机技术的发展,有限元法在各个工程领域中不断得到深入应用,现已遍及宇航工业、核工业、机电、化工、建筑、海洋等,是机械产品动、静、热特性分析的重要手段。早在 70 年代初期就有人给出结论:有限元法在产品结构设计中的应用,使机电产品设计产生革命性的变化,理论设计代替了经验类比设计。由于有限元法的通用性,它已经成为解决各种问题的强有力和灵活通用的工具。

6.3　有限元分析软件介绍

有限元法经过多年的发展,其基本的数值算法都已经固定下来,商业化的软件也超过 1000 种。目前,有限元法仍在不断发展,理论上不断完善,各种有限元分析程序包的功能越来越强大,使用越来越方便。国际上早在 20 世纪 60 年代初就开始投入大量的人力和物力开发有限元分析程序,但真正的 CAE(computer aided engineering)软件是诞生于 70 年代初期,不少国家编制了大型通用的计算机程序,其中比较常用的 CAE 软件有:SAP、ADINA、ANSYS、ALGOR、NASTRAN、ABAQUS、COSMOS 和 MARC。

ANSYS 软件致力于耦合场的分析计算,能够进行结构、流体、热、电磁四种场的计算,已博得了世界上数千家用户的钟爱。ADINA 非线性有限元分析软件由著名的有限元专家、麻省理工学院的 Bathe 教授领导开发,其单一系统即可进行结构、流体、热的耦合计算。并同时具有隐式和显式两种时间积分算法。由于其在非线性求解、流固耦合分析等方面的强大功能,迅速成为有限元分析软件的后起之秀,现已成为非线性分析计算的首选软件。非线性分析软件 MARC,成为目前世界上规模最大的有限元分析系统。

6.3.1　有限元分析方法的发展趋势

1. 与 CAD 软件的集成

当今有限元分析软件的一个发展趋势是与通用 CAD 软件的集成使用,即在用 CAD 软件完成部件和零件的造型设计后,能直接将模型传送到 CAE 软件中进行有限元网格划分并进行分析计算,如果分析的结果不满足设计要求则重新进行设计和分析,直到满意为止,从而极大地提高了设计水平和效率。为了满足工程师快捷地解决复杂工程问题的要求,许多商业化有限元分析软件都开发了和著名的 CAD 软件(如 Pro/ENGINEER、Unigraphics、SolidEdge、SolidWorks、IDEAS、Bentley 和 AutoCAD 等)的接口。有些 CAE 软件为了实现和 CAD 软件的无缝集成而采用了 CAD 的建模技术,如 ADINA 软件由于采用了基于 Parasolid 内核的实体建模技术,能和以 Parasolid 为核心的 CAD 软件(如 Unigraphics、SolidEdge、SolidWorks)实现真正无缝的双向数据交换。

2. 更为强大的网格处理能力

有限元法求解问题的基本过程主要包括:分析对象的离散化、有限元求解、计算结果的后处理三部分。由于结构离散后的网格质量直接影响到求解时间及求解结果的正确性与否,近年来各软件开发商都加大了其在网格处理方面的投入,使网格生成的质量和效率都有了很大的提高,但在有些方面却一直没有得到改进,如对三维实体模型进行自动六面体网格划分和根据求解结果对模型进行自适应网格划分,除了个别商业软件做得较好外,大多数分析软件仍然没有此功能。自动六面体网格划分是指对三维实体模型程序能自动的划分出六面体网格单元,现在大多数软件都能采用映射、拖拉、扫略等功能生成六面体单元,但这些功能都只能对简单规则模型适用,对于复杂的三维模型则只能采用自动四面体网格划分技术生成四面体单元。对于四面体单元,如果不使用中间节点,在很多问题中将会产生不正确的结果,如果使用中间节点将会引起求解时间、收敛速度等方面的一系列问题,因此人们迫切希望自动六面体网格功能的出现。自适应性网格划分是指在现有网格基础上,根据有限元计算结果估计计算误差、重新划分网格和再计算的一个循环过程。对于许多工程实际问题,在整个求解过程中,模型的某些区域将会产生很大的应变,引起单元畸变,从而导致求解不能进行下去或求解结果不正确,因此必须进行网格自动重划分。自适应网格往往是许多工程问题如裂纹扩展、薄板成形等大应变分析的必要条件。

3. 由求解线性问题发展到求解非线性问题

随着科学技术的发展,线性理论已经远远不能满足设计的要求,许多工程问题如材料的破坏与失效、裂纹扩展等仅靠线性理论根本不能解决,必须进行非线性分析求解,例如薄板成形就要求同时考虑结构的大位移、大应变(几何非线性)和塑性(材料非线性);而对塑料、橡胶、陶瓷、混凝土及岩土等材料进行分析或需考虑材料的塑性、蠕变效应时则必须考虑材料非线性。众所周知,非线性问题的求解是很复杂的,它不仅涉及很多专门的数学问题,还必须掌握一定的理论知识和求解技巧,学习起来也较为困难。为此国外一些公司花费了大量的人力和物力开发非线性求解分析软件,如 ADINA、ABAQUS 等。它们的共同特点是具有高效的非线性求解器、丰富而实用的非线性材料库,ADINA 还同时具有隐式和显式两种时间积分方法。

4.由单一结构场求解发展到耦合场问题的求解

有限元分析方法最早应用于航空航天领域,主要用来求解线性结构问题,实践证明这是一种非常有效的数值分析方法。而且从理论上也已经证明,只要用于离散求解对象的单元足够小,所得的解就可足够逼近于精确值。现在用于求解结构线性问题的有限元方法和软件已经比较成熟,发展方向是结构非线性、流体动力学和耦合场问题的求解。例如,由于摩擦接触而产生的热问题,金属成形时由于塑性功而产生的热问题,需要结构场和温度场的有限元分析结果交叉迭代求解,即"热力耦合"的问题。当流体在弯管中流动时,流体压力会使弯管产生变型,而管的变型又反过来影响到流体的流动……这就需要对结构场和流场的有限元分析结果交叉迭代求解,即所谓"流固耦合"的问题。由于有限元的应用越来越深入,人们关注的问题越来越复杂,耦合场的求解必定成为 CAE 软件的发展方向。

5.程序面向用户的开放性

随着商业化的提高,各软件开发商为了扩大自己的市场份额,满足用户的需求,在软件的功能、易用性等方面花费了大量的投资,但由于用户的要求千差万别,不管他们怎样努力也不可能满足所有用户的要求,因此必须给用户一个开放的环境,允许用户根据自己的实际情况对软件进行扩充,包括用户自定义单元特性、用户自定义材料本构(结构本构、热本构、流体本构)、用户自定义流场边界条件、用户自定义结构断裂判据和裂纹扩展规律等。

关注有限元的理论发展,采用最先进的算法技术,扩充软件的能,提高软件性能以满足用户不断增长的需求,是 CAE 软件开发商的主攻目标,也是其产品持续占有市场,求得生存和发展的根本之道。

6.3.2　ABAQUS 软件简介(Hibbitt,2002)

美国 ABAQUS 软件公司于 1978 年成立,在北美、欧洲、亚太地区共有近 40个分公司或代表处,其研制的 ABAQUS 软件已被全球工业用户广泛接受,并拥有世界最大的非线性力学用户群。同时,公司研发队伍不断吸取最新的分析理论和计算机技术,引领着全世界有限元非线性技术的发展。

ABAQUS 被广泛地认为是功能非常强的非线性有限元软件,可以分析复杂的结构力学系统,尤其能够驾驭非常庞大复杂的问题和模拟高度非线性问题。ABAQUS 不但可以做单一零件的力学和多物理场的分析,同时还可以做系统级的分析以及研究。ABAQUS 优秀的分析能力和模拟复杂系统的可靠性使其被各国的工业领域和研究领域广泛采用,在大量的高科技产品研究中发挥着巨大的作用。

ABAQUS 包括一个十分丰富的、可模拟任意实际型状的单元库,并拥有与之对应的各种类型的材料模型库,可以模拟大多数典型工程材料的性能,其中包括金属、橡胶、高分子材料、复合材料、钢筋混凝土、可压缩高弹性的泡沫材料以及各种土体和岩石等地质材料。

作为一种通用的模拟计算工具,ABAQUS 可以模拟结构领域的各种问题,如静力学、动力学、多体运动学、热传导、质量扩散、电子部件的热控制(热电耦合分析)、声学分析、岩土力学分析(流体渗透/应力耦合分析)及压电介质分析。

ABAQUS 为用户提供了广泛的功能,且使用起来非常简单。大量的复杂问题可以通过选项块的不同组合而容易地模拟出来,例如,对于复杂多构件问题的模拟,可以把定义每一构件的几何尺寸的选项块与相应的材料性质选项块结合起来。在大部分模拟中,甚至高度非线性问题,用户只需提供一些工程数据,如结构的几何型状、材料性质、边界条件及载荷工况。在一个非线性分析中,ABAQUS 能自动选择相应载荷增量和收敛限度,不仅能够选择合适的参数,而且能够连续调节参数以保证在分析过程中有效地得到精确解。用户通过准确的定义参数很好地控制数值计算结果(王金昌等,2006)。

第7章 竖向荷载下支盘桩承载性状数值模拟分析

在支盘桩发展的十余年中,学者们对其竖向承载力与变型特性等方面的研究采用了各种不同的方法,其中不乏有限单元法。已有的有限元分析几乎都是针对支盘桩本身的几何参数,未就桩周土对支盘桩承载力的影响进行系统分析。支盘桩承载力比普通摩擦桩高,是因为沿桩身设置了多个承力盘和分支,能够充分利用土层的承载作用。因此,除了桩本身的参数外,桩周土的性质对支盘桩的承载力发挥具有十分重要的影响,充分认识土参数对桩承载力的影响有着重要的意义。本章采用 ABAQUS 有限元软件就支盘桩周围土体的性质对桩承载力和荷载传递性状进行了研究。在试验结果的基础上对一个具有三个承力盘的支盘桩进行分析,研究了影响支盘桩承载力的土性参数,如土的内摩擦角、黏聚力、桩土界面间的摩擦系数及桩与桩周不同部位土的弹性模量比等参数对支盘桩承载力的影响;揭示了这些参数的改变对桩承载力的影响规律和影响程度。

ABAQUS 是美国 HKS 公司的产品,是一套先进的有限元分析软件,也是功能最强的有限元软件之一,可以分析复杂的固体力学和结构力学系统。软件设置了多种本构模型,可以有效模拟土的弹塑性,混凝土的开裂、损伤以及钢筋的塑性等,还有丰富的单元库,如无限元等。

7.1 模型和单元

7.1.1 桩、土本构模型

1. 桩身材料的线弹性模型

由于桩身刚度较大,在竖向荷载作用下一般很少发生强度破坏,本节对桩采用线弹性模型。线弹性体的张量型式本构关系为

$$\sigma_{ij} = \left[\frac{2G\mu}{1-2\mu}\delta_{ij}\delta_{kl} + G(\delta_{ik}\delta_{jl} + \delta_{il}\delta_{jk}) \right]\varepsilon_{kl} = D_{ijkl}\varepsilon_{kl} \qquad (7\text{-}1)$$

式中:D_{ijkl}——弹性张量分量;

E、μ——材料的弹性模量和泊松比。

D_{ijkl} 的矩阵型式为

$$D = \frac{E}{(1+\mu)(1-2\mu)} \begin{bmatrix} 1-\mu & \mu & \mu & 0 & 0 & 0 \\ & 1-\mu & \mu & 0 & 0 & 0 \\ & & 1-\mu & 0 & 0 & 0 \\ & & & \frac{1}{2}-\mu & 0 & 0 \\ & \text{sym} & & & \frac{1}{2}-\mu & 0 \\ & & & & & \frac{1}{2}-\mu \end{bmatrix}$$

$$G = \frac{E}{2(1+\mu)}$$

2. 土体材料的弹塑性本构模型（龚晓南, 1990）

土体的应力应变关系具有明显的非线性和塑性, 对于各向同性的硬化材料, 已知加载函数 ϕ, 则塑性势函数 Q、塑性标量因子 $d\lambda$ 及硬化模量 A 分别为

$$\varphi(\sigma_{ij}, H) = 0 \tag{7-2}$$

$$Q = Q(\sigma_{ij}, H) = 0 \tag{7-3}$$

$$d\lambda = \frac{1}{A} \frac{\partial \phi}{\partial \sigma_{ij}} d\sigma_{ij} \tag{7-4}$$

$$A = (-1) \frac{\partial \phi}{\partial H_\alpha} \frac{\partial H_\alpha}{\partial \varepsilon_{ij}^p} \frac{\partial Q}{\partial \sigma_{ij}} \tag{7-5}$$

根据弹塑性理论, 总应变量可分成弹性应变和塑性应变两部分, 其增量型式为

$$d\varepsilon_{ij} = d\varepsilon_{ij}^e + d\varepsilon_{ij}^p \tag{7-6}$$

弹性应变可以应用广义胡克定律计算

$$d\varepsilon_{ij}^e = [D_{ijkl}^e]^{-1} d\sigma_{kl} \tag{7-7}$$

塑性应变可以应用塑性增量理论计算

$$d\varepsilon_{ij}^p = d\lambda \frac{\partial Q}{\partial \sigma_{ij}} \tag{7-8}$$

将式（7-8）代入式（7-6）求得 $d\varepsilon_{ij}^e$ 后, 将 $d\varepsilon_{ij}^e$ 代入式（7-7）, 可得

$$d\sigma_{ij} = D_{ijkl}^e \left[d\varepsilon_{kl} - d\lambda \frac{\partial Q}{\partial \sigma_{ij}} \right] \tag{7-9}$$

对于各向同性材料, 有

$$d\phi = \frac{\partial \phi}{\partial \sigma_{kl}} d\sigma_{kl} + \frac{\partial \phi}{\partial H} \frac{\partial H}{\partial \varepsilon_{kl}^p} d\varepsilon_{kl}^p \tag{7-10}$$

将式（7-8）、式（7-9）、式（7-5）代入式（7-10）, 由张量运算可得

$$\frac{\partial \phi}{\partial \sigma_{ij}} D_{ijkl}^e d\varepsilon_{kl} - \frac{\partial \phi}{\partial \sigma_{mn}} D_{mnpq}^e d\lambda \frac{\partial Q}{\partial \sigma_{pq}} - A d\lambda = 0 \tag{7-11}$$

由式(7-4)求得

$$d\lambda = \frac{\frac{\partial \varphi}{\partial \sigma_{ij}} D^e_{ijkl}\, d\varepsilon_{kl}}{A + \frac{\partial \varphi}{\partial \sigma_{mn}} D^e_{mnpq} \frac{\partial Q}{\partial \sigma_{pq}}} \quad\quad (7\text{-}12)$$

这是各向同性硬化的 $d\lambda$ 一般表达式。将此式代入式(7-9)，可得各向同性材料的一般弹塑性表达式为

$$d\sigma_{ij} = \left[D^e_{ijkl} - \frac{\frac{\partial \varphi}{\partial \sigma_{ab}} D^e_{ijab} D^e_{cdkl} \frac{\partial \varphi}{\partial \sigma_{cd}}}{A + \frac{\partial \varphi}{\partial \sigma_{mn}} D^e_{mnpq} \frac{\partial Q}{\partial \sigma_{pq}}} \right] d\varepsilon_{kl} \quad\quad (7\text{-}13)$$

写成矩阵型式为

$$d\boldsymbol{\sigma} = \left[\boldsymbol{D}^e - \frac{\boldsymbol{D}^e \left(\frac{\partial Q}{\partial \boldsymbol{\sigma}}\right) \left(\frac{\partial \varphi}{\partial \boldsymbol{\sigma}}\right)^T \boldsymbol{D}^e}{A + \left(\frac{\partial \varphi}{\partial \boldsymbol{\sigma}}\right)^T \boldsymbol{D}^e \left(\frac{\partial Q}{\partial \boldsymbol{\sigma}}\right)} \right] d\boldsymbol{\varepsilon} \quad\quad (7\text{-}14)$$

$$\boldsymbol{D}^{ep} = \boldsymbol{D}^e - \boldsymbol{D}^p \quad\quad (7\text{-}15)$$

式中

$$\boldsymbol{D}^p = \frac{\boldsymbol{D}^e \left(\frac{\partial Q}{\partial \boldsymbol{\sigma}}\right) \left(\frac{\partial \varphi}{\partial \boldsymbol{\sigma}}\right)^T \boldsymbol{D}^e}{A + \left(\frac{\partial \varphi}{\partial \boldsymbol{\sigma}}\right)^T \boldsymbol{D}^e \left(\frac{\partial Q}{\partial \sigma}\right)}$$

为塑性矩阵。

本章分析中土体采用 Mohr-Coulomb 模型。在 π 平面上，Mohr-Coulomb 屈服条件是一个不等角的等边六边型，在主应力空间，Mohr-Coulomb 屈服条件的屈服面是一个棱锥面，中心轴线与等倾线重合。Mohr-Coulomb 屈服条件的三维应力空间的表达式为

$$\frac{1}{3} I_1 \sin\varphi + \sqrt{J_2}\, \sin\left(\theta + \frac{\pi}{3}\right) + \frac{\sqrt{J_2}}{\sqrt{3}} \cos\left(\theta + \frac{\pi}{3}\right) \sin\varphi - c\cos\varphi = 0 \quad\quad (7\text{-}16)$$

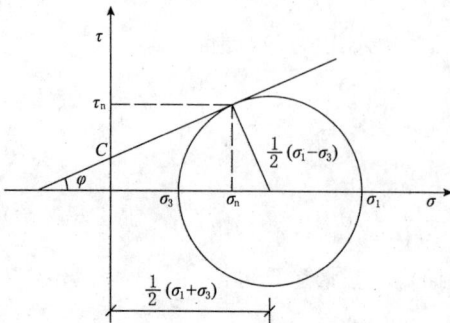

图 7-1　Coulomb 定律

式中：θ——由 $\cos 3\theta = \sqrt{2J_3/\tau_8^3}$ 定义；

I_1——应力张量第一不变量；

J_2、J_3——应力偏张量第二、第三不变量；

τ_8——八面体剪应力。

土体任何一个受力面上的极限抗剪强度可用 Coulomb 定律表示，如图 7-1 所示。具体计算公式为

$$\tau_n = c + \sigma_n \tan\varphi \quad\quad (7\text{-}17)$$

式中:φ——内摩擦角;

σ_n——受力面上的正应力;

c——黏聚力,数值上等于破坏线在竖轴上的截距。

根据图 7-1,可以得到

$$\tau_n = R\cos\varphi$$

$$\sigma_n = \frac{1}{2}(\sigma_x + \sigma_y) - R\sin\varphi \tag{7-18}$$

$$R = c\cos\varphi + \frac{1}{2}(\sigma_x + \sigma_y)\sin\varphi \tag{7-19}$$

式中:R——应力 Mohr 圆半径。

$$R = \left[\frac{1}{4}(\sigma_x - \sigma_y)^2 + \tau_{xy}^2\right]^{\frac{1}{2}} \tag{7-20}$$

Mohr-Coulomb 屈服条件还可以用平面内的主应力 σ_1、σ_3 表示,即

$$\frac{1}{2}(\sigma_1 - \sigma_3) = c\cos\varphi + \frac{1}{2}(\sigma_1 + \sigma_3)\sin\varphi \tag{7-21}$$

或

$$\sigma_1(1 - \sin\varphi) - \sigma_3(1 + \sin\varphi) - 2c\cos\varphi = 0 \tag{7-22}$$

7.1.2　本章用到的单元

1. 轴对称平面四节点单元

四节点等参元内任一点的型函数由局部坐标可表示为

$$N_i = \frac{1}{4}(1 + \zeta\zeta_i)(1 + \eta\eta_i) \quad (i = 1,2,3,4) \tag{7-23}$$

单元内任一点的位移为

$$r = \sum_{i=1}^{4} N_i r_i, \quad z = \sum_{i=1}^{4} N_i z_i \tag{7-24}$$

$$u = \sum_{i=1}^{4} N_i u_i, \quad w = \sum_{i=1}^{4} N_i w_i \tag{7-25}$$

轴对称平面四节点单元的应变为

$$\boldsymbol{\varepsilon} = \boldsymbol{Bu} \tag{7-26}$$

式中:B——应变矩阵。

$$\boldsymbol{B} = \begin{bmatrix} B_1 & B_2 & B_3 & B_4 \end{bmatrix} \tag{7-27}$$

$$\boldsymbol{B}_i = \begin{bmatrix} \dfrac{\partial N_i}{\partial r} & 0 \\ 0 & \dfrac{\partial N_i}{\partial z} \\ \dfrac{\partial N_i}{\partial z} & \dfrac{\partial N_i}{\partial r} \\ \dfrac{N_i}{r} & 0 \end{bmatrix}$$

$$\boldsymbol{u} = \begin{bmatrix} u_1 & w_1 & u_2 & w_2 & u_3 & w_3 & u_4 & w_4 \end{bmatrix}^{\mathrm{T}}$$

根据单元虚功原理,可得单元刚度矩阵 $\boldsymbol{K}^{\mathrm{e}}$,即

$$\boldsymbol{K}^{\mathrm{e}} = 2\pi \int_{r_1}^{r_2}\int_{z_1}^{z_2} \boldsymbol{B}^{\mathrm{T}}\boldsymbol{D}_{\mathrm{ep}}\boldsymbol{B}r\,\mathrm{d}r\mathrm{d}z = 2\pi\int_{-1}^{1}\int_{-1}^{1} \boldsymbol{B}^{\mathrm{T}}\boldsymbol{D}_{\mathrm{ep}}\boldsymbol{B}\,|\,\boldsymbol{J}\,|\,\mathrm{d}\zeta\mathrm{d}\eta \tag{7-28}$$

式中:$\boldsymbol{D}_{\mathrm{ep}}$——Mohr-Coulomb 弹塑性矩阵。

2. 接触单元

在桩顶荷载作用下,桩土界面处有剪应力产生,剪应力的作用会使桩土界面发生错动、滑移及张开等位移不连续现象,采用有限元法对其进行模拟时,常在桩土间设置接触单元。接触问题是一个高度非线性行为,处理接触问题时需要解决以下两个问题:① 确定接触区域以及接触面间的接触状态;② 接触面的接触行为本构模型。点面接触单元由坐标和接触面构成。使用这类接触单元,不需要预先知道确切的接触位置,接触面之间也不需要保持一致的网格,并且允许有大的变型和大的相对滑动。

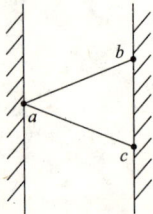

图 7-2　三节点接触单元

典型的三节点接触单元 b-c 为目标面,由两节点构成,接触面通过节点 a 节来表达,在外荷载作用下,节点 a 相对于 b-c 目标面发生相对滑动,节点 a 移动过程中就会与不同的目标面发生脱离和接触,从而能够模拟相邻接触面的相对滑动,如图 7-2 所示。

接触单元的本构模型采用弹塑性库仑摩擦模型,接触面的剪切应力和法向应力关系如图 7-3 所示,剪切应力与法向应力的函数关系为

$$\begin{cases} \tau = K_s\omega & \omega < \omega_s \\ \tau = \mu p & \omega \geqslant \omega_s \end{cases} \tag{7-29}$$

式中:τ——剪切应力;

p——法向应力;

ω——接触面间的相对滑移；

μ——接触面间的摩擦系数；

ω_s——弹性极限相对位移。

从图 7-3 可以看出，剪应力的发挥与摩擦系数和法向应力有关，所以对考虑接触效应的桩土共同作用分析时，必须考虑初始应力场的影响。

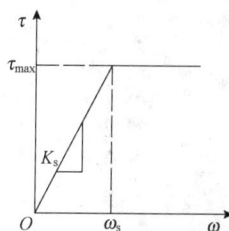

图 7-3　弹塑性库仑摩擦模型

7.2　基 本 假 定

有限元计算过程中，采用以下基本假定（巨玉文，2005）：

（1）假定每一层土为均质、各向同性弹塑性体材料。

（2）不考虑施工因素对桩周土体的影响，桩的存在不影响地基土的特性。

（3）钢筋混凝土桩为连续、均质弹性体。

（4）桩达到极限荷载时，钢筋混凝土桩本身不发生破坏，而桩周土破坏。

（5）桩土接触面上设置接触单元，分析过程中桩土之间的摩擦系数不变。

7.3　桩周土参数对支盘桩承载性状的影响

7.3.1　材料参数及边界条件

取桩周土为均质，密度为 $\rho_s = 1900\text{kg/m}^3$，弹性模量 $E_s = 15\text{MPa}$，泊松比 $\mu_s = 0.3$，黏聚力 $c = 30\text{kPa}$，内摩擦角 $\varphi = 30°$，剪胀角 $\psi = 0$。为了考虑桩侧与土体之间可能出现的滑移，在桩侧和桩端与土体之间分别设置接触面。

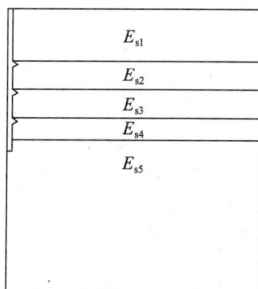

图 7-4　土层划分及
承力盘的分布

为了分析方便，本章中支盘桩仅设置 3 个直径相等的承力盘，分别称为上盘、中盘和下盘。桩身长度 $l = 15\text{m}$，主桩身直径 $d = 0.6\text{m}$，承力盘直径 $D = 1.2\text{m}$，承力盘间距为 $5d$，即 3.0m，下盘距桩端的距离为 $5d$。桩周土层划分为 5 层，以方便在后续分析中改变不同土层的参数。桩周土层宽度从桩中心算起取 $25d$；沿深度方向，桩下部土层从桩端算起厚度为 1 倍桩长。模型底部约束竖向和水平方向位移，侧面约束水平方向位移。桩身土层划分及承力盘的分布见图 7-4。

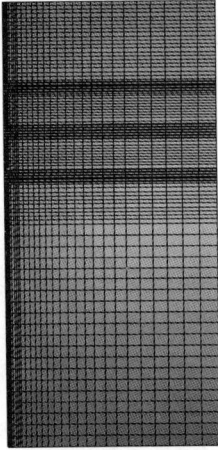

图 7-5　模型有限
元网格划分

7.3.2　网格划分

对桩体和土体采用轴对称四节点单元（CAX4）进行离散，紧靠桩身、桩端和承力盘部位应力、应变的变化剧烈，为了使这些范围内土体的变型、应力达到满意程度，在这些区域加密单元网格。网格划分见图 7-5。

7.3.3　有限元分析方法可靠性验证

为了验证本文有限元分析方法的可靠性，对第 5 章中 1 号试桩的 Q-s 曲线进行模拟。建立有限元模型时，对试验桩进行简化，将上部的分支按照水平投影面积相等的原则简化成一个与原来分支高度相等的小型承力盘。由于只研究桩的竖向受力特性，根据结构和荷载的对称性，采用轴对称模型。分析过程中，首先考虑初始应力场的作用，由极限 Mohr 圆可知，不考虑初始应力场会导致桩的极限承载力下降（朱向荣等，2004）。先视桩和土体为具有相同密度，得到初始应力场，初始位移为零。将桩身多出来的部分用体力加到初始应力场上，这样可以较好地模拟土体的应力状态。即

$$\begin{cases} \sigma_z = \gamma z \\ \sigma_h = K_0 \gamma z \end{cases} \qquad (7\text{-}30)$$

式中：σ_z——竖向初始应力；

　　　σ_h——水平初始应力；

　　　K_0——水平土压力系数，$K_0 = 0.95 - \sin\varphi$；

　　　γ——土的重度。

桩和土均采用第 5 章的试验桩及周围土层参数。混凝土桩身材料，采用线弹性本构模型，弹性模量 $E_p = 3 \times 10^4 \text{MPa}$，泊松比 $\mu_p = 0.1667$，密度为 $\rho_p = 2400$ kg/m³；土采用 Mohr-Coulomb 模型，土模型中较为重要的参数有弹性模量、泊松比、黏聚力及内摩擦角。杨敏和赵锡宏（1992）根据 60 余根桩在工作荷载作用下的试验结果，反算了土的弹性模量和压缩模量的比例关系，所得规律是 $E_0 = (2.5 \sim 3.5)E_{1-2}$，本节在试验实测压缩模量基础上，乘以 2.5 的系数；对于土的泊松比 μ，俞炯奇（2000）在采用线弹性土体本区模型分析非挤土桩承载性状时，提出计算中所取用的 μ 一般可在 0.3～0.4 内任取一值而对结果产生微小影响，本节取 0.3。

加载级别同试验桩，每级荷载为 300kN，共加 13 级荷载，分析结果见图 7-6。图中有限元分析与试验实测曲线吻合较好，说明本书的方法可取，分析结果可靠。

7.3.4　基本算例分析

在桩周土为均质土的情况下，分析结果如图 7-7～图 7-11 所示。

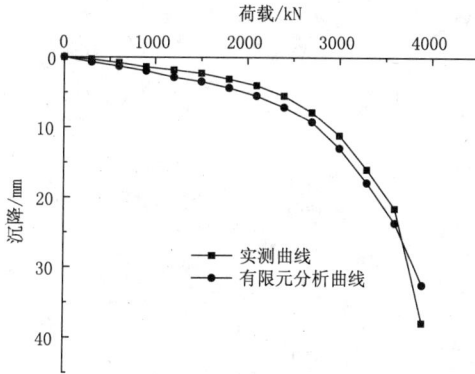

图 7-6　有限元分析结果与试验结果对比

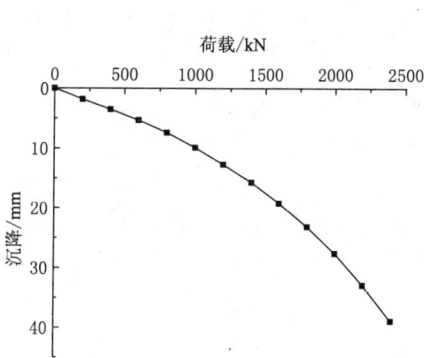

图 7-7　Q-s 曲线

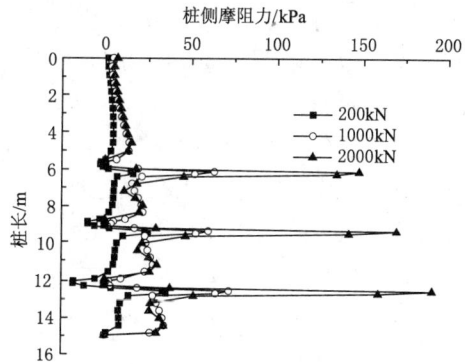

图 7-8　桩侧摩阻力随荷载变化情况

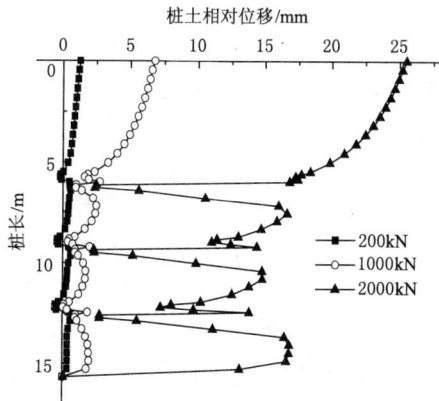

图 7-9　桩土相对位移随荷载变化情况

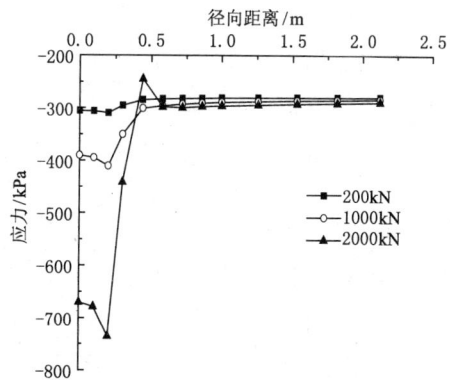

图 7-10　桩端应力随荷载变化情况

支盘桩的 Q-s 曲线为缓变型,在桩顶沉降量接近或达到 40mm 时,曲线未出现陡降段。从支盘桩桩侧摩阻力的传递曲线可以看出,在加载前期阶段,桩的直段侧阻力和盘底侧阻力发挥程度较低,在盘顶部位和土体之间出现局部脱开区,导致此

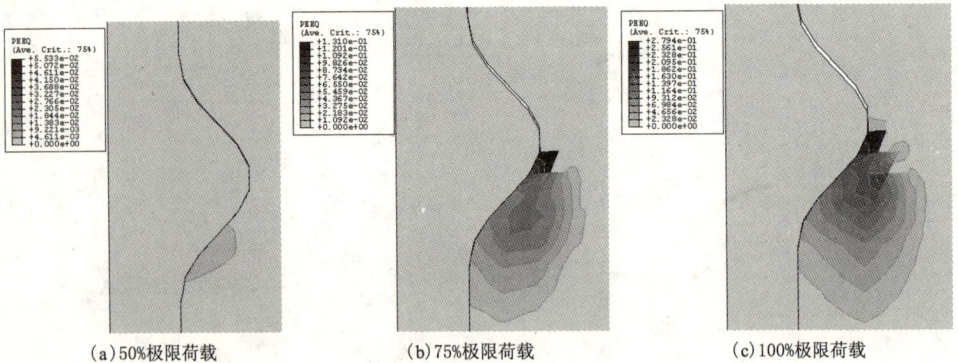

(a)50%极限荷载　　　　　　　(b)75%极限荷载　　　　　　　(c)100%极限荷载

图 7-11　　上盘处土中塑性应变随荷载变化情况

处的侧摩阻力为零,这与有关文献(连峰等,2004)得到的结论是相似的。随着支盘顶部与土体之间脱开距离的增大,盘上部一定范围内桩侧摩阻力为零,盘下部一定范围内桩侧摩阻力受到盘的约束也不能充分发挥,但是盘底摩阻力逐渐增加。在桩顶荷载达到1000kN时,桩身直段部分的摩阻力基本上达到最大值,而盘端阻力还远远没有发挥出来。当荷载达到2000kN时,桩身直段部分的摩阻力不再增加,盘底的摩阻力增长十分显著。因此,在1000kN以后,增加的桩顶荷载大部分都由承力盘来承担。桩端土中应力随荷载的增加而增大,在桩端下方1d范围内,土中应力较大,1d范围之外,土中应力趋于稳定。

7.3.5　土层参数的影响分析

1.计算工况划分

根据桩周土层参数及其不同分布位置,可以划分为表7.1所列工况。当改变其中一个参数值时,其他参数同7.3.1节。

2.土的黏聚力和内摩擦角的影响

由黏性土抗剪强度公式 $\tau = c + \sigma \tan\varphi$ 可知,土的内摩擦角 φ 和黏聚力 c 对土的强度有决定性的作用,而土的强度大小直接影响着支盘桩的承载力。

1) 土黏聚力的影响

当桩身参数及桩侧土中其他参数都不变时,改变土黏聚力大小,对支盘桩承载力及桩端土中应力影响如图7-12～图7-14所示。

表 7-1 计算参数和计算工况

	桩	土							
密度/(kg/m³)	2400	1900							
弹性模量/MPa	3.25×10⁴	E_{s1}	5	10	15	20	25	30	35	40
		E_{s2}	5	10	15	20	25	30	35	40
		E_{s3}	5	10	15	20	25	30	35	40
		E_{s4}	5	10	15	20	25	30	35	40
		E_{s5}	5	10	15	20	25	30	35	40
泊松比	0.1667	0.375							
黏聚力/kPa		10	20	30	40	50	60		
内摩擦角/(°)		10	20	30	40	50			
剪胀角/(°)		0							
摩擦系数		0.1	0.2	0.3	0.4	0.5	0.6	0.7	

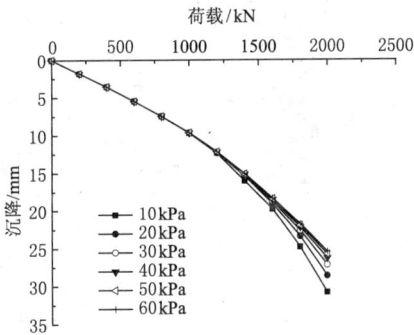

图 7-12 黏聚力对桩顶沉降的影响

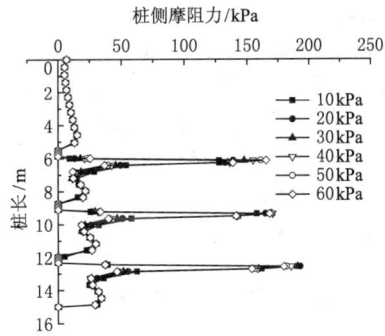

图 7-13 黏聚力对桩侧摩阻力的影响

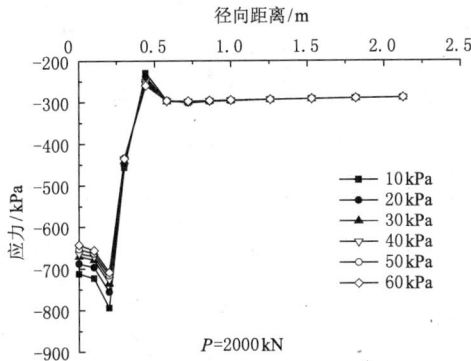

图 7-14 黏聚力对桩端土中应力的影响

　　当桩身和土层其他参数不变时,随着桩周土黏聚力增大,桩顶沉降逐渐减小,说明土的黏聚力大小对桩的承载力有影响,不过这种影响随着土的黏聚力的增加而逐渐减小。本例中当桩顶荷载小于 1000kN 时,桩的 $Q\text{-}s$ 曲线基本上呈线性关系,说明桩周土尚处于弹性变型阶段,改变土的黏聚力对桩的沉降几乎没有影响。随着荷载继续增加,黏聚力的增大减小了桩顶沉降,桩的承载力得以提高。土黏聚力的变化对桩侧直段部分的摩阻力影响较小,盘底的摩阻力随黏聚力变化有小范围的改变。黏聚力的变化对桩端土中应力的影响是随着荷载的增加而逐渐体现出来的,影响区域基本上限于桩端下部及其侧面 $0.5d$ 范围之内,大于 $1d$ 以外区域,土中应力几乎不受黏聚力变化的影响。

　　2)土的内摩擦角的影响

　　桩周土其他参数均不变,仅改变土的内摩擦角,对挤扩支盘桩承载力及桩端土中应力的影响规律如图 7-15~图 7-17 所示。

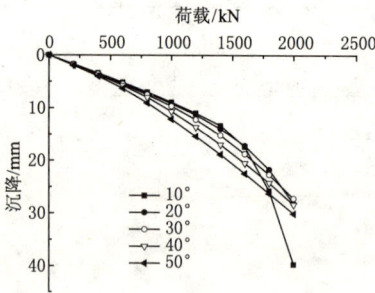

图 7-15　内摩擦角对支盘桩沉降的影响

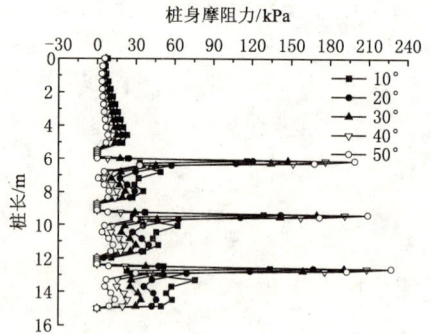

图 7-16　内摩擦角对桩侧摩阻力的影响

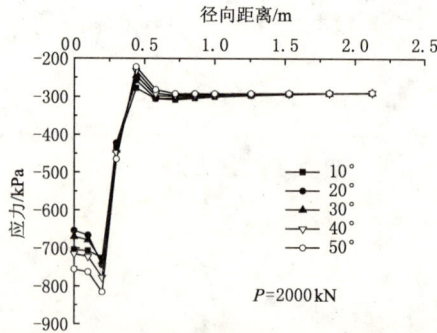

图 7-17　内摩擦角对桩端土中应力的影响

　　土的内摩擦角的改变对桩沉降量的影响在较低的荷载水平下就可以表现出来,当内摩擦角较小,如 $10°$ 时,桩的承载力较低,曲线出现明显的向下弯曲性状,土的塑性性状表现比较突出;随着内摩擦角的增大,沉降曲线的弹性阶段延长,桩的承载力得到较大的提高。当荷载为 2000kN 时,土的内摩擦角从 $10°$ 增加到 $50°$,桩顶沉降从 39.7mm 降低到 30.1mm。土的内摩擦角的增大使桩身直段部分的摩阻力减小,而承力盘底的摩阻力增加得比较明显。桩端土中应力随着内摩擦角的增大而增大,对离开桩端约 $1d$ 处的影响较大。在 $1d$ 以外,几乎不受土的内摩擦角改变的影响。

3.桩土接触面摩擦系数的影响

为了模拟桩土之间的相对滑动,在桩土之间设置接触面,接触面上的摩擦系数是接触面粗糙程度的反映,它直接影响到支盘桩的竖向承载力,图 7-18～图 7-20 是在其他参数不变时,仅改变摩擦系数所得的结果。

由图 7-18～图 7-20 可见,随着摩擦系数的增大,桩的承载力明显得到提高,这是因为摩擦系数提高意味着桩土接触面粗糙程度加强,桩侧摩阻力大,直桩段承担

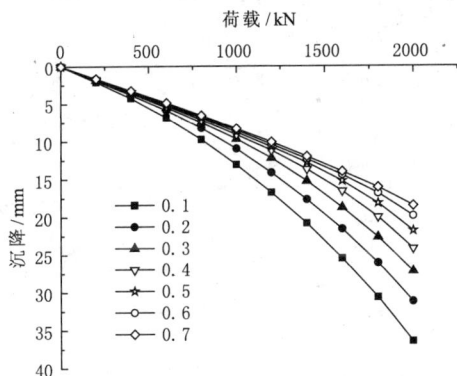

图 7-18　摩擦系数对沉降的影响　　　图 7-19　摩擦系数对桩侧摩阻力的影响

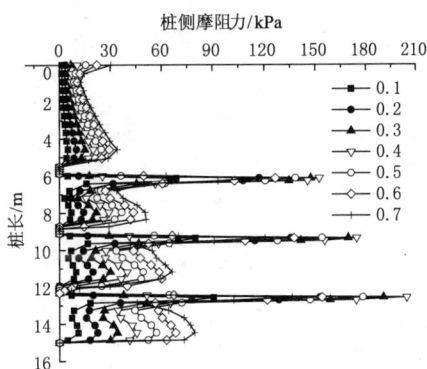

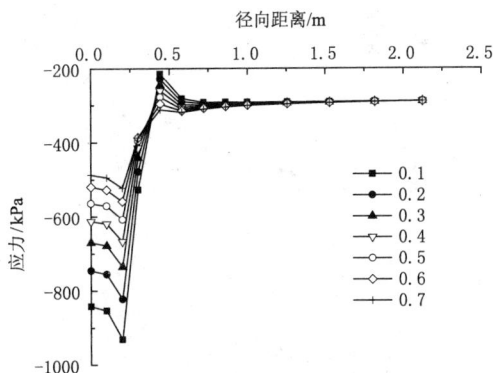

图 7-20　摩擦系数对桩端土中应力的影响

的荷载增加。当摩擦系数从 0.1 增加到 0.2 时,在 2000kN 荷载作用下,桩的沉降量从 36.48mm 减小到 31.23mm;当摩擦系数从 0.6 增加到 0.7 时,桩顶沉降量从 19.89mm 减小到 18.51mm。说明桩侧摩阻力对桩承载力的提高是有限的,当摩擦系数达到一定数值后,再试图通过提高桩表面粗糙程度来提高桩的承载力,效果不是很理想。桩土接触面摩擦系数提高对桩侧直段部分摩阻力的提高效果明显,而承力盘底部摩阻力先随摩擦系数提高有所增大,后又有小幅降低,在摩擦系数为 0.4 时达到最大值。随摩擦系数提高,桩端土中应力减小,当摩擦系数从 0.1 增加到 0.7,桩端中心处土中应力从 841kPa 减小到 487kPa,减小 40% 左右。

4. 各土层模量的影响

1) 第一层土的弹性模量 E_{s1} 的影响

桩顶的 Q-s 曲线表明,改变 E_{s1} 对桩的承载力影响不大。如图 7-21 所示,当 E_{s1} 从 10MPa 增加到 40MPa 时,在 2000kN 荷载作用下,桩顶沉降从 27.55mm 下降到 26.45mm,仅仅减小了 1.1mm,可见 E_{s1} 提高对挤扩支盘桩承载力的影响是十分有限的。由图 7-22 可见,E_{s1} 对桩侧摩阻力的影响几乎可以忽略。桩端土中应力分布受 E_{s1} 的影响也较小,由图 7-23 可见,当为 10MPa 时,桩端土中应力稍大

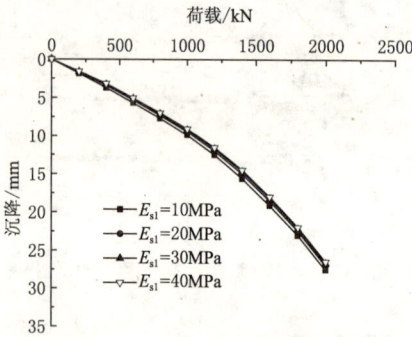

图 7-21　E_{s1} 对支盘桩沉降的影响　　　图 7-22　E_{s1} 对桩侧摩阻力的影响

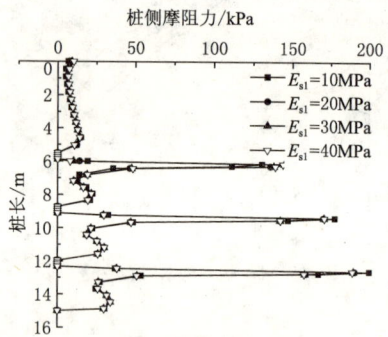

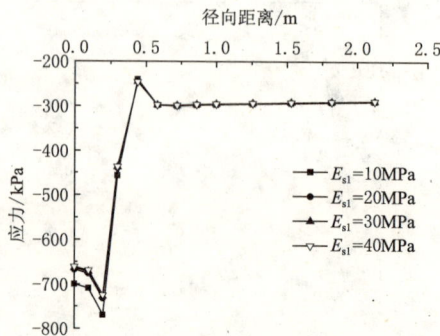

图 7-23　E_{s1} 对桩端土中应力的影响

于其他几种情况,这种区别仅仅表现在桩端正下方区域,离开桩侧以后,土中应力几乎不受影响。这主要是影响第一层土仅处于支盘桩上部且均位于直桩段部分,该段所分担的荷载占总荷载的比例本来较小。因此,该层土的模量改变不会对支盘桩的承载力造成太大的影响。

2) 第二层土弹性模量 E_{s2} 的影响

第二层土所处的位置包含了支盘桩上部承力盘及上盘与中盘之间的直桩段,由图 7-24～图 7-26 可见,由于承力盘的存在,使得 E_{s2} 大小对桩承载力的影响程度大于 E_{s1} 的影响。当 E_{s2} 从 10MPa 增加到 40MPa 时,桩顶沉降从 29.2mm 减小到22.2mm,沉降量减小了 24%。随 E_{s2} 值的增大,上盘底的摩阻力显著提高,上盘底下部相连直桩段摩阻力受到盘的约束有小幅降低,桩身其他直桩段的摩阻力没有明显改变,中盘和下盘的盘底摩阻力随 E_{s2} 的增大而减小。随着 E_{s2} 的增大,桩端正下方土中应力减小,土中其他部分应力不变。这是由于支盘桩上盘底摩阻力增加较多,桩侧分担的荷载增加,传到桩端的荷载减小所致。

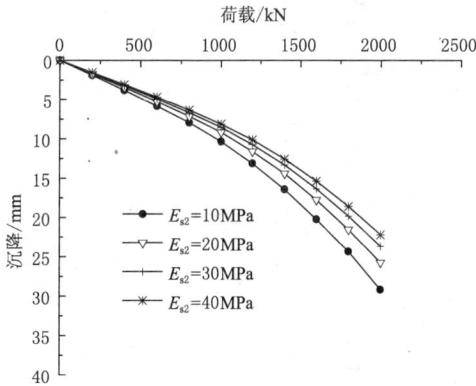

图 7-24　E_{s2} 对支盘桩沉降的影响　　　　图 7-25　E_{s2} 对桩侧摩阻力的影响

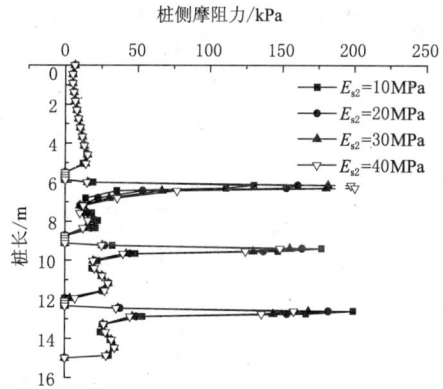

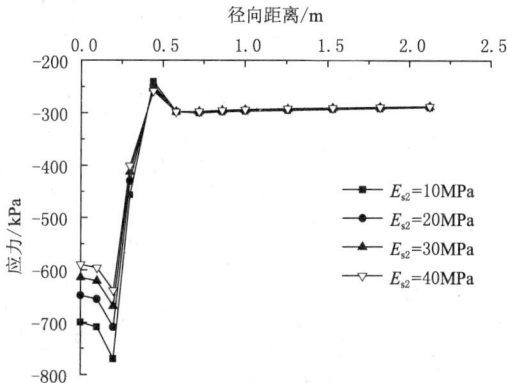

图 7-26　E_{s2} 对桩端土中应力的影响

3）第三层土弹性模量 E_{s3} 的影响

E_{s3} 的增加能有效提高桩的承载力，减小沉降量。由图 7-27～图 7-29 可知，当 E_{s3} 从 10MPa 增加到 40MPa 时，在 2000kN 荷载作用下，桩顶沉降量从 29.6mm 降低到 21.6mm，减小了 27%。处于第三层土中的中间承力盘的盘底摩阻力随 E_{s3} 的提高增长幅度较大，与之相邻的下部直桩段摩阻力受到盘的影响有所减小。上盘和下盘底的摩阻力随 E_{s3} 的提高而降低，桩身其他直桩段的摩阻力基本保持不变。桩端土中的应力随 E_{s3} 的增加而有所减小，但是桩端侧面土中的应力受到的影响不大。

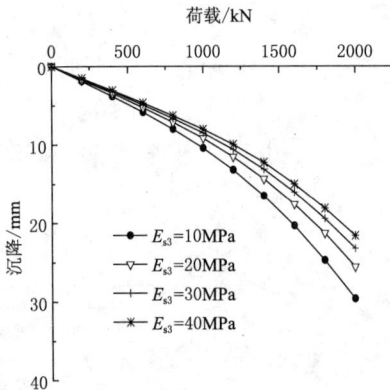

图 7-27　E_{s3} 对支盘桩沉降的影响　　　　图 7-28　E_{s3} 对桩侧摩阻力的影响

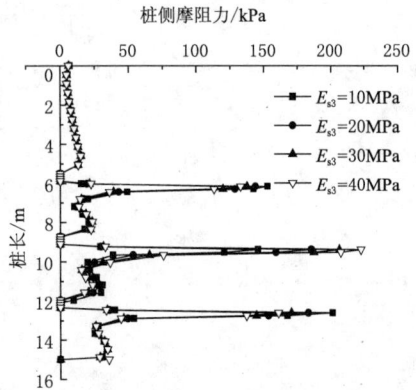

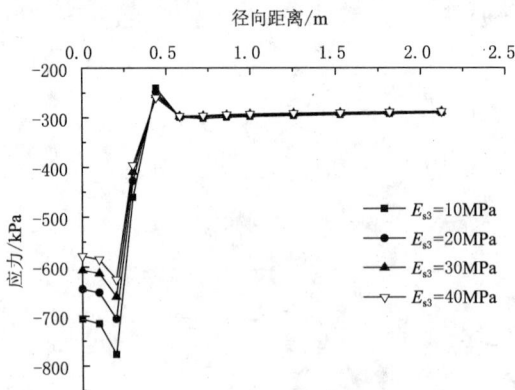

图 7-29　E_{s3} 对桩端土中应力的影响

4）第四层土的弹性模量 E_{s4} 的影响

在一定范围内 E_{s4} 提高可以在一定程度上提高桩的承载力，减小沉降量。由图 7-30～图 7-32 可知，当 E_{s4} 从 10MPa 增加到 40MPa 时，2000kN 荷载作用下，桩顶沉降量从 29.7mm 减小到 21.9mm，减小了 26%。桩侧摩阻力的传递曲线上可以看出, E_{s4} 的提高对桩侧上部三段侧阻力的影响很小,下盘下部直桩段的侧摩阻力受到下盘的约束有所减小。上盘和中盘的盘底摩阻力随着 E_{s4} 的增大有所降低,下盘的盘底摩阻力得到提高。E_{s4} 的提高使桩侧分担的荷载增加,传到桩端的荷载减小,因此桩端土中应力减小,桩端侧面土中应力几乎不变。

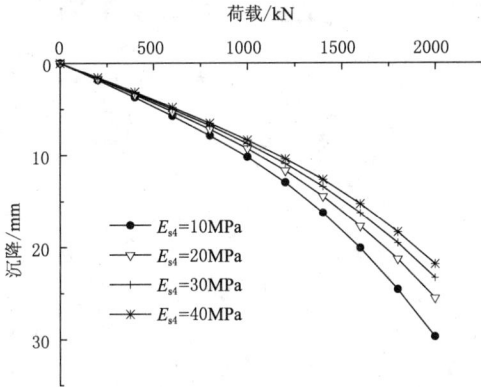

图 7-30　E_{s4} 对支盘桩沉降的影响　　　　图 7-31　E_{s4} 对桩侧摩阻力的影响

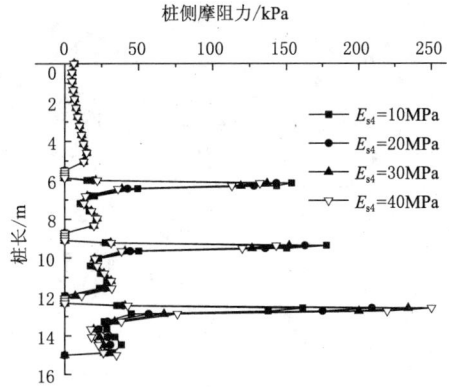

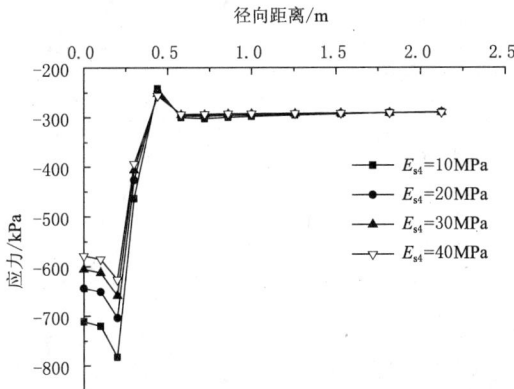

图 7-32　E_{s4} 对桩端土中应力的影响

5) 第五层土弹性模量 E_{s5} 的影响

E_{s5} 改变对桩承载力影响较大,由图 7-33～图 7-35 可知,当 E_{s5} 从 10MPa 增加到 40MPa 时,在 2000kN 荷载作用下,桩的沉降量从 30.3mm 减小到 20.8mm,减小量为 31%。从桩侧摩阻力发展曲线上看,随着 E_{s5} 的提高,各承力盘底的摩阻力逐渐减小,下盘下部直桩的摩阻力提高,其他各直桩段的摩阻力没有明显变化。这是由于桩端土层承载力提高对桩端上部附近区域直桩段的约束效应造成的。桩端土中的应力随着 E_{s5} 的增加有较大幅度增加,当 E_{s5} 从 10MPa 增加到 40MPa,桩端土的应力从 571MPa 增加到 1030MPa,提高了将近一倍。

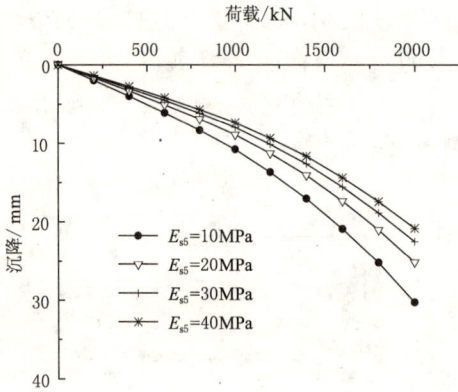

图 7-33　E_{s5} 对支盘桩沉降的影响

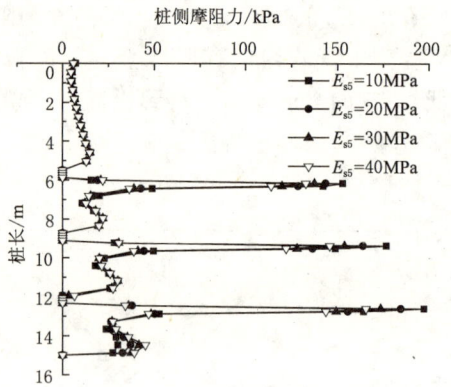

图 7-34　E_{s5} 对桩侧摩阻力的影响

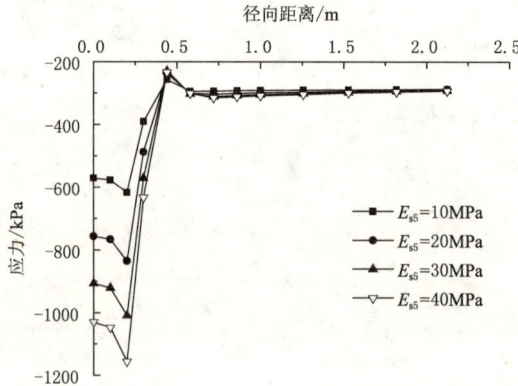

图 7-35　E_{s5} 对桩端土中应力的影响

6）各层土弹性模量 $E_{s1} \sim E_{s5}$ 影响程度对比（图 7-36～图 7-38）

在 2000kN 荷载作用下，当 $E_{s1} \sim E_{s5}$ 分别等于 40MPa 时，支盘桩的桩顶沉降量分别为 26.45mm、22.17mm、21.6mm、21.86mm、20.81mm。由此可见，除了 E_{s1} 对桩承载力影响程度较小以外，其他几种情况的影响程度基本相当。桩侧摩阻力变化曲线表明，桩身最上部直桩段的摩阻力在几种情况下保持不变，说明提高第一层土的弹性模量并不能达到提高该段摩阻力的目的。而对于其他情况，当提高某一土层的弹性模量值时，处于该层土中的桩段，摩阻力得以明显提高。例如，提高 E_{s2} 时，上盘底的摩阻力最高；提高 E_{s3} 时，中盘底的摩阻力最高；提高 E_{s4} 时，下盘底的摩阻力最高；提高 E_{s5} 时，桩身最下部直桩段的摩阻力最高。对于桩端土中应力分布情况，在 E_{s5} 为 40MPa 时，应力值最大，E_{s1} 为 40MPa 时应力值次之，其他几种情况桩端应力值基本相等。

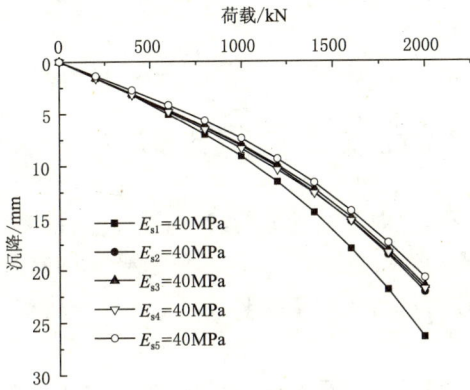

图 7-36　$E_{s1} \sim E_{s5}$ 对支盘桩沉降的影响

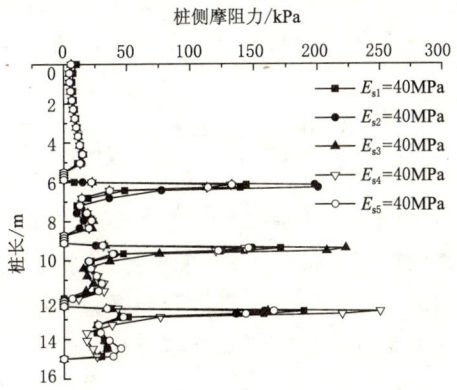

图 7-37　$E_{s1} \sim E_{s5}$ 对桩侧摩阻力的影响

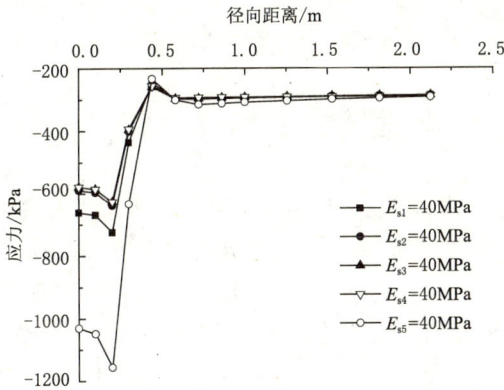

图 7-38　$E_{s1} \sim E_{s5}$ 对桩端土中应力的影响

第8章　支盘桩水平承载性状数值模拟分析

在一般的房屋基础工程中,桩主要承受竖直向下的轴向荷载,但在河港、桥梁、高耸塔形建筑、近海钻采平台、支挡建筑及抗振等工程中,桩还需要承受来自侧向的风力、波浪力、土压力和地振力等水平荷载,有时还将承受竖直向上的上拔荷载,或者是以上几种荷载的组合荷载。

桩基础在水平荷载作用下,桩身水平位移是一个重要的物理量,桩的地面水平位移取值对桩的水平承载力影响是敏感的。本章主要研究支盘桩的几何因素(包括承力盘的位置、间距、个数、直径以及桩长、桩径)和桩周土的特性(土的黏聚力、内摩擦角、弹性模量)等因素对桩水平承载性状的影响。

8.1　支盘桩水平承载性状理论分析

对于主要承受水平荷载的桩,桩体横向受弯受剪。《建筑桩基技术规范》(JGJ 94—2008)中规定,一般单桩桩顶水平位移允许值为 6～10mm。许多情况下,为满足桩顶水平位移要求,不得不加大桩径,但桩下部的直径增加对减小桩顶水平位移作用甚微,且桩材料的潜力没有发挥。而支盘桩是在桩身的某些部位设置承力盘或分支,只是局部扩大桩身直径,可能会达到减小水平位移、节约原材料的目的。

到目前为止,还没有见到有关支盘桩承受水平荷载的试验或应用实例,因此支盘桩的水平受力性能还不明确。王伯惠(1992)、郗蔚东(1992)、唐振忠(1992)根据《公路桥涵地基与基础设计规范》(JTGD 63—2007)求出了承受水平荷载处于多层地基中桩的解析解。支盘桩只是变截面桩的一种形式,也可以按照同类方法求出桩身任一截面的位移、弯矩、剪力和转角等参数。本章利用张有龄法对等截面桩研究所得的结果,假定支盘桩的长度符合张氏法的规定,将桩身按照截面的不同划分为 n 段,将每一段按照桩径向上或向下延伸为假想的等直径桩。这样,可以在每一段上得到一个微分方程,求解这些方程,根据桩顶、桩端、不同分段交界点上的协调方程,求解方程组,得出初始参数值,最终求出支盘桩在桩顶水平荷载作用下,桩身任一点的内力和位移。

8.1.1　普通直桩的桩身挠曲微分方程(刘金砺,1990;卢世深等,1987)

设竖直桩全部埋入土中(图 8-1),在断面的主平面内,地表面桩顶处作用有垂直于桩轴线的水平力 H 和力矩 M。选择地面桩轴中心处为坐标轴的原点 O,取桩的中心轴及与中心轴相垂直的方向为 x 轴及 y 轴，以向下及水平力 H 方向为坐标轴的正方向。由于荷载的作用使桩产生挠度，也使作为支承介质的地基产生连续分布的反力。在这里，可以假定任意点 x 处桩的单位长度反力是深度 x 与这一点的挠度 y 的函数，即 $p=p(x,y)$。受到荷载的桩，除了产主弯曲和水平反力外，在与土相接触的桩表面上还将产生竖直方向的力（摩擦力），现暂不考虑竖直力对挠度曲线的影响，而认为地基反力是水平作用在断面上的。从桩上取出 dx 单元体，单元体的上下断面均为水平，则作用在这个单元上的力如图 8-2 所示。设作用在上断面左向（y 的负方向）的剪力 S 为正，与此相应以作用在单元体断面反时针旋转的弯矩 M 为正，如图 8-3 所示。考虑图 8-2 中单元体水平方向力的平衡，有

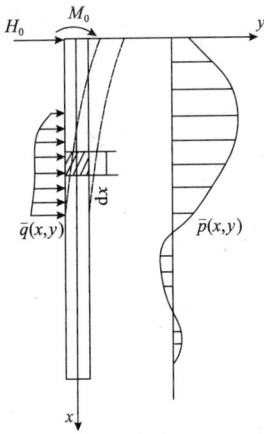

图 8-1　桩受力图

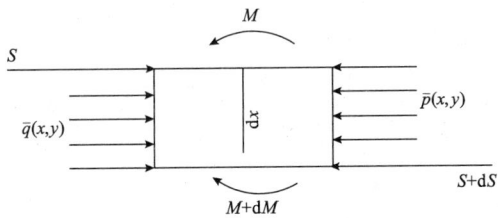

图 8-2　微单元体力的平衡

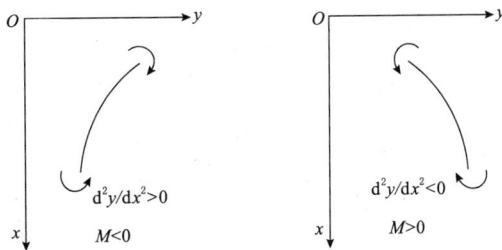

图 8-3　微分方程式的符号

$$(S+dS)-S-\overline{p}(x,y)dx=0 \tag{8-1}$$

因此

$$\frac{dS}{dx}=\overline{p}(x,y) \tag{8-2}$$

因为

$$S = \frac{dM}{dx} \tag{8-3}$$

则

$$\frac{dS}{dx} = \frac{d^2 M}{dx^2} = \overline{p}(x,y) \tag{8-4}$$

式中：$\overline{p}(x,y)$——桩单位长度的荷载强度。

由于 y 的二阶微分 $d^2 y/dx^2$ 与弯矩 M 的符号常常相反，故弯矩微分方程为

$$EI \frac{d^2 y}{dx^2} = -M \tag{8-5}$$

式中：E——材料弹性模量；

I——桩的惯性距；

EI——桩的抗弯刚度，如果假定在分析区段内 EI 为常数，则可以得到

$$EI \frac{d^4 y}{dx^4} = -\overline{p}(x,y) \tag{8-6}$$

即为土中桩的挠曲微分方程式。

一般用桩单位面积上的地基反力 $p(x,y)$ 代替作用在单位桩长上的地基反力 $\overline{p}(x,y)$ 的分布，即

$$p(x,y) = \overline{p}(x,y)/B \tag{8-7}$$

式中：B——与反力垂直方向的桩宽。

所以有

$$EI \frac{d^4 y}{dx^4} + Bp(x,y) = 0 \tag{8-8}$$

这是横向受力桩的基本方程。

假定桩单位面积上的地基反力 $p(x,y)$ 仅与桩的挠度 y 成正比

$$p(x,y) = k_h y \tag{8-9}$$

将比例系数 k_h 作为与深度无关的常数考虑，则有

$$EI \frac{d^4 y}{dx^4} + Bk_h y = 0 \tag{8-10}$$

其通解为

$$y = e^{\beta x}(C_1 \cos\beta x + C_2 \sin\beta x) + e^{-\beta x}(C_3 \cos\beta x + C_4 \sin\beta x) \tag{8-11}$$

式中：$\beta = \sqrt[4]{\dfrac{Bk_h}{4EI}}$；

$C_1 \sim C_4$——可由边界条件确定。

对式（8-11）依次微分可得

$$\frac{1}{\beta}\frac{\mathrm{d}y}{\mathrm{d}x} = \mathrm{e}^{\beta x}\left[C_1(\cos\beta x - \sin\beta x) + C_2(\cos\beta x + \sin\beta x)\right]$$
$$- \mathrm{e}^{-\beta x}\left[C_3(\cos\beta x + \sin\beta x) - C_4(\cos\beta x - \sin\beta x)\right] \tag{8-12}$$

$$\frac{1}{2\beta^2}\frac{\mathrm{d}^2 y}{\mathrm{d}x^2} = \mathrm{e}^{\beta x}(-C_1\sin\beta x + C_2\cos\beta x) + \mathrm{e}^{-\beta x}(C_3\sin\beta x - C_4\cos\beta x) \tag{8-13}$$

$$\frac{1}{2\beta^3}\frac{\mathrm{d}^3 y}{\mathrm{d}x^3} = \mathrm{e}^{\beta x}\left[-C_1(\cos\beta x + \sin\beta x) + C_2(\cos\beta x - \sin\beta x)\right]$$
$$+ \mathrm{e}^{-\beta x}\left[C_3(\cos\beta x - \sin\beta x) + C_4(\cos\beta x + \sin\beta x)\right] \tag{8-14}$$

因为

$$M = -EI\frac{\mathrm{d}^2 y}{\mathrm{d}x^2}, \quad S = -EI\frac{\mathrm{d}^3 y}{\mathrm{d}x^3}, \quad p(x,y) = k_{\mathrm{h}}y$$

如果为半无限长桩,则当 $x \to \infty$ 时,有 $M \to 0, S \to 0$,则 C_1、C_2 为零,因此,式 (8-11) 可简化为

$$y = \mathrm{e}^{-\beta x}(C_3\cos\beta x + C_4\sin\beta x) \tag{8-15}$$

对于埋入土中的桩,如果桩顶水平力为 H_0,弯矩 $M_0 = 0$,则

$$C_3 = \frac{H_0}{2EI\beta^3}, \quad C_4 = 0$$

所以,挠曲方程式为

$$y = \mathrm{e}^{-\beta x}\frac{H_0}{2EI\beta^3}\cos\beta x \tag{8-16}$$

8. 1. 2　支盘桩桩身挠曲微分方程

以上是等截面桩的情况,对于支盘桩来说,桩的截面是变化的,这时可以将桩身按截面大小分成 n 段,假设桩身弹性模量不变,仅面积发生变化。由于每个承力盘的高度相对于桩长比较小,因此可以在承力盘所在桩段取截面直径的平均值作为该段的直径。在每一段桩长范围内,桩径相等。假设地基反力系数不随桩的入土深度而改变,将每一桩段等直径向上或向下延伸,形成一个假想的等直径桩,可以列出一个桩身挠曲微分方程。各桩段间的节点处结构变形连续,共同构成一个完整桩的变形曲线,不存在节点处的附加外力。即各均质桩变形曲线的有效计算范围内,限在各相应的实际均质桩段内,如图 8-4 所示。

当沿桩周自地面起划分为 n 段均质桩段内,则每一桩段有 4 个初始参数,对于一根桩,共有 $4n$ 个初始参数。其中,第一桩段(桩在地面处的桩段)有两个已知参数(M_0,H_0),未知初始参数为 $4n-2$ 个。

求解 $4n-2$ 个未知参数的途径是根据各段之间的变形协调条件及桩段的支承条件建立桩的变形协调方程组,联立求解得到。在 $n-1$ 个中间节点上运用连续条件可建立 $4(n-1)$ 个方程,剩余两个方程用桩端支承条件确定。

对于第 i 段桩,可以写出其桩身挠曲微分方程为

$$EI_i \frac{\mathrm{d}^4 y}{\mathrm{d}x^4} + B_i k_\mathrm{h} y = 0 \qquad (8\text{-}17)$$

它的通解为

$$y = \mathrm{e}^{\beta_i x}(C_{i1}\cos\beta_i x + C_{i2}\sin\beta_i x) \\ + \mathrm{e}^{-\beta_i x}(C_{i3}\cos\beta_i x + C_{i4}\sin\beta_i x) \quad (8\text{-}18)$$

式中

$$\beta_i = \sqrt[4]{\frac{B_i k_\mathrm{h}}{4EI_i}}$$

对 y 依次微分可以得到

$$\frac{1}{\beta_i}\frac{\mathrm{d}y}{\mathrm{d}x} = \mathrm{e}^{\beta_i x}\left[C_{i1}(\cos\beta_i x - \sin\beta_i x)\right. \\ + C_{i2}(\cos\beta_i x + \sin\beta_i x)\left.\right] \\ - \mathrm{e}^{-\beta_i x}\left[C_{i3}(\cos\beta_i x + \sin\beta_i x)\right. \\ \left. - C_{i4}(\cos\beta_i x - \sin\beta_i x)\right] \qquad (8\text{-}19)$$

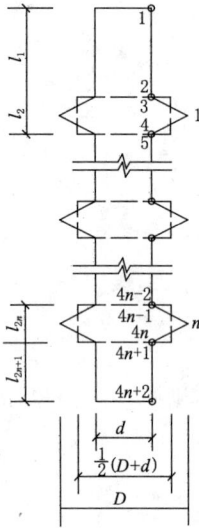

图 8-4　支盘桩桩身分段示意图

$$\frac{1}{2\beta_i^2}\frac{\mathrm{d}^2 y}{\mathrm{d}x^2} = \mathrm{e}^{\beta_i x}(-C_{i1}\sin\beta_i x + C_{i2}\cos\beta_i x) + \mathrm{e}^{-\beta_i x}(C_{i3}\sin\beta_i x - C_{i4}\cos\beta_i x) \qquad (8\text{-}20)$$

$$\frac{1}{2\beta_i^3}\frac{\mathrm{d}^3 y}{\mathrm{d}x^3} = \mathrm{e}^{\beta_i x}\left[-C_{i1}(\cos\beta_i x + \sin\beta_i x) + C_{i2}(\cos\beta_i x - \sin\beta_i x)\right] \\ + \mathrm{e}^{-\beta_i x}\left[C_{i3}(\cos\beta_i x - \sin\beta_i x) + C_{i4}(\cos\beta_i x + \sin\beta_i x)\right] \qquad (8\text{-}21)$$

当 $x = l_1$ 时,节点两处的 4 个协调方程为

$$\mathrm{e}^{\beta_1 l_1}(C_{11}\cos\beta_1 l_1 + C_{12}\sin\beta_1 l_1) + \mathrm{e}^{-\beta_1 l_1}(C_{13}\cos\beta_1 l_1 + C_{14}\sin\beta_1 l_1)$$
$$= \mathrm{e}^{\beta_2 l_1}(C_{21}\cos\beta_2 l_1 + C_{22}\sin\beta_2 l_1) + \mathrm{e}^{-\beta_2 l_1}(C_{23}\cos\beta_2 l_1 + C_{24}\sin\beta_2 l_1) \qquad (8\text{-}22)$$

$$-\beta_1\{\mathrm{e}^{\beta_1 l_1}[C_{11}(\cos\beta_1 l_1 - \sin\beta_1 l_1) + C_{12}(\cos\beta_1 l_1 + \sin\beta_1 l_1)] \\ - \mathrm{e}^{-\beta_1 l_1}[C_{13}(\cos\beta_1 l_1 + \sin\beta_1 l_1) - C_{14}(\cos\beta_1 l_1 - \sin\beta_1 l_1)]\}$$
$$= -\beta_2\{\mathrm{e}^{\beta_2 l_1}[C_{21}(\cos\beta_2 l_1 - \sin\beta_2 l_1) + C_{22}(\cos\beta_2 l_1 + \sin\beta_2 l_1)] \\ - \mathrm{e}^{-\beta_2 l_1}[C_{23}(\cos\beta_2 l_1 + \sin\beta_2 l_1) - C_{24}(\cos\beta_2 l_1 - \sin\beta_2 l_1)]\} \qquad (8\text{-}23)$$

$$-2\beta_1^2\left[\mathrm{e}^{\beta_1 l_1}(-C_{11}\sin\beta_1 l_1 + C_{12}\cos\beta_1 l_1) + \mathrm{e}^{-\beta_1 l_1}(C_{13}\sin\beta_1 l_1 - C_{14}\cos\beta_1 l_1)\right]$$
$$= -2\beta_2^2\left[\mathrm{e}^{\beta_2 l_1}(-C_{21}\sin\beta_2 l_1 + C_{22}\cos\beta_2 l_1) + \mathrm{e}^{-\beta_2 l_1}(C_{23}\sin\beta_2 l_1 - C_{24}\cos\beta_2 l_1)\right] \qquad (8\text{-}24)$$

$$-2\beta_1^3\{\mathrm{e}^{\beta_1 l_1}[-C_{11}(\cos\beta_1 l_1 + \sin\beta_1 l_1) + C_{22}(\cos\beta_1 l_1 - \sin\beta_1 l_1)] \\ + \mathrm{e}^{-\beta_1 l_1}[C_{13}(\cos\beta_1 l_1 - \sin\beta_1 l_1) + C_{14}(\cos\beta_1 l_1 + \sin\beta_1 l_1)]\}$$
$$= -2\beta_2^3\{\mathrm{e}^{\beta_2 l_1}[-C_{21}(\cos\beta_2 l_1 + \sin\beta_2 l_1) + C_{22}(\cos\beta_2 l_1 - \sin\beta_2 l_1)]$$

$$+ e^{-\beta_2 l_1}[C_{23}(\cos\beta_2 l_1 - \sin\beta_2 l_1) + C_{24}(\cos\beta_2 l_1 + \sin\beta_2 l_1)]\} \qquad (8\text{-}25)$$

n 个承力盘将桩身分成 $2n+1$ 段,共有 $2n$ 个共用节点,每个节点有 4 个变形协调方程,可以列出 $2n \times 4$ 个方程。

当 $x=0$,即在节点 1 处,有 $H=H_0$,$M=0$。可以得出

$$C_{12} - C_{14} = 0 \qquad (8\text{-}26)$$

$$C_{11} - C_{12} - C_{13} - C_{14} = \frac{H_0}{2EI\beta_1^3} \qquad (8\text{-}27)$$

当 $x=l$ 时,在桩端 $S=0$,$M=0$,又可以得到两个方程,即

$$e^{\beta_{(2n+1)}l}(-C_{(2n+1)1}\sin\beta_{(2n+1)}l + C_{(2n+1)2}\cos\beta_{(2n+1)}l)$$
$$+ e^{-\beta_{(2n+1)}l}(C_{(2n+1)3}\sin\beta_{(2n+1)}l - C_{(2n+1)4}\cos\beta_{(2n+1)}l) = 0 \qquad (8\text{-}28)$$

$$e^{\beta_{(2n+1)}l}[-C_{(2n+1)1}(\cos\beta_{(2n+1)}l + \sin\beta_{(2n+1)}l) + C_{(2n+1)2}(\cos\beta_{(2n+1)}l - \sin\beta_{(2n+1)}l)]$$
$$+ e^{\beta_{(2n+1)}l}[C_{(2n+1)3}(\cos\beta_{(2n+1)}l - \sin\beta_{(2n+1)}l) + C_{(2n+1)4}(\cos\beta_{(2n+1)}l + \sin\beta_{(2n+1)}l)]$$
$$= 0 \qquad (8\text{-}29)$$

由上分析可知,对于有由 n 个承力盘分成 $2n+1$ 段的支盘桩,共有 $(2n+1) \times 4$ 个初始参数,可以列出 $2n \times 4 + 4$ 个独立的方程,方程个数与未知初始参数个数相等,因此解方程组就可得到桩身的挠曲方程,由此可求出桩身任一点的挠度、转角、剪力和弯矩等。

8.1.3　算例

本节以一个承力盘的支盘桩为例,采用上述公式计算桩身挠度、弯矩和剪力,简化图形如图 8-5 所示。主桩身直径 $d=0.6\text{m}$,桩长 $l=12\text{m}$,$l_1=2.5\text{m}$,$l_2=0.8\text{m}$,$l_3=8.7\text{m}$,盘径 $D=1.2\text{m}$,桩身弹性模量 $E_p=3.0\times10^4\text{MPa}$,地基土水平抗力系数 $k_h=20000\text{kN/m}^4$。计算结果见图 8-6~图 8-8。

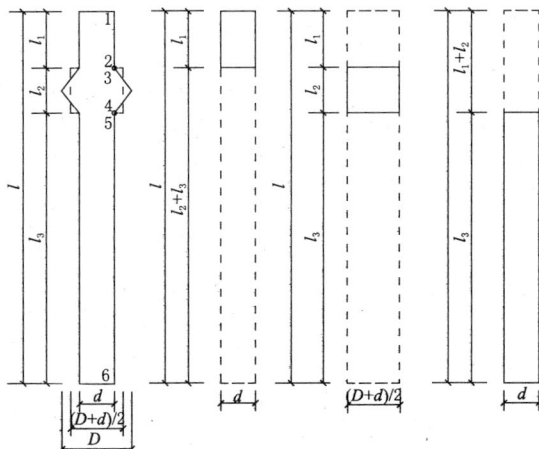

图 8-5　支盘桩简化为直桩

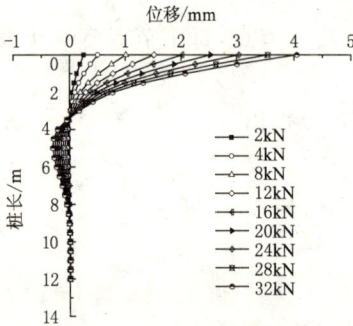

图 8-6 水平位移随荷载变化

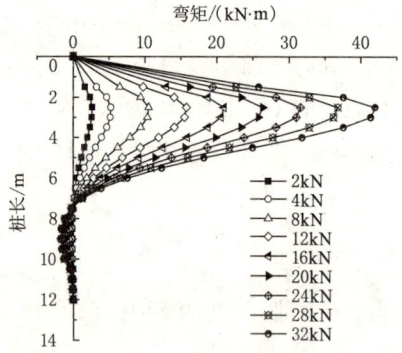

图 8-7 弯矩随荷载变化

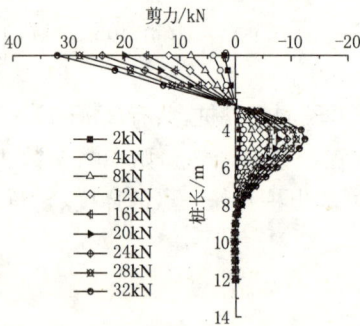

图 8-8 剪力随荷载变化

由图 8-6～图 8-8 表明,支盘桩的桩身位移随桩顶荷载的增大而呈非线性增大趋势。桩身挠度第一零点位置在地面下 4.2m 左右。桩身截面弯矩值随荷载的增大先呈非线性增大,在地面下 2.5m 达到最大值,弯矩最大值位于承力盘的顶部,然后沿桩身向下,弯矩逐渐减小,在地面以下 7.4m 处,弯矩方向发生改变。桩身截面上的剪力随荷载的增大而增大,随着深度增加,剪力几乎呈线性减小趋势,在地面以下 2.5m 处,即弯矩的最大位置,剪力减小为零。

8.2 有限元模型及基本参数

应用水平荷载桩挠曲变形的微分方程式,只能对符合张氏法规定的线性均质土等截面桩得到封闭解析解,而工程实践中大量遇到非均质土、变截面变刚度桩以及桩和土的非线性与蠕变问题。随着计算技术的迅速发展,人们将注意点转移到数值计算上来,将多种更加灵活实用的数值计算方法引入到水平荷载桩的分析计算中来,使水平荷载桩的特性研究和设计分析技术水平取得长足进步(王成,2000)。

8.2.1 材料本构模型

1. 钢筋的线弹性本构模型

如果不考虑钢筋的屈服,则钢筋的应力与应变之间的关系线弹性,可以用下式来表示:

$$\sigma = E_s \varepsilon \tag{8-30}$$

式中: σ——钢筋中的应力;

　　　ε——相应于 σ 值的应变;

　　　E_s——钢筋的弹性模量。

2. 钢筋的理想弹塑性本构模型

钢筋的应力-应变关系曲线可分为三段,即弹性段、屈服平台段和强化段。实际上,当钢筋构件形成塑性铰以后由于塑性区混凝土的极限变形很少超过 0.006,因此,钢筋受拉以后的变形即超过屈服平台进入强化段,也只能达到较小的范围,从而强化段可以简化为直线。

在钢筋混凝土构件中,钢筋屈服前有较好的线性关系,在现行的钢筋混凝土构件设计规范中,钢筋的受拉和受压均采用弹性-理想塑性本构关系,如图 8-9 所示。其应力-应变关系具有下列关系:

$$\sigma = \begin{cases} E_s \varepsilon & |\varepsilon| \leqslant \varepsilon_{sy} \\ \sigma_{sy} & \varepsilon > \varepsilon_{sy} \\ -\sigma_{sy} & \varepsilon < -\varepsilon_{sy} \end{cases} \tag{8-31}$$

式中: E_s——钢筋的拉压弹性模量;

　　　σ_{sy}——钢筋屈服极限强度;

　　　ε_{sy}——钢筋屈服极限强度所对应的应变。

标准应力和标准应变由以下公式转换为真实应力和真实应变,即

$$\sigma_t = \sigma_{nom}(1 + \varepsilon_{nom}) \tag{8-32}$$

$$\varepsilon_t = \ln(1 + \varepsilon_{nom}) \tag{8-33}$$

式中: σ_t、ε_t——真实应力、应变;

　　　σ_{nom}、ε_{nom}——标准应力、应变。

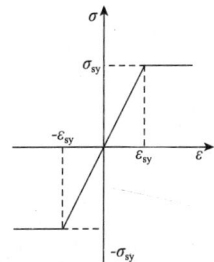

图 8-9　钢筋的理想弹塑性应力-应变关系

8.2.2　本章用到的单元

1. 空间八节点等参元

形函数是局部坐标的一次式,空间八结点等参元的八个形函数可统一表示为

$$N_i = \frac{1}{8}(1 + \xi\xi_i)(1 + \eta\eta_i)(1 + \zeta\zeta_i) \quad (i = 1, 2, \cdots, 8) \tag{8-34}$$

可见,在自身结点处,即当 $\xi = \xi_i$, $\eta = \eta_i$, $\zeta = \zeta_i$, $N_i = 1$; 而在其他结点处,即当 $\xi = \xi_j$, $\eta = \eta_j$, $\zeta = \zeta_j (j \neq i)$, $N_i = 0$。

另外

$$\sum_{i=1}^{8} N_i = 1, \quad \sum_{i=1}^{8} N_i \xi_i = \xi, \quad \sum_{i=1}^{8} N_i \eta_i = \eta, \quad \sum_{i=1}^{8} N_i \zeta_i = \zeta$$

利用整体坐标与局部坐标变换式

$$\begin{cases} x = \sum_{i=1}^{n} N_i x_i \\ y = \sum_{i=1}^{n} N_i y_i \\ z = \sum_{i=1}^{n} N_i z_i \end{cases} \tag{8-35}$$

式中：$N_i = N_i(\xi, \eta, \zeta)$——单元的形函数；

　　　ξ, η, ζ——经过几何形状规则的标准单元（母单元）中心建立的坐标系；

　　　x, y, z——真实单元（子单元）所在的坐标系，通常称为总体坐标系，在该坐标系下单元内任意一点的坐标称为整体坐标；

　　　x_i, y_i, z_i——单元结点的整体坐标；

　　　n——单元的结点数。结合复合函数求导法则，可得到形函数关于整体坐标的导数，即

$$\begin{bmatrix} \dfrac{\partial N_i}{\partial x} \\[2mm] \dfrac{\partial N_i}{\partial y} \\[2mm] \dfrac{\partial N_i}{\partial z} \end{bmatrix} = \boldsymbol{J}^{-1} \begin{bmatrix} \dfrac{\partial N_i}{\partial \xi} \\[2mm] \dfrac{\partial N_i}{\partial \eta} \\[2mm] \dfrac{\partial N_i}{\partial \zeta} \end{bmatrix} \tag{8-36}$$

式中：$\boldsymbol{J}$——三阶 Jacobi 矩阵，即

$$\boldsymbol{J} = \begin{bmatrix} \dfrac{\partial x}{\partial \xi} & \dfrac{\partial y}{\partial \xi} & \dfrac{\partial z}{\partial \xi} \\[2mm] \dfrac{\partial x}{\partial \eta} & \dfrac{\partial y}{\partial \eta} & \dfrac{\partial z}{\partial \eta} \\[2mm] \dfrac{\partial x}{\partial \zeta} & \dfrac{\partial y}{\partial \zeta} & \dfrac{\partial z}{\partial \zeta} \end{bmatrix} = \begin{bmatrix} \sum_{i=1}^{8} x_i \dfrac{\partial N_i}{\partial \xi} & \sum_{i=1}^{8} y_i \dfrac{\partial N_i}{\partial \xi} & \sum_{i=1}^{8} z_i \dfrac{\partial N_i}{\partial \xi} \\[2mm] \sum_{i=1}^{8} x_i \dfrac{\partial N_i}{\partial \eta} & \sum_{i=1}^{8} y_i \dfrac{\partial N_i}{\partial \eta} & \sum_{i=1}^{8} z_i \dfrac{\partial N_i}{\partial \eta} \\[2mm] \sum_{i=1}^{8} x_i \dfrac{\partial N_i}{\partial \zeta} & \sum_{i=1}^{8} y_i \dfrac{\partial N_i}{\partial \zeta} & \sum_{i=1}^{8} z_i \dfrac{\partial N_i}{\partial \zeta} \end{bmatrix} \tag{8-37}$$

$$\begin{cases} \dfrac{\partial N_i}{\partial \xi} = \dfrac{1}{8} \xi_i (1 + \eta \eta_i + \zeta \zeta_i + \eta \zeta \eta_i \zeta_i) \\[2mm] \dfrac{\partial N_i}{\partial \eta} = \dfrac{1}{8} \eta_i (1 + \zeta \zeta_i + \xi \xi_i + \xi \zeta \xi_i \zeta_i) \\[2mm] \dfrac{\partial N_i}{\partial \zeta} = \dfrac{1}{8} \zeta_i (1 + \xi \xi_i + \eta \eta_i + \xi \eta \xi_i \eta_i) \end{cases} \tag{8-38}$$

2. 空间八节点无限元(谢康和等,2002)

采用三维有限元与三维无限元相耦合的方法对半无限地基受荷问题进行模拟计算,可以较好地解决用有限元模拟半无限地基时计算域有限的问题,同时也减少了工作量。因此,本书采用空间八节点有限元(C3D8)耦合空间八节点无限元(CIN3D8)这一新模型对水平荷载作用下挤扩支盘桩的极限承载性状进行研究,有关空间八节点无限元相关理论如下。

总体坐标系和局部坐标系中的三维八节点无限元如图 8-10 和图 8-11 所示。无限元可以分为 $\zeta \leqslant 0$ 和 $\zeta \geqslant 0$ 两部分分别映射,当 $\zeta \leqslant 0$ 时,映射是局部坐标系下的有限域到整体坐标系下的有限域,与常规有限元相同,直接将此无限元的映射函数取为关于其 8 个节点的 Serendipity 形函数,即

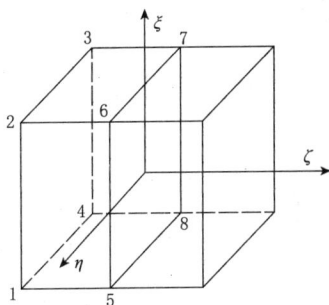

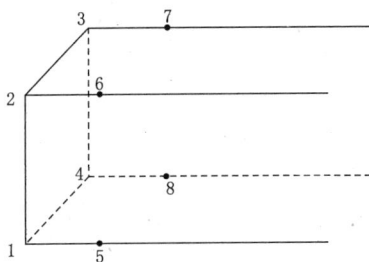

图 8-10　八节点无限元母体单元　　　　图 8-11　八节点无限元

当 $\zeta \leqslant 0$ 时

$$N_i = \begin{cases} -\dfrac{1}{4}\zeta(1+\eta_i\eta)(1+\xi_i\xi) & i=1,2,3,4 \\[2mm] \dfrac{1}{4}(1+\zeta)(1+\eta_i\eta)(1+\xi_i\xi) & i=5,6,7,8 \end{cases} \tag{8-39}$$

当 $\zeta > 0$ 时,映射局部坐标系下的有限域到整体坐标系下的无限域。由于采用了侧向平行设置法,η、ξ 的映射关系不变,ζ 的映射采用一维无限元中的映射函数 N^L,映射函数 N^L 可以写为

$$x = \sum_{i=1}^{2} N_i^L(\zeta)x_i \tag{8-40}$$

式中

$$\begin{cases} N_1^L = \dfrac{-2\zeta}{1-\zeta} \\[2mm] N_2^L = \dfrac{1+\zeta}{1-\zeta} \end{cases} \tag{8-41}$$

由以上可得 $\zeta > 0$ 时的形函数

$$N_i = \begin{cases} -\dfrac{1}{2(1-\zeta)}(1+\eta_i)(1+\xi_i) & i=1,2,3,4 \\ \dfrac{1}{4(1-\zeta)}(1+\zeta)(1+\eta_i)(1+\xi_i) & i=5,6,7,8 \end{cases} \quad (8\text{-}42)$$

三维八节点无限元的坐标变换为

$$x = \sum_{i=1}^{8} N_i x_i, \quad y = \sum_{i=1}^{8} N_i y_i, \quad z = \sum_{i=1}^{8} N_i z_i \quad (8\text{-}43)$$

式中：N_i ——坐标映射函数。

无限元的位移变换式采用下列形函数来实现：

$$\begin{cases} u = \sum_{i=1}^{8} M_i^0 f\left(\dfrac{r_i}{r}\right) u_i \\ v = \sum_{i=1}^{8} M_i^0 f\left(\dfrac{r_i}{r}\right) v_i \\ w = \sum_{i=1}^{8} M_i^0 f\left(\dfrac{r_i}{r}\right) w_i \end{cases} \quad (8\text{-}44)$$

式中：M_i^0 —— $\zeta \leqslant 0$ 时的 N_i；

$f\left(\dfrac{r_i}{r}\right)$ ——衰减函数，为了得到无限远处位移为零的边界条件，衰减函数必

须满足 $r \to \infty$，$f\left(\dfrac{r_i}{r}\right) \to 0$ 的要求，因此有

$$f\left(\dfrac{r_i}{r}\right) = \left(\dfrac{r_i}{r}\right)^a, \quad a \geqslant 1 \quad (8\text{-}45)$$

式中：r ——计算点到衰减中心之间的距离；

r_i ——节点 i 的衰减半径。

若取总体坐标原点作为衰减中心，则

$$r = \sqrt{x^2+y^2+z^2} = \sqrt{(\sum_{i=1}^{8} N_i x_i)^2 + (\sum_{i=1}^{8} N_i y_i)^2 + (\sum_{i=1}^{8} N_i z_i)^2} \quad (8\text{-}46)$$

$$r_i = \sqrt{x_i^2 + y_i^2 + z_i^2} \quad (8\text{-}47)$$

这样衰减函数既能满足连续条件，又能实现无限远处位移为零的边界条件。无限元的应变、应力和单元刚度的计算公式与有限元类似。

3. 杆单元

杆单元可用来模拟平面或空间的只承受轴向力作用的线状结构，不考虑弯矩或垂直向荷载的作用。本书采用了空间三节点曲线杆单元单元（T3D3）来模拟水平荷载作用下挤扩支盘桩中的纵向钢筋与箍筋（朱明双，2006）。

空间杆单元与平面杆单元相类似,只是每个节点有三个自由度,其在单元坐标系下的刚度矩阵为

$$\overline{K}^{e} = \begin{bmatrix} \dfrac{EA}{l} & 0 & 0 & \dfrac{EA}{l} & 0 & 0 \\ & 0 & 0 & 0 & 0 & 0 \\ & & 0 & 0 & 0 & 0 \\ \text{sym} & & & \dfrac{EA}{l} & 0 & 0 \\ & & & & 0 & 0 \\ & & & & & 0 & 0 \end{bmatrix} \quad (8\text{-}48)$$

设单元方向和整体坐标系的 x、y、z 轴所成角度分别为 α、β、γ(图 8-12),则在整体坐标系下的单元刚度矩阵为

$$K^{e} = \begin{bmatrix} S_1 & S_2 & S_3 & -S_1 & -S_2 & -S_3 \\ & S_4 & S_5 & -S_2 & -S_4 & -S_5 \\ & & S_6 & -S_3 & -S_5 & -S_6 \\ \text{sym} & & & S_1 & S_2 & S_3 \\ & & & & S_4 & S_5 \\ & & & & & S_6 \end{bmatrix} \quad (8\text{-}49)$$

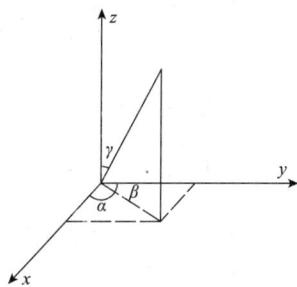

图 8-12　空间杆单元坐标变换

式中　$S_1 = \dfrac{EA}{l}\cos^2\alpha$,　$S_2 = \dfrac{EA}{l}\cos\alpha\cos\beta$

$S_3 = \dfrac{EA}{l}\cos\alpha\cos\gamma$,　$S_4 = \dfrac{EA}{l}\cos^2\beta$

$S_5 = \dfrac{EA}{l}\cos\beta\cos\lambda$,　$S_6 = \dfrac{EA}{l}\cos^2\lambda$

8.2.3　基本参数及边界条件

1. 材料参数

桩身为线弹性材料,弹性模量 $E_p = 3.0 \times 10^4$ MPa,泊松比 $\mu_p = 0.1667$;近场域土体为弹塑性材料,采用 Mohr-Coulomb 模型,弹性模量 $E_s = 30$ MPa,泊松比 $\mu_s = 0.3$,内摩擦角 $\varphi = 30°$,黏聚力 $c = 30$ kPa,不考虑土的剪胀性,远场域土体为线弹性模型,弹性模量 $E_s = 30$ MPa,泊松比 $\mu_s = 0.3$。

2. 边界条件

桩身直径为 d,承力盘桩径为 D,承力盘高度为 0.8m,桩长为 l。为了加载方便,

桩顶伸出地面 0.5m,其他参数见图 8-13。土体近场域取 $8d$,远场域土体范围取 1 倍近场域土体到桩中心的距离,深度方向取 1 倍桩长。土体底部为铰接,约束三个方向的平动自由度。在桩外侧与相邻近场域土体之间,桩底与桩底土体之间设置接触面。

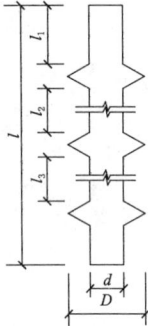

图 8-13　支盘桩示意图

8.2.4　基本假定

为了简化计算,分析中作出如下假定:

(1) 不考虑分支的作用,假定支盘桩仅有承力盘。

(2) 桩的存在不影响土体参数。

(3) 桩是线弹性材料,桩身有变形发生,在桩顶加载部位,有局部的压缩变形。

(4) 假定桩土之间接触面上的摩擦系数在加载过程中保持不变,且考虑初始应力场。

8.2.5　网格划分

对支盘桩在水平荷载作用下的受力分析采用三维模型,模型中包括混凝土、钢筋和土体。为了节省计算时间,提高计算精度,采用有限元与无限元耦合的方法,将土体分成近场域和远场域两部分。近场域土体采用空间八节点等单元(C3D8)进行离散,远场域土体采用空间八节点无限元(CIN3D8)离散。桩身混凝土用空间八节点单元(C3D8)离散,钢筋用空间三节点杆单元(T3D3)离散,钢筋埋入混凝土桩中。网格划分见图 8-14。

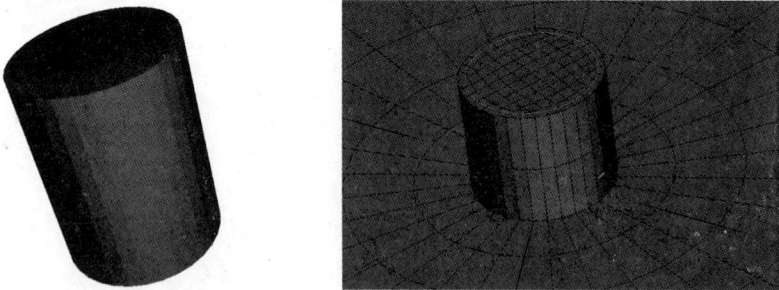

图 8-14　三维网格划分

8.3　有限元结果与理论分析结果比较

首先,对具有一个承力盘支盘桩进行有限元分析,桩的基本参数与上文解析法计算的参数相同。主桩径 $d=0.6m$,桩长 $l=12.5m$,地面以下为 12.0m,承力盘高度为 0.8m，l_1＝3.0m。图 8-15～图 8-17 为当承受 32kN 水平荷载时有限元分析结果与 8.1.3 节计算结果的对比情况。

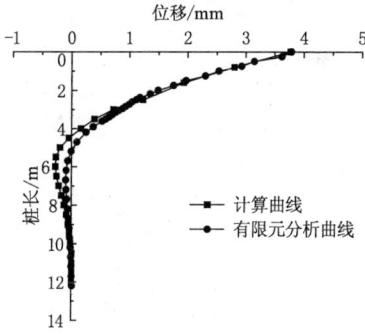

图 8-15　桩身水平位移对比情况

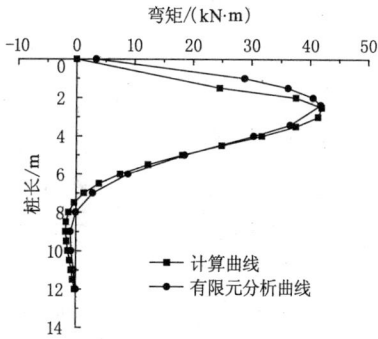

图 8-16　桩身弯矩对比情况

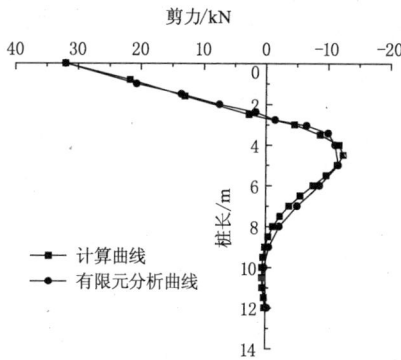

图 8-17　桩身剪力对比情况

由图 8-15～图 8-17 可以看出，桩身位移曲线在地面以下 3.0m 以上区域，有限元分析结果与理论计算结果吻合较好，3～8m 区域出现了一定程度的差异，这种差异主要是由于没有考虑土弹簧的非线性，即没有考虑土压力随变形的变化而造成的。不过，从总体上看，两者结果吻合较好，说明本章采用的有限元分析方法可行。

8.4　基本算例分析

算例分析中的支盘桩仅有一个承力盘，桩顶到盘顶的距离 l_1＝3.0m，桩径 d＝0.6m，盘径 D＝1.2m，桩长 l＝12.5m，承力盘高为 0.8m，对支盘桩进行有限元分析的结果如图 8-18～图 8-25 所示。

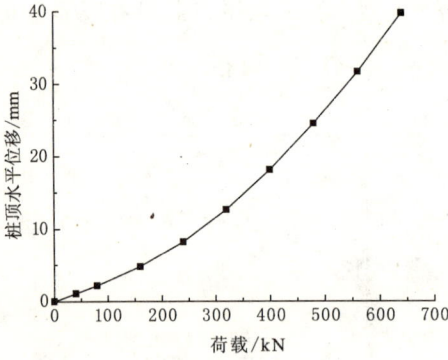

图 8-18　桩顶水平位移随荷载的变化情况

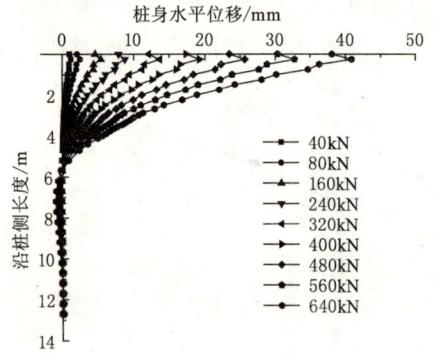

图 8-19　桩身水平位移随荷载变化情况

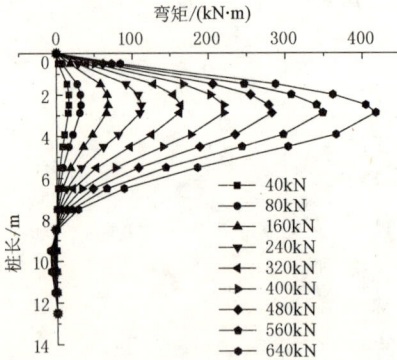

图 8-20　弯矩随荷载变化情况

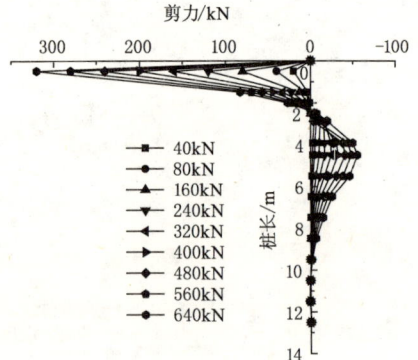

图 8-21　剪力随荷载变化情况

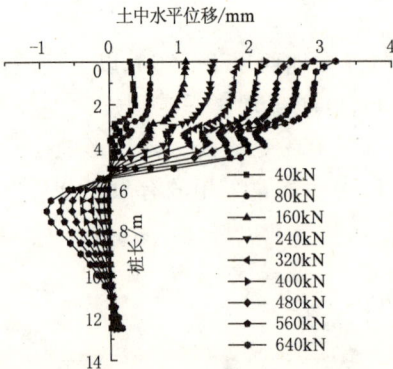

图 8-22　桩后土中位移随荷载变化情况

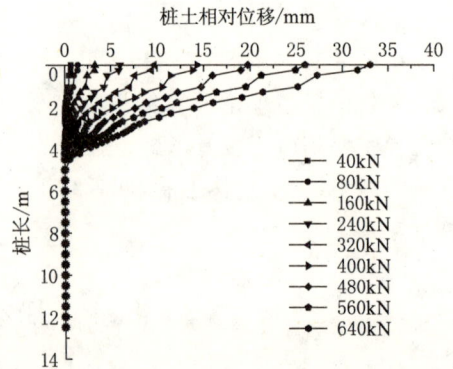

图 8-23　桩土相对位移随荷载变化情况

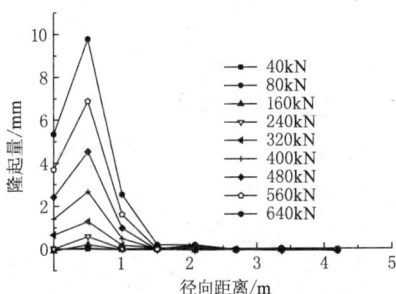

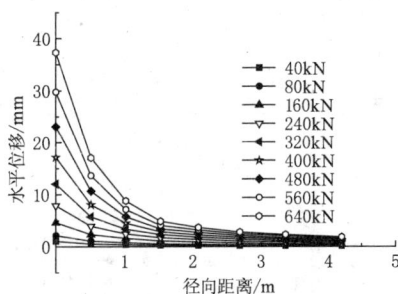

图 8-24 桩前地面土的隆起量随荷载变化情况   图 8-25 桩前地面水平位移随荷载变化情况

有限元分析结果表明,支盘桩桩身侧面上的水平位移随荷载的增大而增大,在加载部位,由于桩身混凝土的压缩,其水平位移大于桩顶位移,随着桩入土深度的增大,桩身位移逐渐减小,在地面以下 5m 左右,桩身水平位移接近为零。桩身截面的弯矩随荷载的增加而增加,随桩入土深度增大而增大,在地面以下 2.5m 处,弯矩达到最大值。桩身截面的剪力,随桩顶荷载增大而增大,随桩入土深度增加而减小,在弯矩最大处,桩身剪力为零。桩后土中水平位移随桩入土深度的增加而减小,在承力盘上部,由于承力盘的挤压作用,位移减小;在承力盘下部,由于土体的松弛和受到承力盘向前的推力,位移有所增大。在地面以下 5.5m 处,土中位移曲线出现反弯点。桩和土之间的相对位移是反映桩土脱离程度的一个重要参数,从图 8-23 可以看出,桩土相对位移随着桩入土深度的增大几乎呈线性减小趋势。桩土之间脱离深度随着荷载增大而增大,在 40kN 荷载作用下,脱离深度为 3.0m,而在 640kN 荷载作用下,脱离深度达到在地面以下 4.7m 处。桩前地表面的水平位移和隆起量随离开桩侧面距离的增加而减小(图 8-24),隆起量较大的区域在桩侧面 1.5m 左右,约为 2.5d,地面隆起量最大值在桩侧面 0.5m 处;水平位移在紧靠桩侧面部位最大,离开桩侧面 2m 左右,位移值衰减很快。如在 640kN 荷载作用下,紧靠桩前地面水平位移为 37.3mm,在离开桩侧 2.08m 处,地面水平位移降至 3.68mm,仅为桩前的 9.87%,到近场域与远场域交界处,地面水平位移为 1.85mm,为桩前部位的 4.95%。

8.5 桩身几何参数对支盘桩水平承载性状的影响

8.5.1 承力盘位置的影响

支盘桩有一个承力盘,桩顶到承力盘顶面的距离 l_1 分别为 1.5m、3.0m、4.5m,桩长 $l=12.5m$,桩径 $d=0.6m$,盘径 $D=1.2m$,盘高为 0.8m。分析结果表明桩身的挠度、弯矩、剪力、桩土相对位移以及桩前土的隆起量的变化规律如图

8-26～图 8-31 所示。

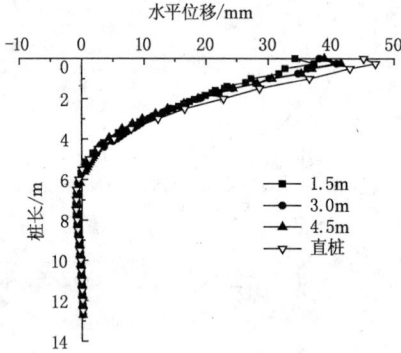

图 8-26　盘位置对桩身水平位移的影响

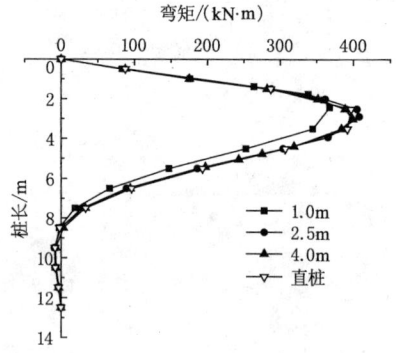

图 8-27　盘位置对桩身弯矩的影响

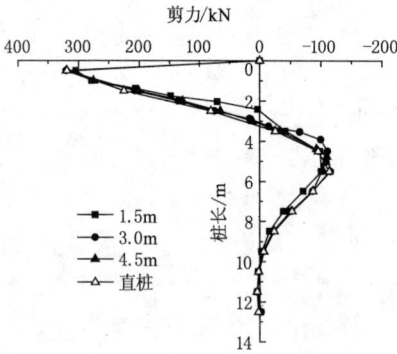

图 8-28　盘位置对剪力的影响

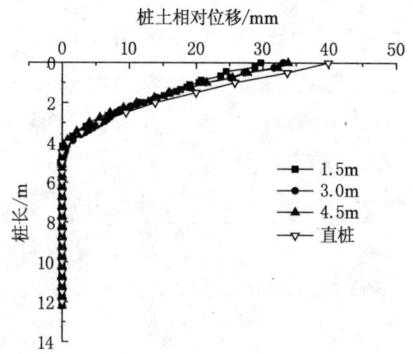

图 8-29　盘位置对桩土相对位移的影响

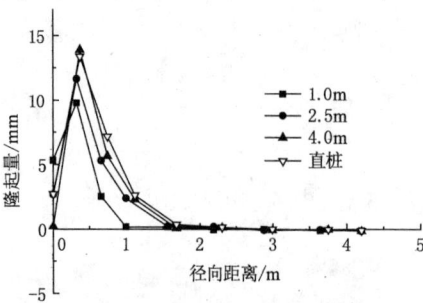

图 8-30　盘位置对桩前地面隆起量的影响

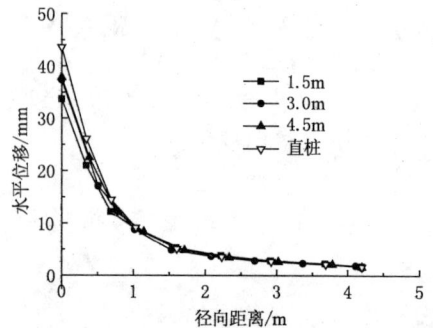

图 8-31　盘位置对桩前地面
水平位移的影响

图 8-26 是在桩顶水平荷载为 640kN 时,桩身水平位移随深度变化的曲线。由于承力盘的存在,支盘桩的水平桩顶位移较直桩有明显减小。支盘桩承力盘的位置越接近桩顶,其水平位移值就越小,相应的其水平承载力就越高。支盘桩桩身的最大弯矩与承力盘位置有关,当承力盘位于靠近桩顶部位时,桩身最大弯矩明显减小,当承力盘距离桩顶较远时,桩身最大弯矩与直桩差不多。由图 8-28 可见,桩身剪力值及变化趋势受承力盘位置的影响不太明显。桩土的相对位移随着承力盘位置的加深而增加,但是脱离深度几乎不受影响,均在 4m 左右。桩前土中的最大隆起量位于桩前 0.5m 处,承力盘位置越靠上,桩前地面土体的最大隆起量越小。可见承力盘越靠上,桩抵抗水平荷载的能力越强,对桩前土的挤压作用越小。当承力盘下移至 4.5m 时,承力盘的存在对桩前土隆起的影响消失,这时与直桩几乎相等。

本例中挤扩支盘桩混凝土用量为 3.81m³,直桩混凝土用量为 3.53m³,挤扩支盘桩混凝土用量比直桩多 8%。当承力盘位于地面以下 1.0m 时,桩顶水平位移明显减小,说明只要承力盘位置合适,支盘桩比直桩更经济。

由以上分析可知,承力盘的位置对支盘桩的水平承载性能的影响较大,承力盘越接近地面,对提高桩的承载力、降低最大弯矩的作用越明显,承力盘埋藏越深,作用越不明显。因此,在工程中,尽可能使承力盘位于靠近地面的位置,以充分利用承力盘的水平承载作用。

8.5.2　承力盘个数的影响

当桩长 $l=12.5m$,桩径 $d=0.6m$,盘径 $D=1.2m$,盘高为 0.8m 时,分别对具有一盘、两盘、三盘的支盘桩水平承载性状进行分析,研究承力盘个数对上述各种参数的影响规律。其中,对于两盘桩,$l_2=4d$,对于三盘桩,$l_2=l_3=4d$,有限元分析结果如图 8-32～图 8-37 所示。

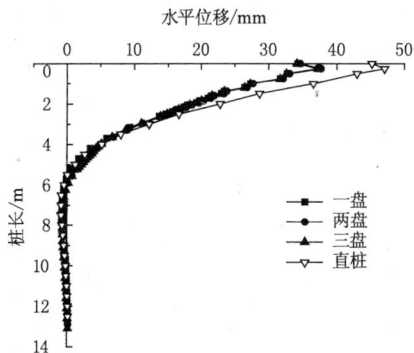

图 8-32　盘数对桩身水平位移的影响　　　　　图 8-33　盘数对弯矩的影响

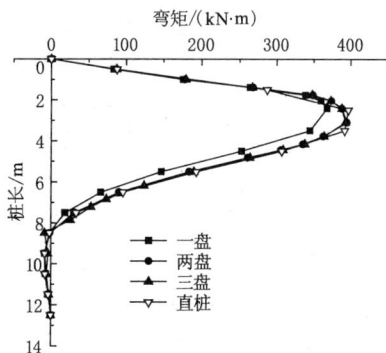

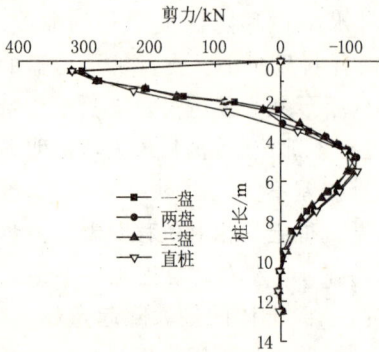

图 8-34　盘数对剪力的影响

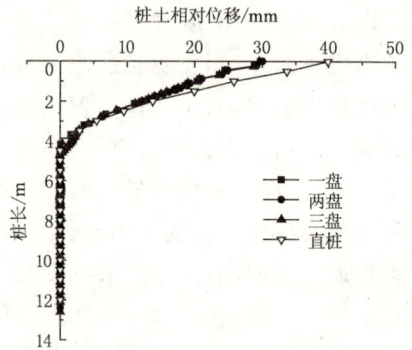

图 8-35　盘数对桩土相对位移的影响

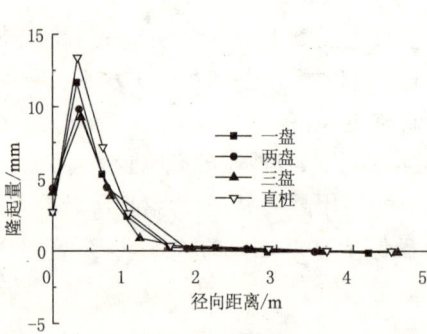

图 8-36　盘数对桩前地面隆起量的影响

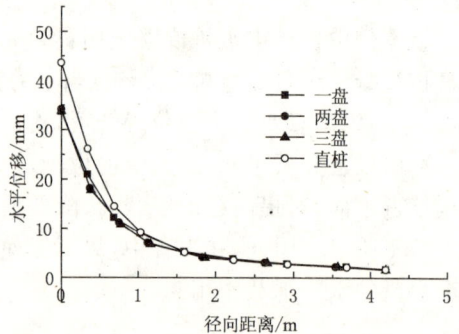

图 8-37　盘数对桩前地面水平
位移的影响

　　与直杆桩相比,在相等荷载作用下,支盘桩水平位移较小,说明其水平承载力较高。对于支盘桩来说,承力盘的个数对桩顶水平位移影响不明显。分析结果表明,单盘桩桩身最大弯矩减小比较明显,对于多盘桩,桩身最大弯矩值与直桩差别不大。盘数对桩身剪力和桩土之间的脱离深度没有太大影响。桩前地面隆起量最大值在桩前约 0.5m 处,直桩的隆起量最大,单盘桩次之,两盘和三盘桩最小,且其值相差不大,桩前地面的水平位移受盘数的影响不明显。

　　对于本例具有一盘、两盘、三盘的支盘桩,桩身混凝土用量比直桩分别高出8%、16%和24%,可见,盘数越多,经济性越差。由此可见,承力盘的个数不是越多越好,当位置合适时,仅设置一个承力盘就能有效提高桩的水平承载力,再增加更多的承力盘只会增加工程量和工程造价,对提高桩的承载力没有明显作用。

8.5.3　承力盘间距的影响

　　图 8-38～图 8-43 是当桩长 $l=12.5m$,地面至盘顶的距离 $l_1=1.5m$,桩径 $d=$

0.6m,盘径 $D=1.2$m,盘高为 0.8m,有两个承力盘,盘间距 l_2 分别为 $4d$、$6d$、$8d$时,支盘桩的受力和变形规律。

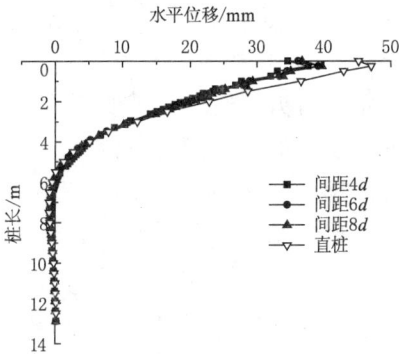

图 8-38　盘间距对桩身水平位移的影响

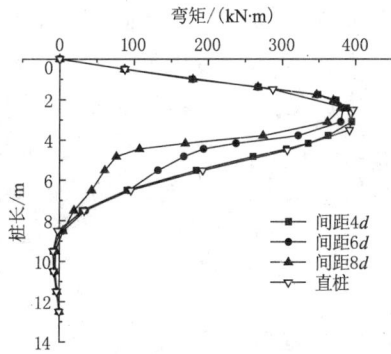

图 8-39　盘间距对弯矩的影响

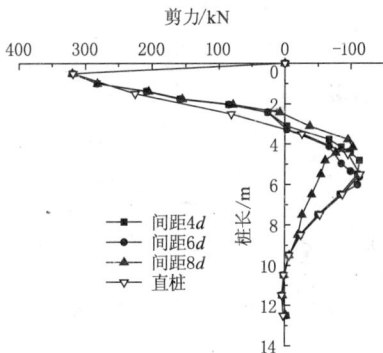

图 8-40　盘间距对剪力的影响

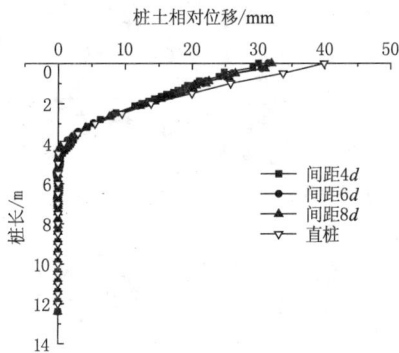

图 8-41　盘间距对桩土相对位移的影响

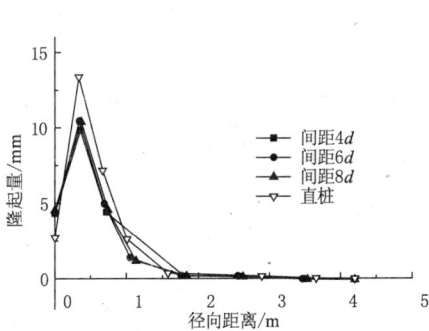

图 8-42　盘间距对桩前地面隆起量的影响　图 8-43　盘间距对桩前地面水平位移的影响

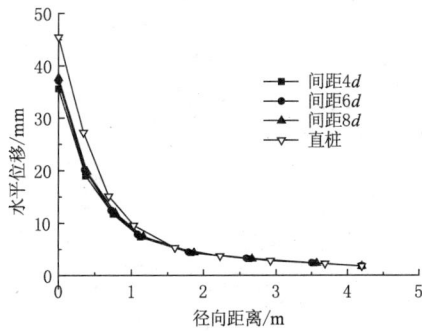

在第一个承力盘位置不变的情况下,两个承力盘间距的改变即是第二个承力盘位置的改变。从图 8-38 可知,不管承力盘的间距是多少,支盘桩的桩顶水平位

移都明显小于直桩。桩身截面弯矩最大值随承力盘的间距增大变化不大,弯矩随桩长的变化曲线规律为:在最大弯矩截面以上部分,不管是直桩还是支盘桩,没有太大区别;在最大弯矩截面和弯矩第一零点之间,随承力盘间距增大,同高度截面上弯矩值减小,但弯矩第一零点位置基本上相同。桩身截面剪力随桩入土深度变化规律是:在剪力达到负的最大值以前,盘间距对剪力曲线影响不明显,在达到负最大值以后,间距越大,剪力的衰减越快。因此在间距为 $4d$ 的支盘桩桩土之间的相对位移受承力盘间距的影响不大,对于三种间距的支盘桩,脱离深度在4.7m,而直桩为5m左右。桩前土的隆起量和水平位移受承力盘间距的影响不明显,但数值上均小于直桩。

8.5.4　承力盘直径的影响

当 $l_1=3.0\mathrm{m}$,$l=12.5\mathrm{m}$,$d=0.6\mathrm{m}$,承力盘直径分别为 $D=1.2\mathrm{m}$、$1.0\mathrm{m}$、$0.8\mathrm{m}$ 时,桩的受力和变形性状如图 8-44~图 8-49 所示。

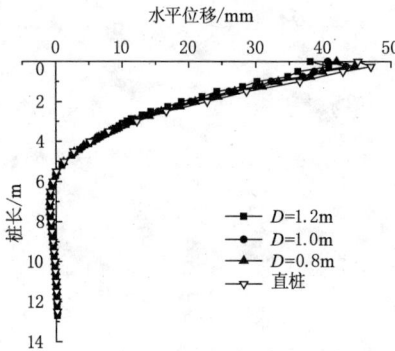

图 8-44　盘径对桩身水平位移的影响

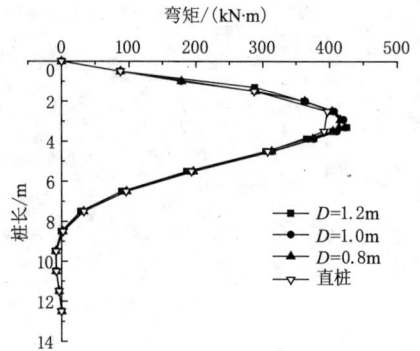

图 8-45　盘径对弯矩的影响

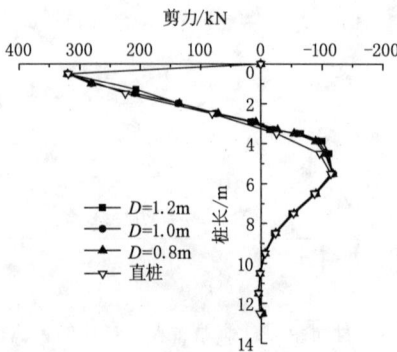

图 8-46　盘径对剪力的影响

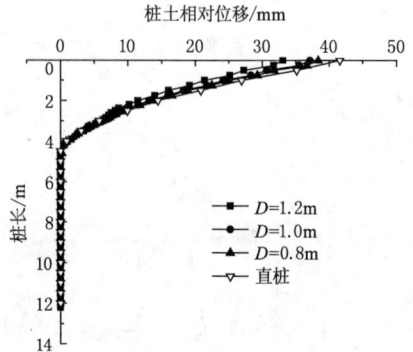

图 8-47　盘径对桩土相对位移的影响

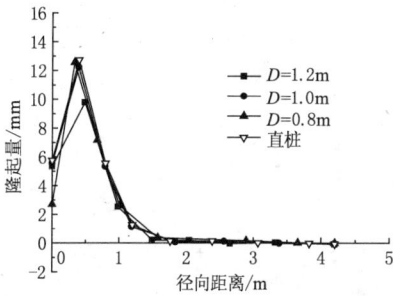

图 8-48　盘径对桩前地面隆起量的影响　　图 8-49　盘径对桩前地面水平位移的影响

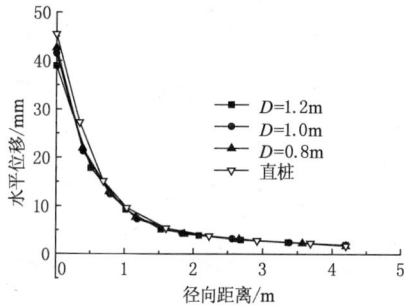

在其他参数均不变情况下，随着承力盘直径的减小，支盘桩逐渐过渡到直桩。桩顶水平位移随着承力盘直径的减小而增大，承力盘直径变化对桩身截面弯矩和剪力的影响很小，可以不计。桩土之间的脱离深度受盘径的影响不大，在各种盘径下，脱离深度基本上均在 4.5m 左右。桩前土的隆起量随盘径的减小而增大，当盘径为 1.2m 时，桩前土的隆起量和水平位移最大值最小，其他几种情况基本相等。

由以上分析可见，当主桩径一定时，只有承力盘直径达到一定程度以后，才能有效地提高桩的承载力，如果承力盘直径太小，则承载力优越性无法体现。

8.5.5　桩长的影响

当桩径 $d=0.6$m，承力盘直径 $D=1.2$m，地面至承力盘顶面的距离 $l_1=3.0$m，盘高为 0.8m，桩长 l 分别为 6.5m、8.5m、12.5m、16.5m、20.5m 时，支盘桩的承载力和变形特性如图 8-50～图 8-55 所示。

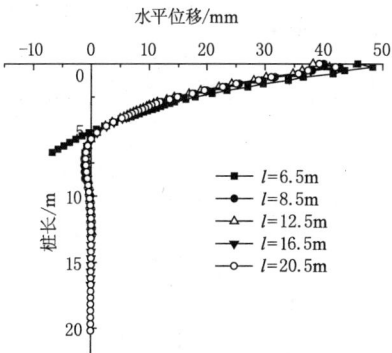

图 8-50　桩长对桩身水平位移的影响　　　图 8-51　桩长对弯矩的影响

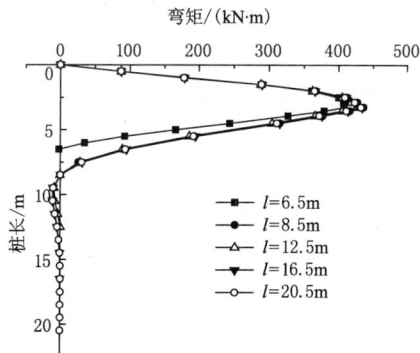

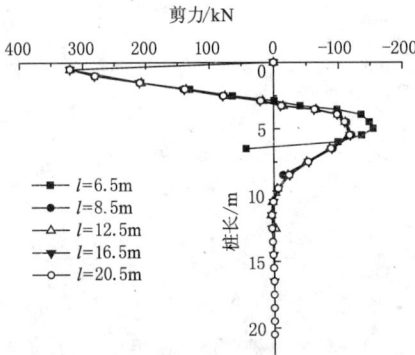

图 8-52　桩长对剪力的影响

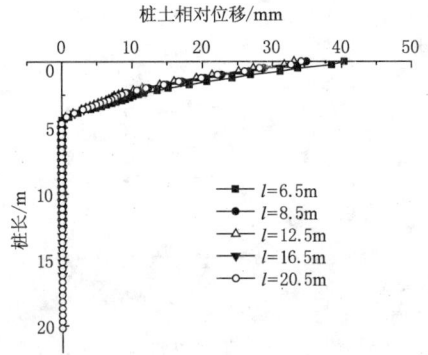

图 8-53　桩长对桩土相对位移的影响

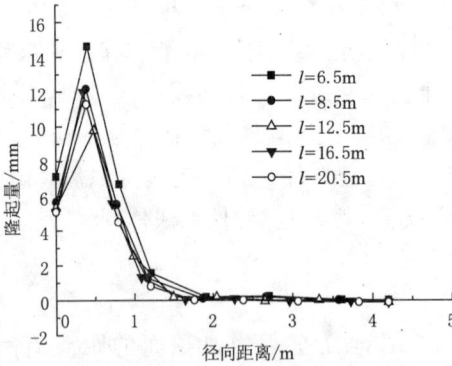

图 8-54　桩长对桩前地面隆起量的影响

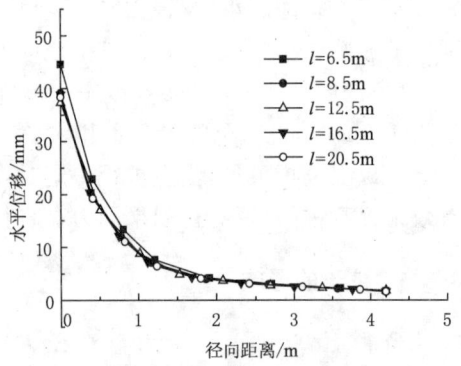

图 8-55　桩长对桩前地面水平位移的影响

　　对 5 种不同桩长的支盘桩的分析结果可以看出,随着桩长增加,桩顶水平位移逐渐减小,但减小的幅度越来越小。桩长为 6.5m 时,桩顶水平位移大于其他几种情况;当桩长超过 8.5m 以后,桩顶水平位移相差不多。从桩身水平位移曲线的发展规律上看,当桩长为 6.5m 时,桩身水平位移随桩长几乎成直线变化,说明桩绕着桩身某一点发生了刚性转动,表现出刚性桩的特征。桩身弯矩在桩端处出现弯矩零点,这也是刚性桩的特征。同时,在剪力、桩前地面的隆起量和水平位移方面,6.5m 桩长与其他几种桩长之间也存在较大的差别。但是对于桩土之间的相对位移以及桩土之间的脱离深度,桩长没有产生太大的影响。

　　以上分析表明,水平受荷挤扩支盘桩有一临界桩长,当小于临界桩长时,桩的承载力明显降低,桩绕着桩身的某一点出现刚性转动;而大于临界桩长以后,再增加桩长,对承载力的影响不大。因此,在设计水平受荷挤扩支盘桩时,桩长只要大于临界桩长即可,不能通过增加桩长来提高桩的承载力。

8.5.6　桩身直径的影响

有一个承力盘,桩长 $l=12.5\mathrm{m}$,$l_1=3.0\mathrm{m}$,$D=1.2\mathrm{m}$,盘高为 $0.8\mathrm{m}$,d 分别为 500mm、600mm、700mm 三种桩径的支盘桩进行分析,所得桩的受力、变形特性见图 8-56～图 8-61。

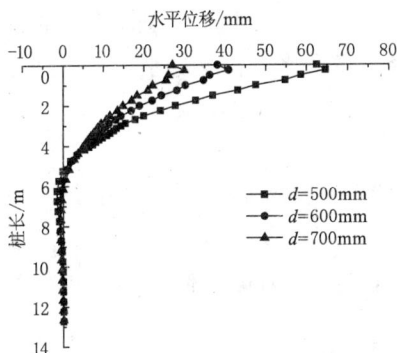

图 8-56　桩径对桩身水平位移的影响

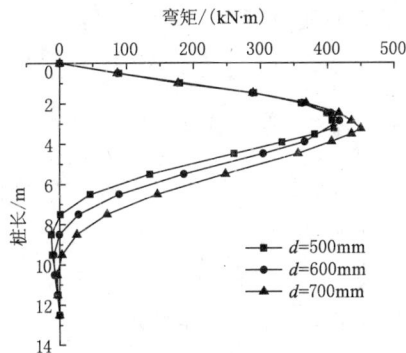

图 8-57　桩径对桩身弯矩的影响

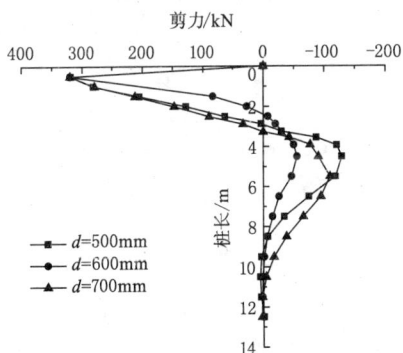

图 8-58　桩径对剪力的影响

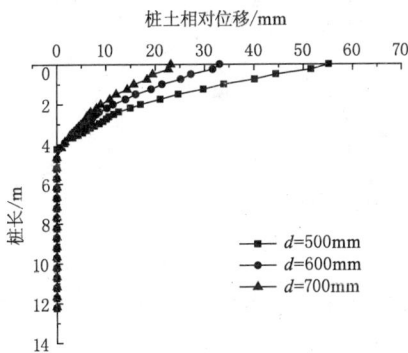

图 8-59　桩径对桩土相对位移的影响

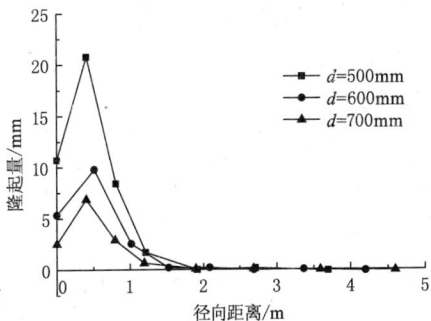

图 8-60　桩径对桩前地面隆起量的影响

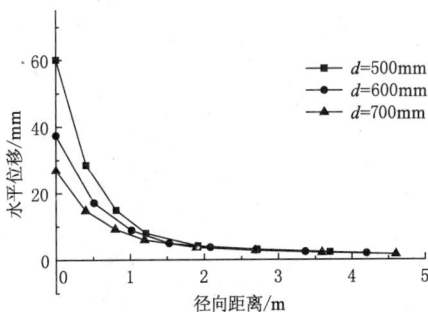

图 8-61　桩径对桩前地面水平位移的影响

桩身位移随着直径的增加而减小,可见当桩身和土层其他参数一定时,增大桩径可以有效提高桩的水平承载力,减小桩身位移。但是随着桩径增大,桩顶位移减小的幅度越来越小,如果想通过增加桩径来提高桩的水平承载力,必然会造成桩身下部混凝土利用不充分,从而提高了造价。随着桩径增大,桩身截面最大弯矩值改变有限,而弯矩第一零点的位置下移表现比较明显。桩土之间的相对位移随桩径的增大而明显减小,但是其脱离深度所受影响不大。桩前土体的隆起量和土体的水平位移受桩径的影响较大,桩径越大,隆起量和水平位移越小。

8.5.7　桩顶约束条件的影响

图 8-62～图 8-67 是对桩顶自由和固定两种情况下,支盘桩的承载力和变形特性沿桩长的变化规律。桩顶自由时,$l=12.5\text{m}$,$l_1=3.0\text{m}$,$d=0.6\text{m}$,$D=1.2\text{m}$;桩顶固定时,$l=12.0\text{m}$,$l_1=2.5\text{m}$,$d=0.6\text{m}$,$D=1.2\text{m}$,此时桩顶只允许发生荷载方向的位移,不允许发生转动。

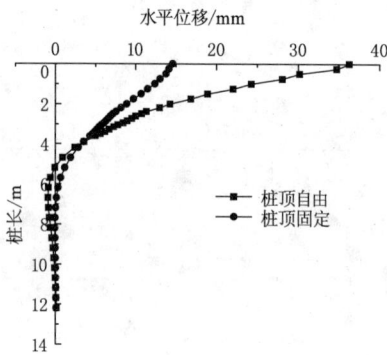

图 8-62　桩顶约束条件对桩身水平位移的影响

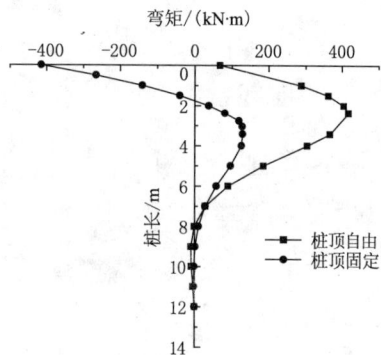

图 8-63　桩顶约束条件对弯矩的影响

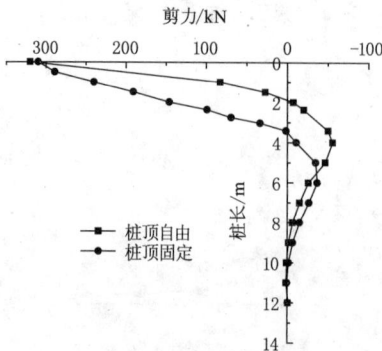

图 8-64　桩顶约束条件对剪力的影响

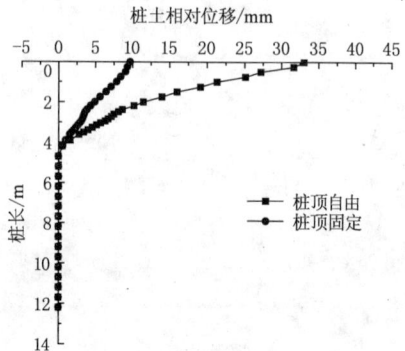

图 8-65　桩顶约束条件对桩土相对位移的影响

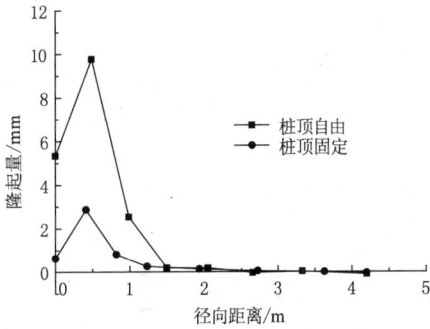

图 8-66　桩顶约束条件对桩前地面
隆起量的影响

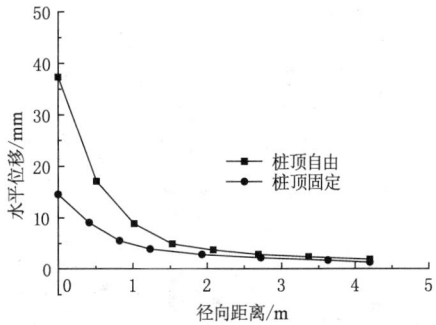

图 8-67　桩顶约束条件对桩前地面水平
位移的影响

　　分析结果表明,桩顶约束形式对支盘桩的承载力和变形性状有显著影响。相对于桩顶自由的情况,桩顶固定的支盘桩桩顶水平位移显著减小,说明桩顶固定后承载力大大提高。桩顶固定时,桩顶出现较大的负弯矩,相应的,桩身最大弯矩值明显减小,弯矩最大值位置下降。桩顶固定时,桩顶出现的负弯矩值与桩顶自由条件下桩身最大弯矩值接近。因此,对于桩顶自由的支盘桩,在水平荷载作用下,需要加强桩身最大弯矩部位的配筋量,而对于桩顶固定的支盘桩,需要加强桩顶与承台之间的连接,方能有效防止桩的破坏。桩和土之间的相对位移在桩顶固定时明显减小,但脱离深度变化不大,均在 4.5m 左右。桩顶固定以后,桩前土的隆起量和水平位移都显著减小。

8.6　桩周土参数对支盘桩水平承载性状的影响

　　在水平荷载作用下,桩基的工作性状极为复杂,涉及桩与土体之间的相互作用问题,其水平承载能力不仅与桩身材料强度有关,而且在很大程度上取决于桩侧土的水平抗力(韩理安等,2004)。在水平荷载施加的初始阶段,桩克服本身材料强度产生挠曲变形,随着挠曲变形的发展,桩侧土体受到挤压而产生抗力,这一抗力将阻止桩身挠曲变形的进一步发展,从而构成复杂的桩土相互作用体系。桩身挠曲变形沿桩轴而变化,导致桩侧土体所发挥的水平抗力也随深度而变化。当桩顶未受约束时,桩身的水平荷载首先由靠近地面的土体承担。荷载较小时,土体虽处于弹性压缩阶段,单桩身水平位移足以使部分压力传递到较深土体。随着荷载的增加,土体逐渐产生塑性变形,并将所受水平荷载传递到更大的深度。因此,对于承受水平荷载的支盘桩,不仅需要对桩身参数的影响规律进行分析,土体的性状对支盘桩的受力和变形的影响也是至关重要的。

8.6.1　土的黏聚力的影响

对具有两个承力盘，桩长 $l=12.5\text{m}$，$d=0.6\text{m}$，$D=1.2\text{m}$，$l_1=1.5\text{m}$，$l_2=4d$，盘高为 0.8m 的支盘桩，在桩周土层的黏聚力 c 分别为 10kPa、20kPa、30kPa 时，桩的承载力和变形性状的分析结果如图 8-68～图 8-73。

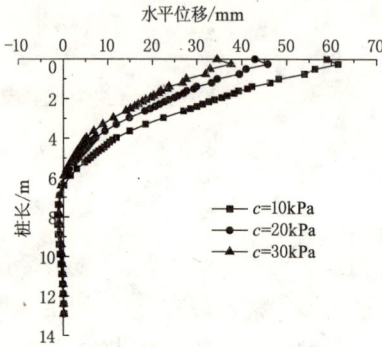

图 8-68　土黏聚力对桩身水平位移的影响

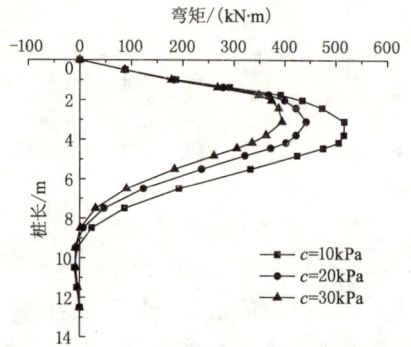

图 8-69　土黏聚力对弯矩的影响

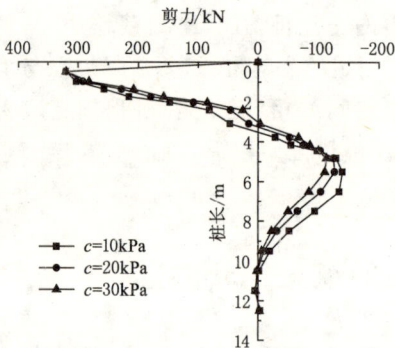

图 8-70　土黏聚力对剪力的影响

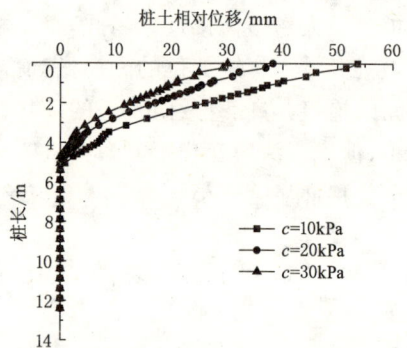

图 8-71　土黏聚力对桩土相对位移的影响

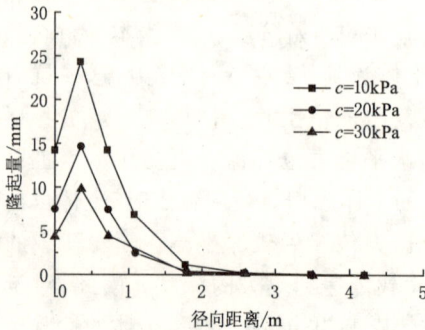

图 8-72　土黏聚力对桩前地面
　　　　　隆起量影响

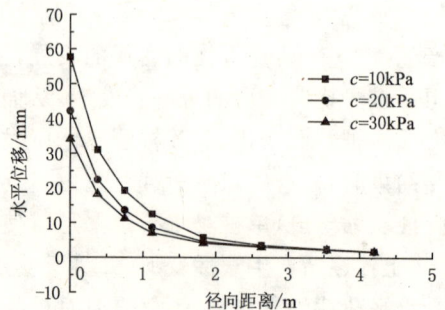

图 8-73　土黏聚力对桩前地面
　　　　　水平位移影响

由土的强度计算公式 $\tau = c + \sigma\tan\varphi$ 可知，土的黏聚力直接影响土体的强度，黏聚力提高，土的强度增大，直接影响到桩的承载力和变形性状。

通过对图 8-68～图 8-73 进行分析可知，随着土的黏聚力的增大，桩身位移逐渐减小，说明桩侧土黏聚力的高低直接影响到桩水平承载能力的大小。桩周土黏聚力的增大，对最大弯矩位置影响不太明显，但是可以降低桩身最大弯矩值。说明在黏聚力较低的土层中，土对桩的抗力较小，相应桩的弯曲增大，弯矩也随之增加。桩土的相对位移，随黏聚力增加而明显减小，随着桩入土深度加深几乎呈直线减小，到地面以下 5m 左右，桩土相对位移几乎为零。桩前地面的隆起量随黏聚力增加而减小，隆起位移较大的区域在桩前 4d 以内，桩前地面水平位移受土的黏聚力的影响较大的区域在桩前 4d 范围内。

8.6.2 土内摩擦角的影响

土的内摩擦角的大小也是直接影响土强度的因素之一，对有两个承力盘的支盘桩，改变桩周土层内摩擦角值，所得支盘桩的承载力和变形规律如图 8-74～图 8-79，桩身参数同 8.6.1 节。

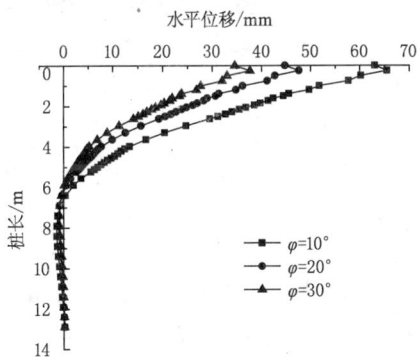
图 8-74 内摩擦角对桩身水平位移的影响

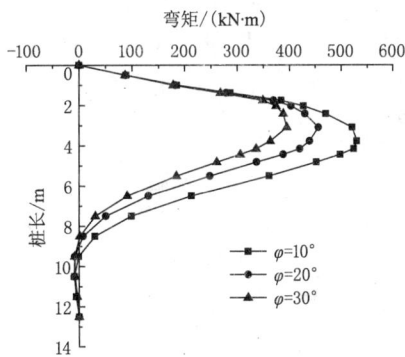
图 8-75 内摩擦角对桩身弯矩的影响

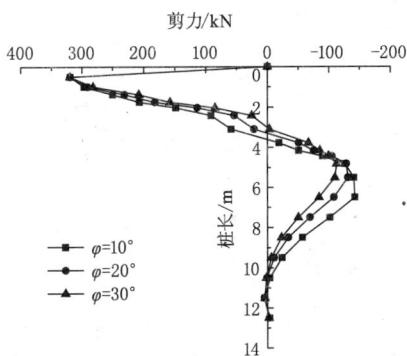
图 8-76 内摩擦角对剪力的影响

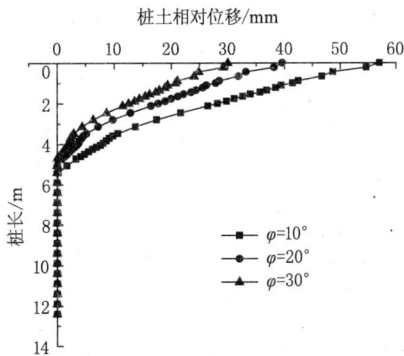
图 8-77 内摩擦角对桩前地面隆起量的影响

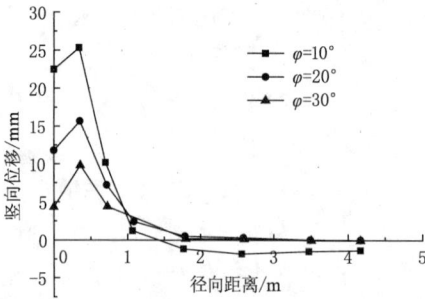

图 8-78　内摩擦角对桩土相对位移的影响

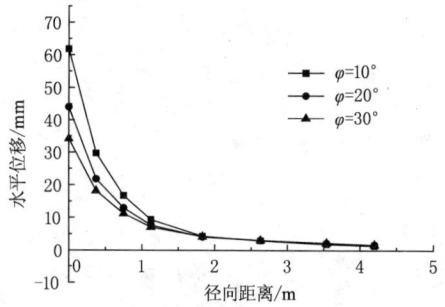

图 8-79　内摩擦角对桩前
地面水平位移的影响

　　由图 8-74 知,随桩周土 φ 的增大,桩顶水平位移减小明显。说明,随着土的内摩擦角的增大,土的强度提高,桩的水平位移减小,水平承载力提高。土的内摩擦角的增大可以有效降低桩身截面的最大弯矩。而且当内摩擦角较小时,桩身最大弯矩的位置有所降低。桩土的相对位移和桩土之间的脱离深度随内摩擦角的增大而有所减小。桩前土中隆起量随内摩擦角值增大而减小,而且当内摩擦角较小,如 10° 时,不仅隆起量明显增加,而且在一定区域内土的向下位移表现也比较明显;当内摩擦角增加到 20° 时,这种向下的位移消失。桩前土隆起明显的区域仅有 $3d$ 左右。内摩擦角对桩前地面水平位移的影响较大的区域在桩前 $4d$ 以内,$4d$ 以外的区域几乎不受影响。

8.6.3　土弹性模量的影响

　　在有限元分析中,土的弹性模量是影响土的承载力的另一个重要因素。本节对具有两个承力盘的支盘桩,在桩周土弹性模量分别为 10MPa、20MPa、30MPa 情况下的承载力和变形性状进行了分析,结果如图 8-80～图 8-85。其中,桩身参数同 8.6.1 节。

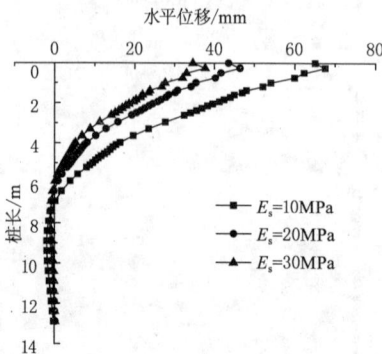

图 8-80　土弹性模量对桩身水平位移的影响

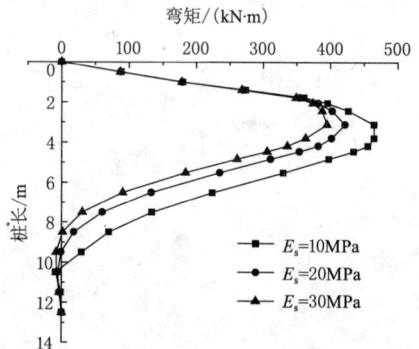

图 8-81　土弹性模量对桩身弯矩的影响

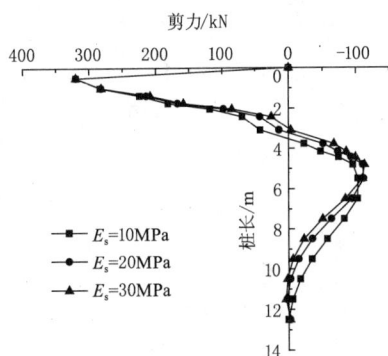

图 8-82　土弹性模量对剪力的影响　　　　　图 8-83　土弹性模量对桩土相对位移的影响

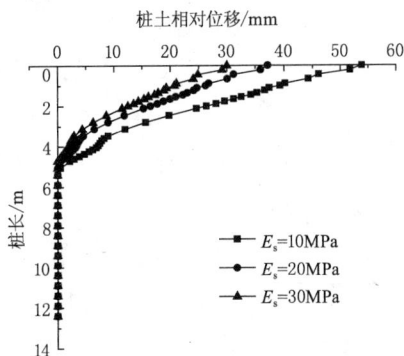

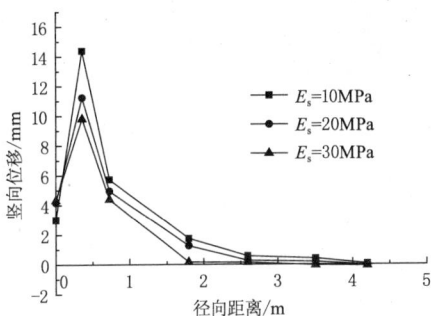

图 8-84　土弹性模量对桩前地面　　　　　图 8-85　土弹性模量对桩前地面
　　　　隆起量的影响　　　　　　　　　　　　　水平位移的影响

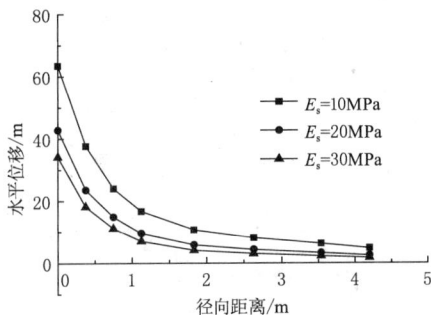

　　随着土的弹性模量的提高,桩顶水平位移显著减小,即桩的水平承载力增加。土的弹性模量对桩身截面弯矩分布的影响主要表现在第一个承力盘以下部位,对于第一盘以上的桩长范围内没有影响。最大弯矩值随弹性模量的提高而降低,但最大弯矩位置变化不大,均位于 3m 附近。桩土之间的相对位移随土的弹性模量的提高而逐渐减小,但是脱离深度几乎不受影响,在地下 5m 左右。桩前土中的隆起量随土的弹性模量的提高而降低,隆起较大的区域集中在桩前 4.0d 以内。桩前地面的水平位移受弹性模量影响范围较大,在整个近场域土体范围内均表现比较明显。

8.6.4　土层分布的影响

　　将桩周土分为两层:从地面向下 2.6m 为第一层,2.6m 以下为第二层。按土层分布划分成三种工况。第一种工况:上层土 $E_{s1} = 30$MPa,泊松比 $\mu_1 = 0.3$,内摩擦角 $\varphi_1 = 30°$,黏聚力 $c_1 = 30$kPa,下层土 $E_{s2} = 20$MPa,泊松比 $\mu_2 = 0.2$,内摩擦角 $\varphi_2 = 20°$,黏聚力 $c_2 = 20$kPa;第二种工况:上层土 $E_{s1} = 20$MPa,泊松比 $\mu_1 = 0.2$,内

摩擦角 $\varphi_1 = 20°$，黏聚力 $c_1 = 20\text{kPa}$，下层土 $E_{s2} = 30\text{MPa}$，泊松比 $\mu_2 = 0.3$，内摩擦角 $\varphi_2 = 30°$，黏聚力 $c_2 = 30\text{kPa}$；第三种工况桩周为均质土，$E_s = 30\text{MPa}$，泊松比 $\mu = 0.3$，内摩擦角 $\varphi = 30°$，黏聚力 $c = 30\text{kPa}$。在上面三种工况下，对具有两个承力盘，桩长 $l = 12.5\text{m}$，$l_1 = 1.5\text{m}$，$l_2 = 4d$，$d = 0.6\text{m}$，$D = 1.2\text{m}$ 的支盘桩进行了分析，结果如图 8-86～图 8-91 所示。

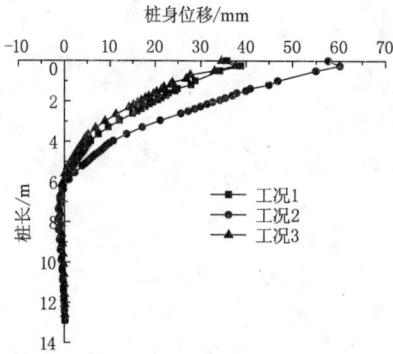

图 8-86　土层分布对桩身水平位移的影响

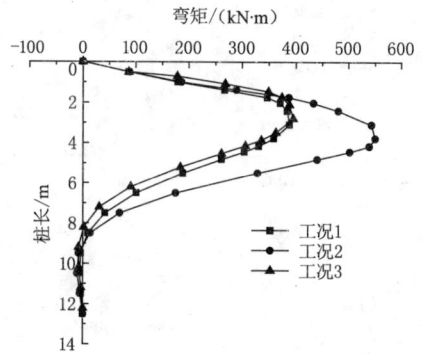

图 8-87　土层分布对弯矩的影响

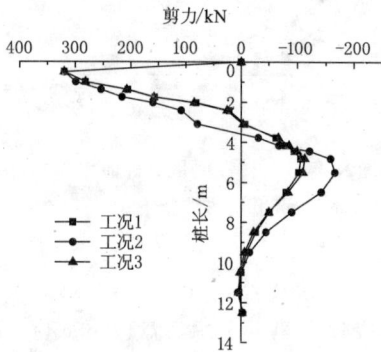

图 8-88　土层分布对剪力的影响

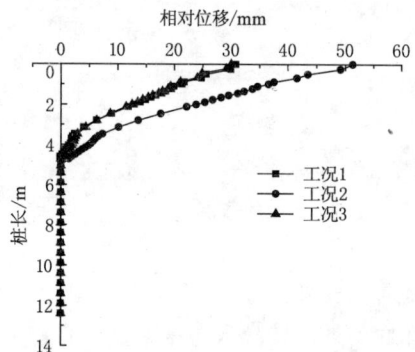

图 8-89　土层分布对桩土相对位移的影响

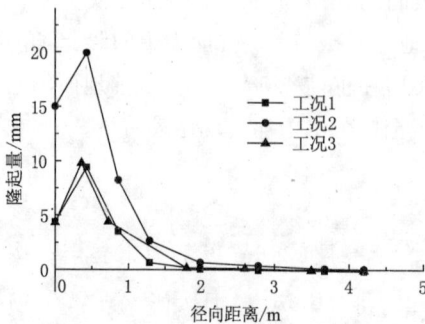

图 8-90　土层分布对桩前地面
隆起量的影响

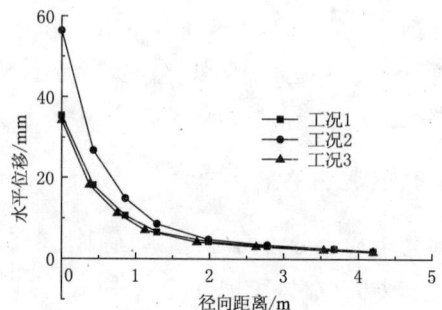

图 8-91　土层分布对桩前
地面水平位移的影响

　　由图 8-86～图 8-91 可见,桩周土层分布对支盘桩水平承载性状的影响比较显著。对于工况 1 和工况 2,桩和土层本身参数均不变,只是上下土层位置互换,桩的受力和变形性状发生了明显改变;对于工况 1 和 3,虽然前者为两层土,后者为均质土,桩的受力和变形性状都没有发生很明显的变化。这些充分说明,在水平荷载作用下,桩周上层土的性质对桩承载力有重要作用,而下层土的性状和下部承力盘对桩的承载力影响不明显。

　　本例中,对于工况 1、工况 2 和工况 3,桩顶水平位移分别为 35.84mm、57.63mm 和 34.59mm,工况 2 比工况 1 的桩顶位移增加了 60% 左右,而 1、3 两种工况桩顶位移相差不多。桩身截面最大弯矩值随上层土承载力的提高而增大,最大弯矩位置随上层土承载力的提高而上移。这说明上部土层加强可以有效提高支盘桩的水平承载力,降低最大弯矩值。桩土相对位移量不仅受上层土性质的影响,而且下层土的性质对它影响也较大,在三种工况下,桩土之间的脱离深度几乎不受影响,均在地面以下 5m 左右。桩前地面的隆起量和水平位移受土层分布影响较大的范围在桩前 $4d$ 左右。

8.7　支盘桩群桩水平承载性状研究

8.7.1　引言

　　实际工程中的桩基许多是以群桩形式出现的,水平荷载作用下群桩基础的工作性状和单桩有较大不同,主要表现在群桩中各桩间距小于临界桩距时,群桩中的各桩通过桩间土及承台与土相互作用而产生群桩效应,使得在相同横向荷载作用下(对单桩而言,横向荷载系指群桩横向荷载与桩数之比)群桩基础的位移大于单桩位移,群桩中的各桩所分担的荷载也各不相同,尤其是荷载作用方向上,前排桩所承担的荷载明显大于后排桩。群桩的横向承载力由于受承台、桩和土相互作用的影响而变得更为复杂,其原形试验不仅比单桩困难得多,而且所需费用更高。因此,国内外对横向荷载下的群桩,尤其对大变位群桩的研究资料很少,对其工作性状和破坏机理尚不十分清楚,群桩横向承载力计算方法还不够完善,在工程应用上仍远不能满足要求(韩理安等,1998)。

　　本章建立了挤扩支盘桩群桩的三维空间模型,采用有限元与无限元耦合的方法,首先,研究了挤扩支盘桩双桩基础中各基桩和周围土体的位移和应力等随荷载的变化情况,在此基础上,探讨了承力盘位置、桩间距及桩数等因素对桩和土体的位移和应力的影响规律。

8.7.2　水平荷载下群桩基础的分析方法

　　总结目前国内外对水平承载群桩基础的研究成果,计算分析横向荷载作用下群桩基础的方法主要有:群桩效率法、地基反力法、弹性理论法、桩基荷载试验法和有限元法等。

1. 群桩效率法

群桩效率就是指群桩横向承载力和单桩横向承载力与桩数之积的比值。应用群桩效率,根据单桩横向承载力计算群桩横向承载力是较为简便的一种方法,其群桩横向承载力 H_c 为单桩承载力 H 乘以桩数 n 和群桩效率。即对于群桩效率 η,有以下几种表示形式:

$$\eta = \frac{Q_n}{nQ_0}, \quad \eta = \frac{\delta_n}{n\delta_0}, \quad \eta = \frac{k_n}{nk_0}$$

式中:Q_n、Q_0——产生单位变位所需的群桩和单桩的水平作用力;

δ_n、δ_0——受单位水平力时单桩和群桩产生的变位;

k_n、k_0——群桩和单桩的水平地基系数;

n——桩数;

η——群桩效率。

关于群桩效率的确定方法有三种,根据试验资料分析建立相应的经验公式推求群桩效率,根据理论分析得出群桩效率,修正的 p-y 曲线确定群桩效率。

2. 地基反力法

1) 线弹性地基反力法

该法将桩看做埋设于弹性介质中的杆件,视承台刚度为无穷大,桩与承台刚性连接,承台侧面承受横向弹性土抗力,承台底面承受竖向弹性土抗力和侧向摩阻力。桩、土和承台构成一个共同承受荷载的结构体系。群桩相当于设置于弹性地基中的框架。运用位移法并考虑土的弹性抗力求解该超静定结构体系的承台变位、承台土抗力以及各基桩的桩顶荷载,再运用 m 值法计算单桩的柔度系数、位移和内力。

2) p-y 曲线折减法

p-y 曲线折减法以非线性模式来反映桩土之间的相互关系,它描述了桩土相互作用力及桩身变位和桩入土深度之间的非线性关系,能够较好地考虑横向荷载作用下单桩荷载位移的非线性性质,被视为目前计算横向荷载单桩性状最实用的方法之一。目前,对群桩的研究主要是建立在单桩 p-y 曲线的基础上的。对于群桩中的前桩,可以按照单桩考虑,在单桩 p-y 曲线基础上乘以相应的折减系数,得到排桩中后桩的 p-y 曲线。

3. 弹性理论法

该法假定桩是线弹性体,并且埋置于理想的均质、各向同性的半无限弹性体中,假定土的弹性模量和泊松比为常数或者按照某种规律变化。弹性理论法以 poulos 为代表,假定土体为半无限连续弹性体,用 Mindlin 公式求位移、土抗力和群桩中各桩的影响系数,按照叠加原则导出弹性理论解。Focht 和 Koch 考虑了土的弹塑性性质,引用 p-y 曲线,对 Poulos 的结果进行了修正,将非线性的 p-y 曲线与弹性理论结合起来,利用 p-y 曲线法计算单桩的横向位移来考虑桩土体系荷载位移关系的非线性性质,利用弹性理论考虑群桩中各桩的相互作用。

4. 静载荷试验法

桩基静载荷试验法为工程界认为最直接、最可靠的现场测定桩极限承载力和桩身位移的方法。以桩为基础的重要工程,都要依据规范进行一定数量的桩基静载荷试验,以取得可靠的设计数据。自 20 世纪 60 年代以来,各国工程技术人员和科研工作者进行了大量桩基现场足尺试验,积累了大量的试验数据和经验,从不同土质及其他条件提出了许多经验公式(Brown,1988)。挤扩支盘桩问世以后,也进行了大量的现场和室内模型试验,研究了不同桩身几何参数和土质参数对桩承载性状的影响。但这些研究都是针对单桩进行的,对群桩还没有相关方面的试验研究。

5. 有限元方法

群桩分析是一个非常复杂的问题,它涉及众多因素,一般来说,这些因素包括群桩几何尺寸(如桩间距、桩长、桩数、桩基础宽度与桩长的比值等)、成桩工艺、桩基施工与流程、土的类别与性质、土层剖面的变化、荷载的大小、荷载的持续时间及承台设置方式等。水平荷载群桩桩土共同作用的问题是一个复杂的非线性问题,对于这个问题想要建立微分方程或积分方程以得到解析解,一般是不可能的,而不得不寻求各种有效的数值解法(茜平一等,1999)。水平荷载群桩的数值计算方法主要有:边界元法、有限元法、有限元-边界元耦合法和有限元-无限元耦合法等。

8.7.3 支盘桩群桩水平受力性状分析

当桩数为 2,桩间距为 $6d$,桩长 $l=12$m,有一个承力盘,盘径 $D=1.2$m,承力盘顶位于地面下 1.0m 时,对支盘桩群桩在水平荷载作用下受力性状随荷载变化情况进行分析。

桩顶与承台之间刚性连接,在承台底面与土体之间、桩侧面与周围土体之间、桩底面与桩端土体之间设置接触面。将桩周土体划分为近场域和远场域两部分,近场域土体从两桩中间对称面算起,为 $8d$(d 为桩径),远场域与近场域宽度相等。桩端下部土体为 1 倍桩长。承台厚为 600mm,桩中心到承台边缘的距离为 $2d$。对近场域和桩体本身用有限元(C3D8)进行离散,远场域用无限元(CIN3D8)离散。

桩身混凝土及桩周近场域和远场域土体参数同第 4 章,混凝土为线弹性模型,近场域土为 Mohr-Coulomb 模型,远场域土为线弹性模型。考虑到模型的对称性,取 $\frac{1}{2}$ 模型进行分析。

　　由于没有考虑钢筋的作用,桩身为素混凝土,加载过程中根据相关规定,当基桩桩顶最大水平位移超过 10mm 时,认为达到极限状态。网格划分见图 8-92,图 8-93~图 8-99 是对图 8-92 所示的两柱基础进行有限元分析的结果。

图 8-92　网格划分

　　土中水平位移分布区域随荷载的增大、桩顶位移的增大而逐渐减小。在桩顶水平荷载作用下,桩带动周围的土体发生水平方向移动。在位移较小时,桩前和桩后土体受桩影响的区域较大;随着荷载增加,土中位移相对较大的区域逐渐缩小,最后集中在桩前较小范围内和两桩中间,桩后受影响区域减小十分明显。桩前土中的塑性应变区域首先出现在后桩前面,在荷载级别较低时,前桩前部土中塑性区不明显。随着荷载增大,前桩前部土中塑性区发展较快,并且向深处发展,最后在承力盘前方区域也出现塑性区。接触应力较大的区域分布在桩身上部,并且随着荷载增加,逐渐向深处发展。在极限荷载作用下,接触应力较大区域在桩身上部 4m 左右。桩前土中应力分布规律是:前桩前部土中应力分布区域无论是水平方向还是竖直方向均大于后桩。在承力盘盘径最大处,土中应力增大,这是由于承力盘对前面土体挤压作用引起的。在本章极限荷载作用下,土中应力较大的区域集中在桩身上部 4m 以内。

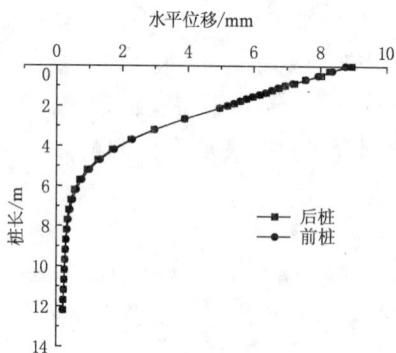

图 8-93　前桩、后桩桩身水平位移

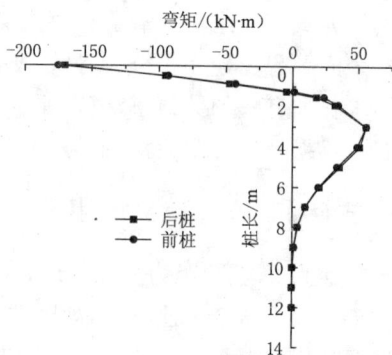

图 8-94　前桩、后桩桩身弯矩

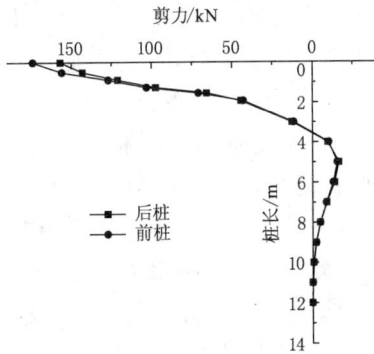

图 8-95　前桩、后桩桩身剪力

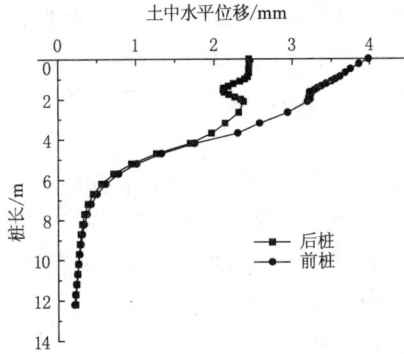

图 8-96　前桩、后桩桩后土中水平位移

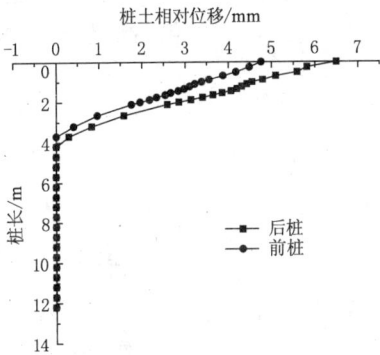

图 8-97　前桩、后桩桩土相对位移

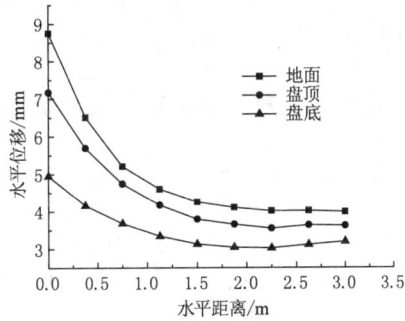

图 8-98　两桩之间不同水平面上的水平位移

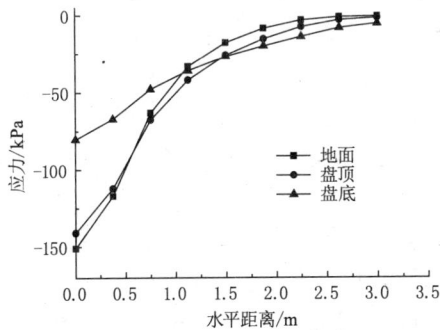

图 8-99　两桩之间不同水平面荷载方向上的应力

　　从对间距为 $6d$ 的两桩群桩基础水平承载性能分析的结果可以看出,两桩的桩身水平位移、弯矩都没有明显差异;剪力的分布只在桩顶附近 1m 以内的区域有所不同,前桩的剪力大于后桩,在 1m 以下,两桩的剪力曲线基本重合,这与有关文

献中对普通桩分析的结果一致。两桩后侧土中的水平位移差别较大,在地面处,前桩与后桩水平位移分别为 3.99mm、2.45mm。桩受水平荷载后,发生向前的位移,桩后侧承力盘的顶部对土体产生挤压作用,使这部分土体的水平位移减小。从土中位移分布曲线来看,后桩对其后土体的挤压作用比前桩明显。前桩后土中水平位移远远大于后桩后土中水平位移,是由于前桩后部土体不仅受到前桩的带动作用,还受到后桩向前的推动作用。从相对位移分布曲线图可以看出,前桩的桩土相对位移小于后桩,但是后桩的桩土脱离深度大于前桩。对于两桩之间,在同一水平面上,随着离开后桩距离的增加,土中水平位移呈曲线减小趋势。越靠近后桩,土中水平位移越大;越靠近前桩,土中位移越小。这个变化规律可以作为支盘桩群桩中基桩间距的取值依据。在地面处,土中水平方向应力稍大于承力盘顶部应力,但是在离开后桩 d 左右距离时,地面处的应力反而小于承力盘顶部的应力,到达前桩侧面时,两者又几乎相等。承力盘底部的土中应力较小,且变化曲线相对平缓,到达前桩时,与上部两平面上的数值相差无几。

8.7.4　几何参数对群桩水平承载性状影响研究

1.承力盘位置影响

支盘桩桩长 $l=12\text{m}$,桩径 $d=0.6\text{m}$,有一个承力盘,分别位于桩顶以下 1.0m 和 2.5m 处,盘径 $D=1.2\text{m}$,两桩间距 $4d$,其他参数保持不变。结果见图 8-100～图 8-106 其支盘位置见图 8-107。

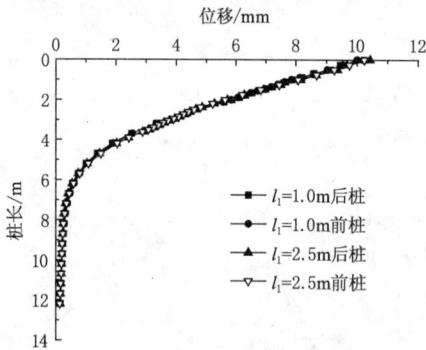

图 8-100　盘位置对桩身位移的影响

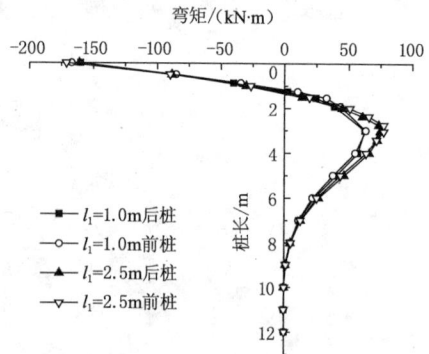

图 8-101　盘位置对桩身弯矩的影响

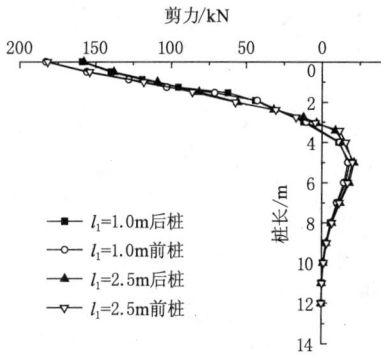

图 8-102　盘位置对桩身剪力的影响

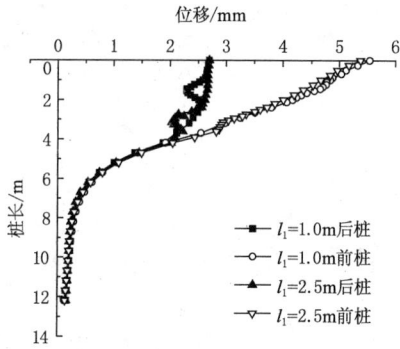

图 8-103　盘位置对桩后土中水平位移的影响

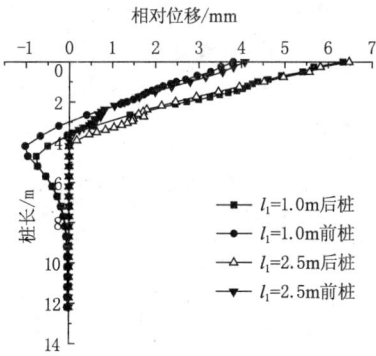

图 8-104　盘位置对桩土相对位移的影响

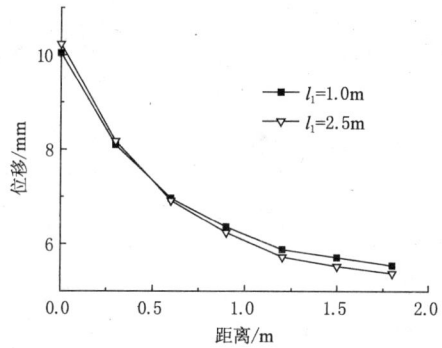

图 8-105　盘位置对地面处两桩之间
水平位移的影响

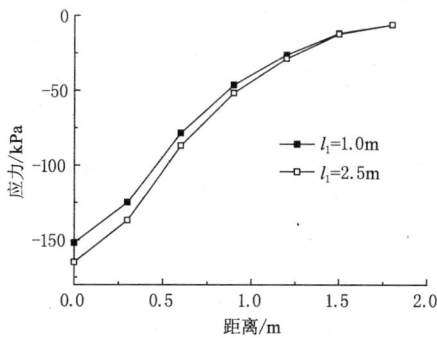

图 8-106　盘位置对地面处两桩之间土中荷载方向应力的影响

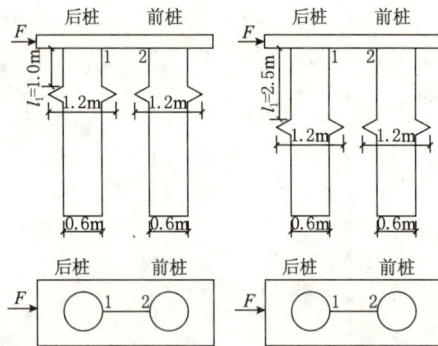

图 8-107　支盘位置示意图

　　从承力盘分别位于桩顶以下 1.0m 和 2.5m 的两桩群桩分析的结果可以看出，承力盘位置的改变并没有引起桩身水平位移的明显改变；从桩身弯矩的分布上看，桩顶负弯矩的大小在两种盘位置下相差不多，桩身最大正弯矩受盘位置的影响较大。对于盘位置分别为 1.0m 和 2.5m 两种情况，最大正弯矩值均位于桩顶以下 3m 处。桩身剪力的分布，仅在桩顶以下 1m 深度以内同一基础的前桩和后桩不同，前桩大于后桩，而承力盘的位置对剪力值没有明显影响。承力盘位置对前桩后土中位移没有明显影响，但是桩后土中位移受盘位置影响明显，因为后桩对土体的挤压作用比较大，承力盘位置下移，这种挤压作用减小。在桩顶以下 7d 左右，在两种情况下，桩后土中位移曲线大致重合。桩土的相对位移对承力盘的位置比较敏感，当承力盘位于 1.0m 处时，桩土之间的脱离深部明显增大，约在桩顶以下 9m 深度处，且桩土之间有很大的负向位移；而当承力盘位于 2.5m 处时，桩土之间的脱离深度约为 4m。两桩之间同一深度水平面上水平位移分布，在地面处，两种情况下位移相差不多，在靠近后桩，位移分别为 10.04mm、10.23mm，在靠近前桩后侧时，位移分别为 5.54mm、5.38mm。两桩之间土中水平应力分布在靠近后桩时分别为 152kPa、165kPa，而在到达前桩时，应力分别为 6.15kPa 和 6.08kPa，几乎不受盘位置影响。

2. 桩间距的影响

　　对两桩间距 s 分别为 $4d$、$6d$、$8d$ 的双桩基础进行了分析，各基桩有一个直径为 $D=1.2m$ 的承力盘，位于桩顶以下 1.0m 处，其他参数同前。两桩间距示意图如图 8-119 结果如图 8-108～图 8-118 所示，其两桩间距见图 8-119。

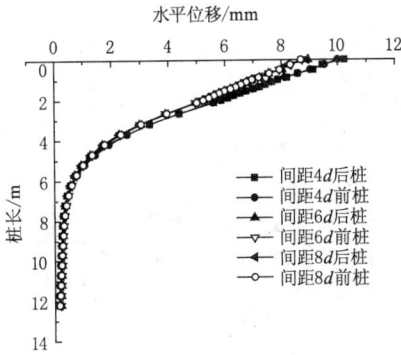

图 8-108　桩间距对桩身水平位移的影响

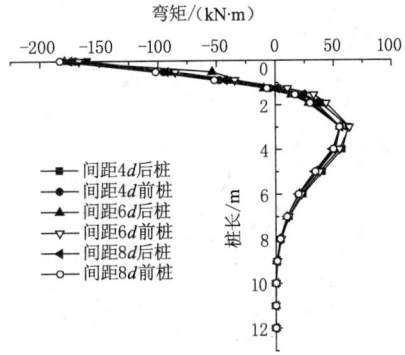

图 8-109　桩间距对桩身弯矩的影响

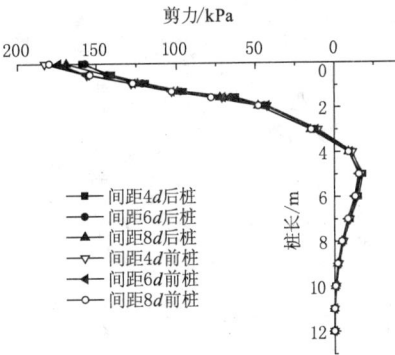

图 8-110　桩间距对桩身剪力的影响

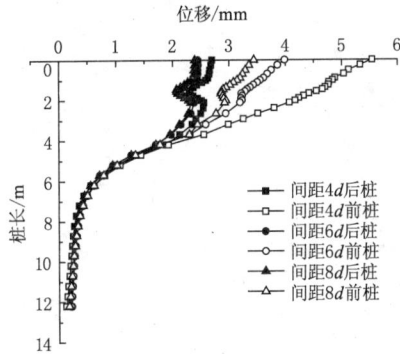

图 8-111　桩间距对桩后土中水平位移的影响

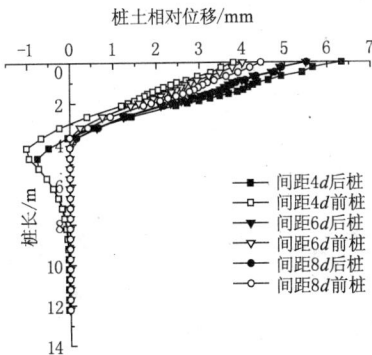

图 8-112　桩间距对桩土相对位移的影响

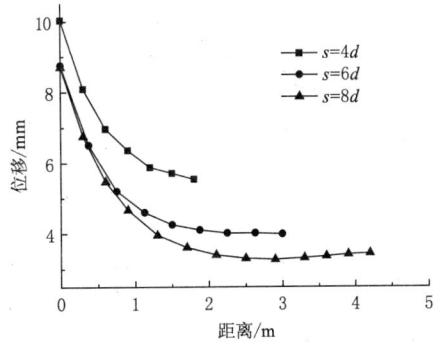

图 8-113　桩间距对地面处桩间土
水平位移的影响

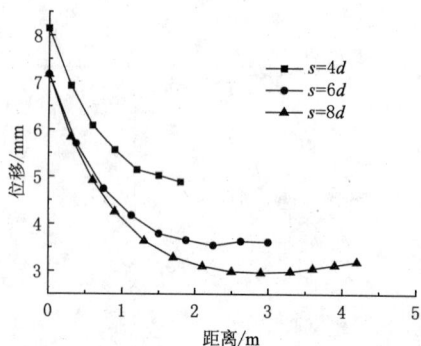

图 8-114　桩间距对承力盘顶部水平面上
桩间土中水平位移的影响

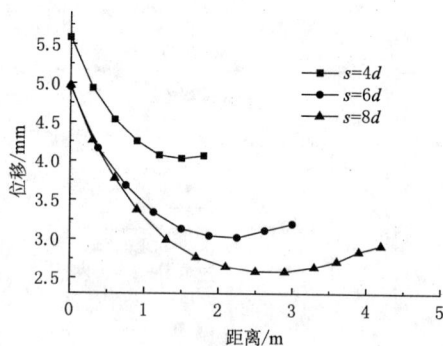

图 8-115　桩间距对承力盘底部水平面上
桩间土中水平位移的影响

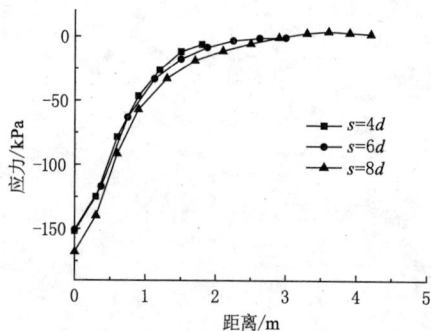

图 8-116　桩间距对地面处桩间土中
荷载方向应力的影响

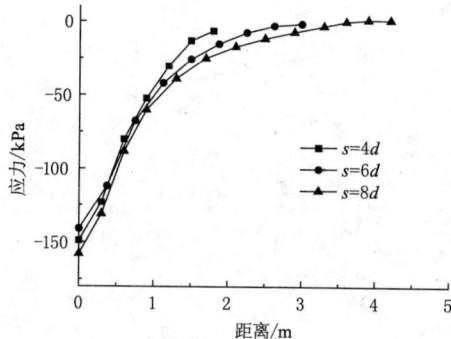

图 8-117　桩间距对承力盘顶面水平面上
桩间土中荷载方向应力的影响

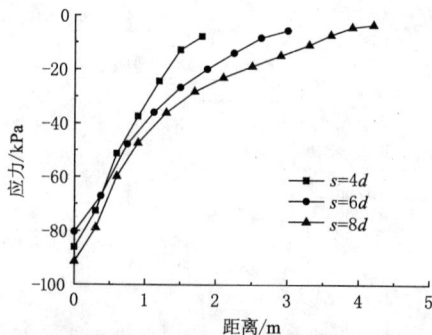

图 8-118　桩间距对承力盘底部水平面上桩间土中荷载方向应力的影响

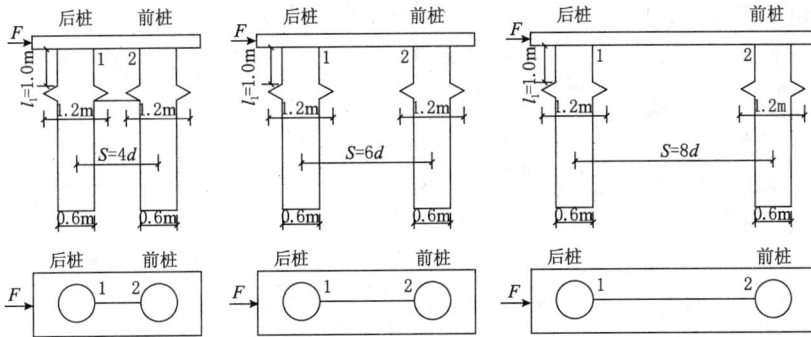

图 8-119　两桩间距示意图

　　当桩间距分别为 $4d$、$6d$、$8d$ 时,前桩桩顶水平位移分别为 10.24mm、8.95mm、8.9mm;后桩桩顶位移分别为 10mm、8.75mm、8.7mm。由此可见,桩间距为 $4d$ 时,桩顶位移相对较大,当桩间距大于 $6d$ 以后,桩身水平位移趋于稳定,受桩间距的影响很小。

　　桩身剪力受桩间距的影响很小,桩顶以下 1m 深度范围内,同一基础的前桩和后桩剪力有少量差别,但对于不同桩间距而处于同一位置的桩,剪力差别不大。

　　桩后土中的水平位移以间距 $4d$ 情况下最大,间距 $8d$ 时后桩后土中位移最小。对于桩间距为 $4d$、$6d$、$8d$ 的情况,前桩后土中位移分别为 5.54mm、3.99mm、3.44mm;后桩后土中位移分别为 2.7mm、2.45mm、2.39mm。相比之下,桩间距对前桩后土中位移影响较大。因为前桩后侧土中位移不仅受到前桩的作用,还受到后桩的推力作用。当桩间距增大时,后桩的推力作用减弱,导致土中位移减小,间距越大,越接近单桩。

　　桩土之间的相对位移对于后桩,随桩间距的增大而减小。对于上述三种桩间距,后桩的桩土相对位移分别为 6.34mm、5.5mm、5.52mm;对于前桩,随桩土相对位移的增大而增大,在上述三种桩间距下,前桩的桩土相对位移分别为 3.8mm、4.01mm、4.45mm。桩土之间的脱离深度,对于间距为 $4d$ 的情况明显大于其他两种情况。当间距为 $4d$ 时,脱离深度在桩顶以下 9m 左右,其他两种间距下,脱离深度约在桩顶以下 4m 的位置。

　　对桩间不同水平面上土中水平位移随距离的变化进行分析发现,桩间距对土中水平位移的影响是显著的。在地面处,对于三种不同的桩间距,当距离为零时,土中位移分别为 10.04mm、8.75mm、8.7mm,当到达前桩后侧时,土中位移分别为 5.54mm、3.99mm、3.44mm。对与承力盘顶部所在水平面,当距离为零时,土中位移分别为 8.14mm、7.17mm、7.17mm,当达到前桩后侧时,土中位移分别为 4.88mm、3.61mm、3.19mm。对于承力盘底部所在平面,当距离为零时,土中位移分别为 4.59mm、4.95mm、4.97mm,当达到前桩后侧面时,位移分别为 4.07mm、

3.19mm、2.92mm。由此可见,桩间距为 $4d$ 时,土中水平位移最大,当桩间距大于 $6d$ 以后,同一水平面上,土中水平位移变化较少。对于同一桩间距的不同水平面上,越靠下的平面,土中水平位移越小。

对于不同的桩间距,桩间不同水平面上的土中水平应力进行分析的结果显示,不论桩间距是多少,在后桩前侧,土中应力大小有区别,但达到前桩后侧时,土中应力基本上在同一水平,数值相差不大。

3. 桩数的影响

对各基桩桩长 $l=12m$,桩径 $d=0.6m$,承力盘直径 $D=1.2m$,有一个承力盘,位于桩顶以下 $1.0m$ 处,处于均质土中的桩数分别为 2、3、4 的群桩基础在水平荷载下的受力性状进行了分析,3 桩和 4 桩群桩的有限元网格划分见图 8-120 和图 8-121,分析所得结果见图 8-122~图 8-132 群桩中基桩布置见图 8-133。

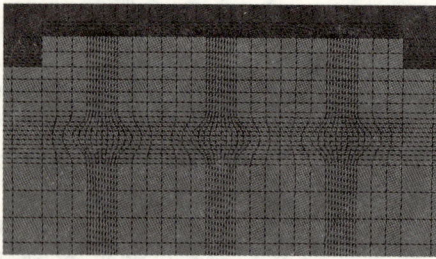
图 8-120　3 桩基础网格划分

图 8-121　4 桩基础网格划分

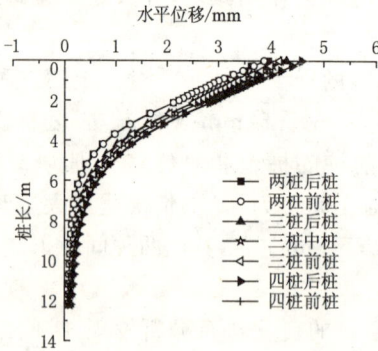
图 8-122　桩数对桩身水平位移的影响

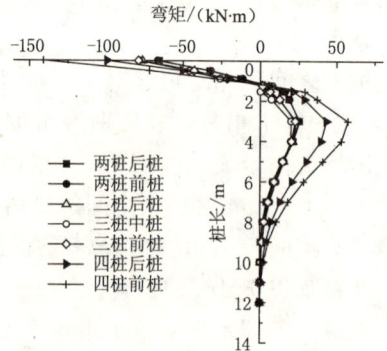
图 8-123　桩数对桩身弯矩的影响

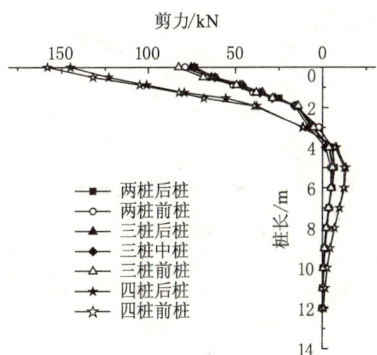

图 8-124　桩数对桩身剪力的影响

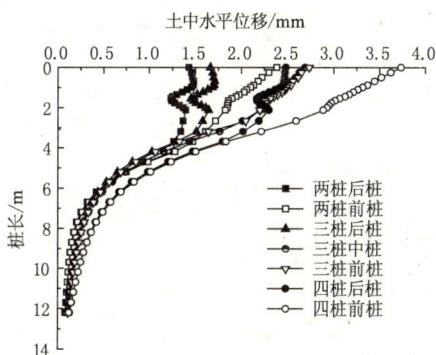

图 8-125　桩数对桩后土中水平位移的影响

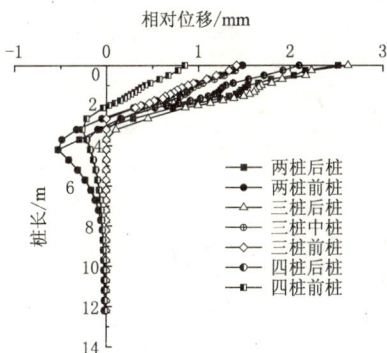

图 8-126　桩数对桩土相对位移的影响

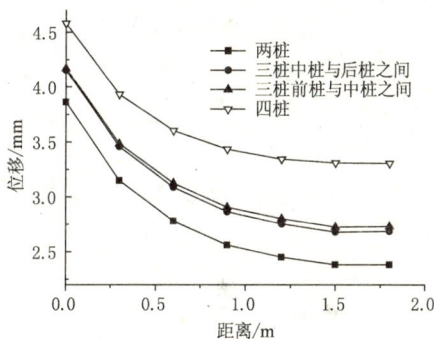

图 8-127　桩数对地面处桩间
土水平位移的影响

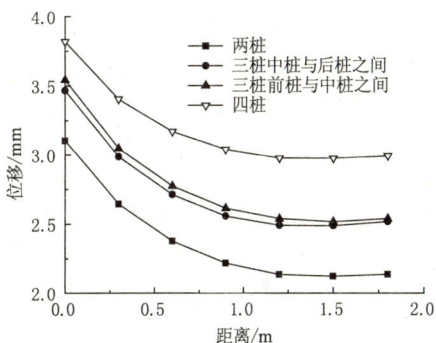

图 8-128　桩数对承力盘顶面处水
平面上桩间土中水平位移的影响

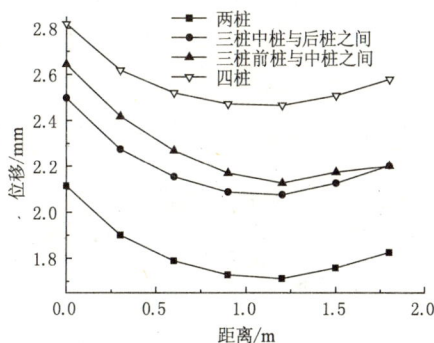

图 8-129　桩数对承力盘底面处水平面上
桩间土中水平位移的影响

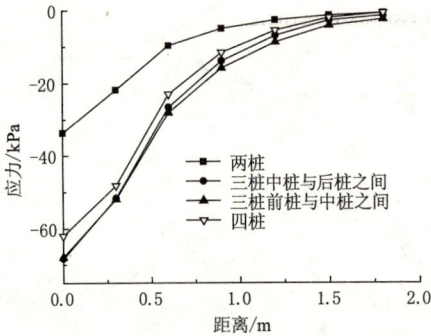

图 8-130　桩数对地面处桩间土中
荷载方向应力的影响

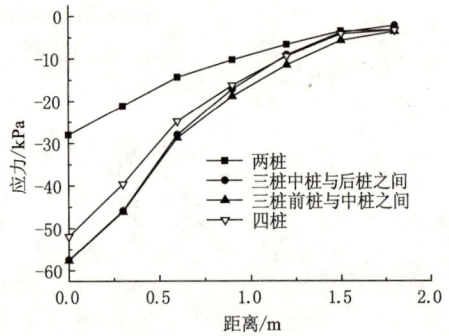

图 8-131　桩数对承力盘顶面处水平面上荷载
方向应力的影响

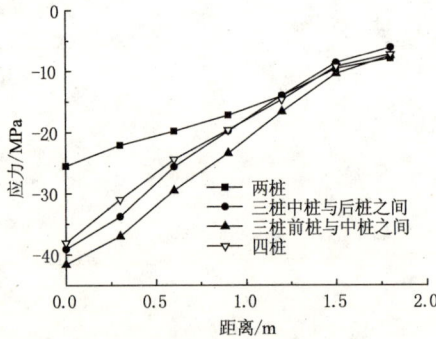

图 8-132　桩数对承力盘底面处水平面上桩间土中荷载方向应力的影响

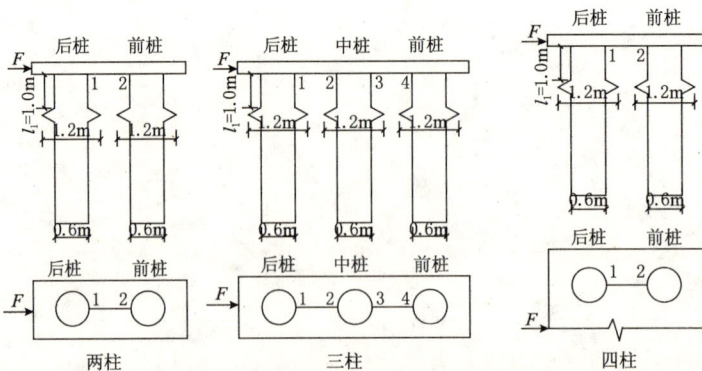

图 8-133　群桩中基桩布置示意图

　　对于间距 $4d$，桩数分别为 2、3、4(两方向间距均为 $4d$)的支盘桩群桩基础进行分析,结果表明,桩身水平位移随桩数增加而增加。桩数分别为 2、3、4 时,群桩中前桩的桩顶水平位移分别为 3.86mm、4.15mm、4.58mm；后桩桩顶水平位移分别为 3.95mm、4.29mm、4.58mm。对于同一群桩基础中，在荷载较低情况下，前桩与后桩的桩顶位移相差不明显。随着桩数增加，桩身位移增大，这主要是由于桩间距较小，群桩效应影响的结果。

桩顶负弯矩随桩数增加而增加，对于 2 根、3 根、4 根基桩的群桩基础中的前桩，桩顶弯矩分别为 -66.4kN·m、-79kN·m、-141kN·m；桩身最大正弯矩的位置受桩数的影响不大，不同桩数情况下，最大正弯矩值均在桩顶以下 3m 深度处。数值分别为 25kN·m、22.5kN·m、57.4kN·m。可见对于桩数为 2、3 两种情况，桩顶负弯矩和桩身最大正弯矩差别不大，而四桩基础中单桩的弯矩明显大于 2 桩、3 桩的情况。

无论桩数多少，前桩后侧土中位移均大于后桩后侧土中位移。对于三桩群桩基础中的前桩，桩后土中位移随桩数的增加而增加，当桩数分别为 2、3、4 时，土中位移分别为 2.38mm、2.73mm、3.73mm，四桩比两桩增加了 56.7%；后桩土中位移分别为 1.43mm、1.66mm、2.48mm，四桩比两桩情况增加了 73.4%。三桩基础的中间桩的桩后土中位移，与前桩较为接近，为 2.69mm。

桩土相对位移的分布情况与桩数有密切关系，同一基础中，前桩的桩土相对位移小于后桩，这是由于前桩后侧土受到后桩推力作用的缘故。桩土之间脱离深度，受桩数影响较大，其中两桩情况脱离深度最大，约在桩顶以下 9m 位置，四桩情况在 8m 左右，而三桩情况下，脱离深度在 4m 左右的位置。

对于两桩情况，土中水平位移最小，四桩情况最大；当位于地面上时，土中位移随距离增加而逐渐减少，呈单调递减趋势，随着深度加大，土中水平位移随距离增大先减小后增大，在靠近前桩边出现一位移最小值，曲线呈现下凹形状。对于三桩群桩基础，前桩与中间桩、中间桩与后桩之间水平位移随距离的变化情况为：顶面处，两者没有明显差别，随着深度增加，两者差别越来越大。其中，前桩和中间桩之间土中水平位移相对较大。如在地面处，距离为零时，两位移值分别为 4.15mm、4.17mm，两者相差 0.48%。在位于承力盘顶部水平面上，两位移分别为 3.47mm、3.54mm，两者相差 2%；当位于承力盘底部平面上时，两者位移分别为 2.64mm、2.5mm，两者相差 5.6%。

对于两桩之间土中应力随桩数变化情况，分析结果表明，两桩情况桩间土中应力最小，三桩情况下最大。它们的差别主要表现在后桩前侧，在达到前桩后侧时，桩数对土中应力的影响已经不明显了，所有情况下应力几乎相等。

第 9 章　支盘桩的发展

变截面桩在工程中使用由来已久,从人工挖孔扩底墩到爆破成形,后来演变到支盘桩等多种桩形,都是为了提高单桩承载力、降低桩顶沉降。变截面桩同直孔桩相比,承载力大大提高、沉降小,技术经济效果明显。通过实际应用,各地积累了不少经验和试验测试数据,为大面积推广应用积累了有益的经验。出现较晚的支盘桩较好地解决了桩基承载力与经济效益之间的矛盾,既提高了承载力,又不过多增加桩身混凝土的用量,在十几年的使用过程中表现出了自身突出的优越性。但是支盘桩的使用的过程中也出现了许多问题:

(1) 成形时挤扩掉土很多,与想象的挤密程度有差距,并且有可能出现塌方现象。

(2) 盘成形不规则,需人工清理修整,这样就给大面积推广和小桩径应用带来了困难。

(3) 成桩设备比较笨重,施工效率较低。

(4) 桩端沉渣和桩周泥皮影响桩的承载力。

(5) 支盘桩用于软弱土层受到限制,不便于做成复合地基。

(6) 桩的成形过程中都存在着一个共同的尚未解决的问题,即小桩径的变径成形问题。虽然爆破成形在小桩径变径成形过程中有一定的使用,但是爆破成形在施工中不但对技术人员的要求过高,而且对不同水文地质变径桩成形的要求也不同,有的地区甚至因为爆破对文物造成不同程度的破坏,这些因素都导致了爆破成形的成桩工艺得不到广泛的应用和推广。

针对以上的这些特点,研究者对挤扩支盘桩进行了各方面的改进,因此出现了各种不同的改进桩形,如旋扩变径锥体螺盘混凝土灌注桩、扩底支盘注浆桩、多支盘水泥土桩等。本章收集了当前文献中有关上述各种新桩形的资料,与读者共同探讨。

9.1　旋扩变径锥体螺盘混凝土灌注桩

9.1.1　概述

目前工程中所用的桩形均以摩擦桩与端承桩为主,在持力层埋藏较深的地质条件下,现有的土层中桩都无法解决土层承载力低下、单桩承载力不高、桩身材料强度不能充分利用、抗振性能弱等技术难题。针对这些普遍存在的问题，余安南发明了一种以大截面旋扩变径锥体螺盘混凝土灌注桩（余安南，2009），如图 9-1 所示。这种桩形采用"锯齿"形的桩身外表，不仅扩大了桩周的表面积，而且使桩周表面更加"粗糙"，增大了桩侧摩阻力。当桩承受上部荷载向下发生位移或者有相对位移趋势时，每个"锯齿"的下端承力面上又可以提供相当一部分的端承力，因此单桩承载力得到显著提高。

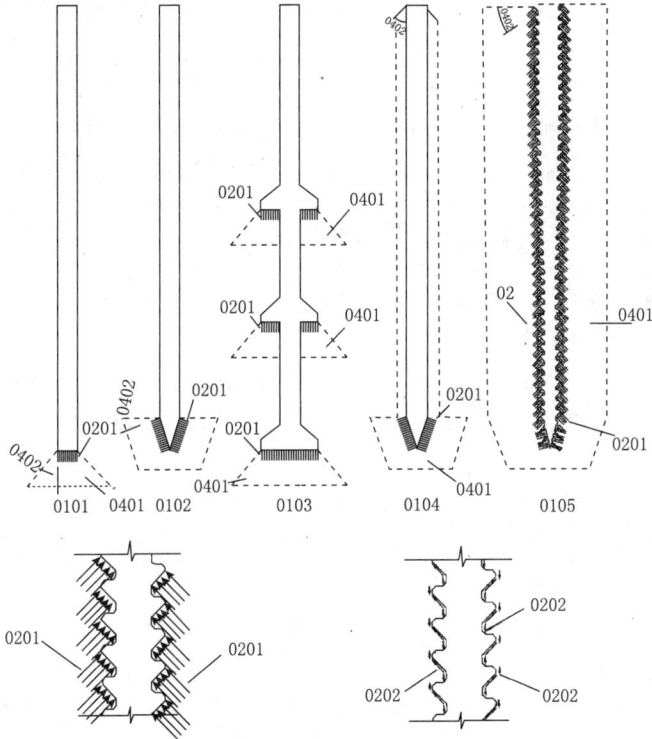

图 9-1　旋扩变径锥体螺盘混凝土灌注桩示意图

9.1.2　旋扩变径锥体螺盘混凝土灌注桩的特点

旋扩变径锥体螺盘混凝土灌注桩与普通桩相比，具有下列特点。

（1）单桩承载力高。旋扩变径锥体螺盘混凝土灌注桩改传统桩体周边竖直面摩擦为螺旋锥体坡面摩擦、改传统桩体受力端部水平面承压为螺旋锥体坡面承压，以特有的连续密集且不重叠锥体螺盘螺旋坡面将桩体承载的竖向荷载均匀扩散到桩体周围纵深持力土层中，使桩体周边更大范围内持力土层共同参与承载，从而大幅提升桩体承载效能。

（2）抗振性能好。旋扩变径锥体螺盘混凝土灌注桩的桩体与持力土层实时处在紧密的桩土"合一"的"咬合"状态,这种超强的阻尼效应将有效保证承受地振荷载冲击时旋扩变径锥体螺盘桩桩体在持力土层中处于稳定状态。也正是由于旋扩变径锥体螺盘桩桩体独特特征的综合优势确定了本桩体具备比其他各种土层桩桩体更大的承载和抵抗地振冲击能力。

（3）施工简便,成桩效率高。旋扩变径锥体螺盘混凝土灌注桩成桩装置的构造特征和成桩方法确定了其操控简便、成桩速度快、效率高并满足环保要求的特点。

（4）具有环保效果。旋扩变径锥体螺盘混凝土灌注桩整个成桩施工过程都在低噪声、无振动、无泥浆、无挖土、无桩端持力层扰动、无混凝土浪费的情况下完成,做到以一次钻入旋扩提升灌注成桩单循环完成所有成桩工序,环保效果显著。

9.1.3　旋扩变径锥体螺盘混凝土灌注桩的施工

旋扩变径锥体螺盘混凝土灌注桩成桩方法,对与中、小直径桩和大直径桩略有不同,现仅简单介绍中小直径桩的施工方法。

（1）移机定位检查设备扩张装置与喷水嘴完好,调整反力传导杆重力平衡液压推杆使重力传感器反应灵敏及初始数据"对零",反转内转杆对钻杆内残留的混凝土实时搅拌。

（2）打开喷水控制阀开始喷水,落钻并顺时针转动外钻杆控制钻杆转速和沉管速度与钻杆牵引螺纹螺距保持同步,实时把重力传感器触探到的地下土层反力变化信号,匀速钻入达到持力层设计深度,停止喷水。

（3）顶伸锥体螺盘液压旋伸锥体螺盘旋扩瓣旋到位,启动混凝土泵逐步向钻管内注入混凝土,逆时针旋转钻杆保持匀速旋转提升、启动钻尖液压推杆开启混凝土灌注口同时正向转动内钻杆并对混凝土进行搅拌增压灌注,如有扩径设计要求时,可按设计要求适时控制液压推杆推伸扩径弧形肋板伸缩的进程和幅度,对混凝土灌注桩桩芯实施旋扩变径。

（4）匀速旋扩提升钻杆并按设计要求进行扩径,当混凝土灌注面到桩顶设计标高时,缩回液压旋伸锥体螺盘旋扩瓣,但混凝土灌注面到桩顶停灌面高程时,反转内转杆停止对混凝土增压,并提升活动钻尖关闭混凝土灌注口,继续旋扩提升钻杆至地面以上停转,回缩扩径弧形肋板。

（5）钻机移位,按设计要求植入钢筋笼（或拉铆钢索）。

9.1.4　旋扩变径锥体螺盘混凝土灌注桩承载力计算公式

根据旋扩变径锥体螺盘桩体受力特征推导出单桩竖向承载力特征值估算如下:

$$R_a = q_{pa}A_p + \sum n_i q_{pai}A_{pi} + \sum (q_{sia}u_{pi}n_ih + q_{siar}n_iA_{pir}) \qquad (9\text{-}1)$$

式中:R_a——单桩竖向承载力特征值,kN;

$\quad q_{pa}$、q_{pai}、q_{sia}、q_{siar}——桩端端阻力,i 土层桩锥体螺盘端阻力,i 土层桩侧阻力特
征值,i 土层桩锥体螺盘承压坡面侧阻力,kPa;

$\quad A_p$、A_{pi}、A_{pir}——桩芯底端横截面面积,i 土层锥体螺盘单周横截面面积,i 土
层锥体螺盘单周承压螺旋坡面面积,m²;

$\quad u_{pi}$——i 土层桩身特征计算单周平均边长度,m;

$\quad n_i$——第 i 层岩土层中锥体螺盘盘体螺旋周数;

$\quad h$——锥体螺盘纵剖面外沿垂直变高度,m。

式(9-1)分析得出连续密集相互不重叠的扩大锥体承压螺盘体技术特征使桩
体大幅增加了在持力层中的端承面积 A_{pi},将土层桩的竖向荷载利用螺盘坡面均匀
分散传递到周边更大范围持力土层中,其单桩端阻是桩端端阻 $q_{pa}A_p$ 与桩体 n 周
扩张螺盘坡面产生的端阻 $q_{pai}A_{pi}$ 之和,而侧阻是由扩张螺盘外沿竖直侧面产生的
侧阻 $q_{sia}u_{pi}n_ih$ 与桩体 n 周扩张螺盘坡面产生的侧阻 $q_{siar}n_iA_{pir}$ 之和,正是由于旋扩
变径锥体螺盘桩体通过增加桩长提升 n 值有着较高的潜能和较低的成本,所以旋
扩变径锥体螺盘混凝土灌注桩在无需过多增加成本的前提下即可获得较其他土层
桩更高的承载力(余安南,2009)。

9.2　扩底支盘注浆桩

9.2.1　概述

挤扩支盘桩成桩时对支盘周围的土体进行了强力挤压,大大提高了支盘桩的
抗压和抗拔能力。但是支盘桩的成桩工艺对土层有一定的适用性,对于卵砾石持
力层,当采用反循环施工工艺时,存在缺陷:①施工容易使沙砾石层扰动,降低端
阻;②清孔时易于将其中的小颗粒清除,使得持力层孔隙比增大,压缩性增加;③采
用泥浆护壁,使侧阻降低,且由于泥浆渗入持力层空隙,使得清渣困难,端阻降低。
于是出现了扩底支盘注浆桩,支盘扩底压力注浆桩将挤扩支盘工艺与后压浆工艺
结合起来,先根据上部结构对承载力的需要和工程地质条件,通过专用成形设备对
桩身纵向较好土层进行挤扩,形成与桩身同心但不同直径的承力盘,充分利用和发
挥不同自然土层的端承力。然后采用后压浆技术,在桩侧和桩端注入水泥浆,消除
桩端沉渣和桩侧泥皮对承载力的不利影响,从而形成的一种更为合理、可靠的桩
形。支盘扩底压力注浆桩的出现,进一步完善了灌注桩的施工技术,提高和改进了
灌注桩的承载受力性能,是一项重要的新技术成果。

王立业、李永伟、赵书平等的研究成果表明,支盘扩底压力注浆混凝土桩用在

软弱土层中,能发挥出各支盘和扩底的端承作用。扩底支盘注浆桩受力机理明确,竖向承载力高,受荷变形小,抗振性能好,沉降均匀,使结构设计优化,大幅度减小承台面积和基础钢筋混凝土量;可有效缩短工期,节约混凝土量 50％ 以上,降低工程造价 35％ 以上,经济效益和社会效益显著,在基础工程领域有着广阔的应用前景。

9.2.2　扩底支盘注浆桩的特点

扩底支盘注浆灌注桩,是普通混凝土灌注桩与侧向挤扩装置、后压浆工艺相结合构成的一种新形桩体,结合当前所获得的有限资料来看,它的特点主要表现在以下几方面:

(1) 单桩竖向承载力大大提高。由于采用特殊的设备,对桩周土挤密加固,使桩周土体承载力高于原状土;另外通过孔底高压压浆补强,把孔底虚土及其附近的土体固结,且桩侧壁土体中与桩侧土体相结合,相当于增大了桩径增加了桩的端承力,同时提高了桩的侧向摩阻力。

(2) 节省混凝土用量,工程造价相对较低。有关的研究资料表明,扩底支盘注浆灌注桩可充分发挥桩周土的承载力,缩短桩长、减小桩径、节约混凝土用量,从而降低工程造价。

(3) 适用土层广泛。扩底支盘注浆桩可适用于一般黏性土、粉土、沙类土、卵砾石、强风化地层,由于挤扩压密作用克服了水下沙性土和粉土不易机械扩孔的困难,极大地拓宽了它的应用领域。

(4) 承载性能优良。扩底支盘注浆桩属混凝土灌注桩的一种,它适用于建(构)筑物的承载桩基、抗拔桩基、基坑支护及道路桥梁桩基,也适用于大形水利水电、电力、化工等桩基工程领域。

9.2.3　支盘扩底压力注浆桩的施工

根据《支盘扩底压力注浆混凝土桩施工技术》和王立业在有关文献中的表述,支盘扩底压力注浆桩的施工质量和施工方法对扩底支盘注浆灌注桩的承载力影响较大,必须严格按照施工规程进行。

1. 施工前准备与要求

(1) 依据工程地质资料、地质条件及工程情况,经计算确定支盘扩底个数。

(2) 做好施工现场的三通一平,清除地表障碍物。

(3) 采用支盘扩底压力注混凝土桩施工,要求严格执行《建筑桩基技术规范》(JGJ 94—2008)的有关规定执行。

2.施工工艺

支盘扩底压力注浆桩施工工艺流程为:确定桩位—桩机就位—钻成直孔—挤扩机就位—挤扩成形支盘扩底—下钢筋笼及注浆管—灌注混凝土—待成桩后桩身达到设计强度后压力注浆—成桩。

3.施工质量要求

(1)钻机就位必须保持平衡,牢固不得偏斜,确保钻孔垂直,在钻具上做出控制孔深的标记,钻进时记录,判断土层并保持均衡进尺。

(2)保证设计桩长,防止钻进过程中突然回压,避免钻具弯曲和扩大孔径。遇到硬土层时应减缓进尺速度,必要时停钻,检查清理后再进行钻进。

(3)钻进达到设计深度时,将桩护筒周围 1m² 范围内的残土清理干净,然后将护筒周边土踏实,方可提钻,钻机移动后立即将井口盖好,防止沙土杂物落入孔内。为了减少孔底虚土,提钻具前须根据地质条件空转数圈,再提取钻具,也可以分几次钻进和提钻,甩掉钻具上的残土再至设计深度。

(4)挤扩成形机就位后,应稳固调平,确保桩孔的垂直度,挤扩机扩孔部位按设计从孔底向上反尺,支盘挤扩时按设计要求的深度、直径进行挤扩。

(5)灌注混凝土前,必须对孔深、孔径、孔垂直度、挤扩部位半径、压浆管、钢筋笼等,逐项检查,达到要求后方可灌入混凝土。灌入混凝土时,应先下好孔口板,口径应大于钢筋笼 20mm。混凝土要求按配合比要求投料,计量准确,机械搅拌,连续灌注,分层捣实,分层高度小于 1m。各种材料的检验要符合规范要求。

(6)注浆管埋设必须露出自然地面上 20cm,注浆管采用丝接,埋设在混凝土内的管头堵好。露出地面的管头设阀门控制;孔底压浆要求桩身混凝土强度达到设计强度 70% 后进行。注浆所用水泥为普通硅酸盐水泥,强度等级由设计定,水灰比为 0.6~0.8。注浆量的控制:每根桩注浆压力达到 5MPa,注浆量达到 0.5m 时停止注浆。

4.施工操作要点

(1)采用干作业或水下作业成孔机械成孔,在钻成孔后,将支盘底下挤扩部分吊入孔内设计盘位,通过地上加压挤扩形成支盘,在成盘过程中可由地上控制系统控制盘体直径的大小。

(2)挤扩成盘后,将绑扎有注浆管的钢筋笼放入桩孔内,应特别注意保护注浆管的密封性,灌注混凝土要连续施工,灌注混凝土 3~5d 后,当桩身混凝土强度达到 70% 时,根据设计注浆压力和注浆量实施注浆。

9.2.4 支盘扩底注浆桩承载力计算公式

1. 支盘扩底注浆桩提高承载力的机理

支盘桩施工采用泥浆护壁时,泥浆颗粒吸附于孔壁形成泥皮,相当于在桩侧涂入一层润滑剂,大大降低了桩侧摩阻力的发挥;同时,桩身混凝土固结发生体积收缩,使桩身混凝土与孔壁之间产生间隙,减小侧摩阻力。另外无论采用何种成孔工艺或二次清孔工艺,或多或少存在孔底沉渣,沉渣是影响灌注桩尤其是端承桩承载力的重要因素之一。由于导管长而细,首灌混凝土因离析在桩底处产生"虚尖",桩端混凝土强度低,也影响单桩承载力。当采用压力注浆时,水泥浆液沿桩壁上下渗透,桩侧压浆可以破坏泥皮,充填桩侧混凝土与周围土体间隙,提高黏结力,当浆液体压力大于桩周土体孔隙水压力时,浆液向桩周土体中渗透,挤压密实受泥浆浸泡而松软的桩壁土,提高了桩侧土体强度;在桩端高压注浆时,浆液渗透到疏松的桩端虚尖及沉渣中,结合形成强度较高的混凝土,对桩端土层进行挤压、密实、充填,提高了桩端土体的承载力。随着注浆量的增加,水泥浆不断向由于受泥浆浸泡而松软的桩端持力层中渗透,在桩端形成类似的扩大头,并压密桩周围的土体。不仅增加了桩端的承压面积,而且提高了桩底土层的强度,从而使桩的承载力大幅提高。

2. 竖向承载力计算公式

支盘扩底注浆桩承载力确定方法同普通混凝土灌注桩相同,可根据静载试验和地质报告中提供的各层土物理力学性质和试验数据,并结合上部结构对单桩承载力的要求,按下式进行估算:

$$Q_{uk} = \psi_{si} U \sum q_{sik} L_i + \psi_p \gamma_j \sum q_{pjk} A_{pbj} + \psi_p \gamma_p q_{pk} A_p \qquad (9\text{-}2)$$

式中:Q_{uk}——单桩竖向极限承载力标准值,kN;

U——主桩桩身周长,m;

q_{sik}——桩身第 i 层土的极限侧阻力标准值,kPa;

L_i——折减后桩周第 i 层土的计算厚度,m;

q_{pjk}——第 j 承力盘所在土层的极限端阻力标准值,kPa;

q_{pk}——桩端所在土层的极限端阻力标准值,kPa;

A_{pbj}——扣除桩身面积的 j 承力盘的水平投影面积,m²;

A_p——主桩桩端的面积,m²;

ψ_{si}、ψ_p——大直径桩侧阻、端阻尺寸效应系数;

γ_j——桩身各盘所在土层极限端阻力调整系数,水下钻(冲)孔桩取 1.5,干作业桩取 1.0；

γ_p——桩端所在土层极限端阻力调整系数，取 2。

靳卫在有关文献中，根据太原地区灌注桩后压浆桩单桩竖向承载力提高值的统计情况，按照《建筑桩基技术规范》(JGJ 94—2008)的有关泥浆护壁灌注桩的单桩竖向极限承载力标准值的计算方法，首先利用式(9-3)估算出后压浆桩的单桩竖向极限承载力标准值，然后在上述公式的基础上加上支盘提供的承载力，利用式(9-4)计算支盘扩底注浆桩竖向承载力。

$$Q_{uk} = Q_{sk} + Q_{pk} = \mu \sum q_{sik} L_i + q_{pk} A_p \qquad (9\text{-}3)$$

式中：Q_{uk}——后压浆桩单桩竖向极限承载力标准值，kN；

Q_{sk}——为桩侧摩阻力，kN；

Q_{pk}——桩端摩阻力，kN；

q_{sik}——第 i 层土桩侧摩阻力标准值，kPa；

L_i——第 i 层检测土层厚度，m；

μ——应变片所测出的桩侧摩阻力标准值增加系数，太原地区一般 μ = 1.8～2.2；

q_{pk}——桩端后压浆后的端阻力标准值，kN。据统计经验，此值一般按地层原值的 4～5 倍取值；

A_p——桩端面积，后压浆形成"树根桩端"，端面积一般增加 0.5～0.7 倍，计算时应考虑。

$$Q_{uk} = Q_{sk} + Q_{pk} + Q'_{pk} = \mu \sum q_{sik} L_i + q_{pk} A_p + \alpha_{pk} A'_p \qquad (9\text{-}4)$$

式中：α_{pk}——多盘时的折减系数，一个盘时为 1.0，多个盘为 0.8；

A'_p——盘端水平投影面积。

由式(9-4)计算出单桩承载力作为试桩依据。

9.3　多支盘水泥土桩(梁昌俊，2005)

9.3.1　概述

作为支盘桩的另一种应用形式，多支盘水泥土桩近几年来广泛应用于软弱地基处理。多支盘水泥土桩是在原有圆柱形等截面水泥土桩的基础上，改变桩身截面而形成的变直径的水泥土桩。多支盘水泥土桩的外形和成桩工艺与挤扩支盘桩相似，只是桩体本身为柔性材料水泥土，用来处理软弱地基，弥补了挤扩支盘桩不能用于软弱地基的不足。梁昌俊用有限元方法对多支盘水泥土桩的受力和变形特性进行模拟分析，结果表明，多支盘水泥土桩复合地基地承载力比普通直桩复合地基承载力可提高 40% 左右，可以明显降低沉降量。因此，多支盘水泥土桩用于处理软弱地基也是一个有前途的发展方向。

9.3.2　多支盘水泥土桩的优缺点

1. 优点

多支盘水泥土桩是由固化剂和原地的软土就地搅拌混合而成的,因而最大地利用了原土;搅拌时不会使地基侧向挤出,所以对周围原有建筑物的影响很小;按照软土的不同性质及工程设计的要求,合理选择固化剂与配比,设计比较灵活;施工时无振动、无噪声、无污染,可在市区内密集建筑群中进行施工;土体加固后重度基本不变,对软弱下卧层不致产生附加沉降;节省了大量的钢材,降低了造价。

2. 缺点

同其他桩形一样,多支盘水泥土桩在具有上述优点的同时,本身也存在一些缺点。例如,由于受搅拌机械搅拌能力的限制,不适用于地基承载力大于120kPa的黏性土和粉土;一旦施工质量出了问题,因机械搅拌对土的扰动,破坏了原状土的结构,故其效果比天然地基还差;软土中有机质的含量较高会阻碍了水泥的水化反应,影响水泥土的强度增长。在多支盘水泥土桩的设计与施工过程中,应尽量利用地基浅部的硬壳层,以提高多支盘水泥土桩复合地基的效果。

多支盘水泥土桩的成桩方法是:在普通灌注桩的桩孔内,用吊车吊入专用分支器,自上而下,在设计标高位置,通过液压泵加压,在同一标高处将分支器旋转一定的角度继续加压,一般情况下连续压6次即可成盘。在支盘桩所承担的总荷载,桩侧分担了其中的绝大部分,占90%以上,而桩端分担的荷载非常小,只占10%左右。在桩侧分担的荷载中,支盘又起了主要作用,支盘所分担的荷载约占总荷载的50%。由此可见,支盘桩由于支盘的存在,不仅显著地提高了单桩复合地基的承载力,而且其承载力主要由桩侧摩阻力,尤其是支盘的端阻力来承担。

多支盘水泥土加筋旋喷搅拌桩复合地基适用于淤泥、淤泥质土、黏土、粉质黏土、粉土、具有薄夹沙层的土、素填土等地基承载力标准值不大于140kPa的土层。

参 考 文 献

崇劲松.2003.支盘桩—地基相互作用的研究.合肥:合肥工业大学硕士学位论文.

邓友生,龚维明,戴国亮等.2005.多级支盘桩与等截面直孔桩承载力对比试验.重庆建筑大学学
报,27(5):52-56

邓友生,彭晓钢,袁爱民.2007.支盘灌注单桩沉降计算探讨.重庆建筑大学学报.29(4):68-71

邓志勇,陆培毅.2002.几种单桩竖向极限承载力预测模型的对比分析.岩土力学,23(4):
428-431

高笑娟.2007.挤扩支盘桩承载性状试验和数值模拟分析.杭州:浙江大学博士学位论文

龚晓南.1990.土塑性力学.杭州:浙江大学出版社

韩理安,韩时琳.1998.水平力作用下群桩效应的临界桩距.水运工程,5:12-16

韩理安等.2004.水平承载桩的计算.南京:中南大学出版社

河南省电力设计总院.2000.火力发电厂支盘桩暂行技术规定(DLGJ153-2000)

交通部公路规划设计院.1985.公路桥涵地基与基础设计规范(JTJ 024—85).北京:人民交通出
版社

巨玉文.2005.挤扩支盘桩力学特性的试验研究及理论分析.太原:太原理工大学博士学位论文

靳卫.2007.后压浆支盘桩的设计及应用.科技情报开发与经济.17(28):278-279

李永伟,王永全.2001.扩底支盘注浆桩及其应用.探矿工程(岩土钻掘工程),增刊:56-57

连峰,李阳,王延祥.2004.DX桩单桩荷载传递机理有限元分析.山东建筑工程学院学报,19(4):
1-4

梁昌俊.2005.多支盘水泥土桩受力性状的非线性有限元分析.煤炭工程,1:53-56

刘丰军,廖少明,李文林等.2006.钻孔咬合桩挡土结构咬合面的剪切性能研究.岩土工程学报,
28(增刊):1445-1449

刘金砺.1990.桩基础设计与计算.北京:中国建筑工业出版社

卢成原,孟凡丽,战永亮等.2003.挤扩支盘桩的承载性能及工程应用研究.建筑结构,11:22-25

卢世深,林亚超.1987.桩基础计算和分析.北京:人民交通出版社

钱德玲.2003.变截面桩与土的相互作用机理.合肥:合肥工业大学出版社

茜平一,周洪波.1999.水平荷载作用下群桩三维有限元分析研究.岩土工程技术,4:44-48

史鸿林,胡林忠,王维雅.1997.新形挤压分支桩的计算和试验研究研究.建筑结构学报,18(1):
4-12

唐振忠.1992.变截面横向受力桩的计算.东北公路.1:77-79

王伯惠.1992.横向荷载作用下不同土层内变截面桩的一般解.东北公路.4:27-37

王成.2000.水平荷载作用下钢筋混凝土桩的损伤断裂研究及其桩土共同作用全过程分析.重
庆:重庆建筑大学博士学位论文

王金昌,陈页开.2006.ABAQUS在土木工程中的应用.杭州:浙江大学出版社

王立建,刘波,顾晓鲁.2004.挤扩支盘混凝土灌注桩单桩竖向承载力经验公式的探讨.工业建
筑,34(3):24-26

王立业. 2005. 支盘扩底压力注浆混凝土桩施工技术. 山西科技, 5:56-57

吴永红, 郑刚, 闫澍旺. 2000. 多支盘混凝土灌注桩基础沉降计算理论与方法. 岩土工程学报, 22 (5):528-531

武熙, 武维承, 孙和. 2004. 挤扩支盘桩及其成形设备——技术与应用. 北京:机械工业出版社

郗蔚东. 1990. 横向荷载作用下的变截面桩刚度分析. 桥梁建设, 3:49-60

谢康和, 周健. 2002. 岩土工程有限元分析理论及应用. 北京:科学出版社

徐至钧, 张国栋. 2003. 新形桩挤扩支盘灌注桩设计与工程应用. 北京:机械工业出版社

杨敏, 赵锡宏. 1992. 分层土中的单桩分析法. 同济大学学报, 20(4):421-427

余安南. 2009. 旋扩变径锥体螺盘混凝土灌注桩及成桩装置和施工方法:中国, CN101413263A2008

俞炯奇. 2000. 非挤土长桩性状数值分析. 杭州:浙江大学博士学位论文

余忠. 2008. 挤扩支盘灌注桩设计理论与工程应用研究. 南京:中南大学硕士学位论文

张海东. 1990. 应用双曲线法确定大直径挖孔灌注桩的极限承载力. 辽宁建筑, (3):33-38

朱向荣, 王金昌. 2004. ABAQUS软件中部分土模型简介及其工程应用. 岩土力学, 增刊:144-148

朱明双. 2006. 现浇筒桩桩-土共同作用试验与数值研究. 杭州:浙江大学博士论文

周洪波等. 2000. 水平荷载作用下群桩计算方法研究. 工程勘察, 1:1-2

佐藤悟. 1965. 基桩承载机理. 土木技术. 20(1):1-5

Co oke R W, Price G, Tarr K J. 1973. Jacked pile in London clay: A study of load transfer and settlement under working conditions. Geotechnique, 29(2):356-359

Coyle H M, Reese L C. 1996. Load transfer for axially loaded pile in clay. JCMFD, ASCE, 92

Hibbitt, Karlsson & Sorensen. Inc. 2002. ABAQUS/Standard User's Manual; ABAQUA/CAE User's Manual; ABAQUS Keywords Manual; ABAQUS QUS Theory Manual. 美国:HKS 公司

Kezdi A. 1957. The bearing capacity of pile and pile groups. Proc. 4th ICSMFE, 2

Poulos H G, Davis E H. 1968. The settlement behaviour of single axially loaded In copressible piles and piers. Geotechnique, 18

Poulos H G. 1971. Behavior of laterally loaded piles. I-single piles, JSMFD, ASCE, 97(5): 711-731

Poulos H G. 1971. Behavior of laterally loaded piles. II-piles group, ASCE Journal of Soil Mechanivs and Foundation Division, 97(5):733-751

Randolph M F, Wroth C P. 1978. Analysis of deformation of vertically loaded piles, J. Geotech. Engng, ASCE, (104):1465-1488

Seed H B, Reese L C. 1957. The action of soft clay along friction piles. Trans. ASCE, (122): 1547-1549

Vijayvergiya V N. 1977. Load-movement characteristics of piles. Proc. 4th Symposium of Waterway, Port. Coastal and Ocean Division. ASCE, Long Beach. Calif. ,(2):2168-2171

Vesic A S. 1969. Experiments with instrumented pile groups in sand, performance of Deep Foundation. ASTM, STP444

附录 A 挤扩支盘桩的应用工程实例

近十年来,使用挤扩支盘桩的工程主要有三种类形:一是工业厂房,二是高层建筑,三是多层建筑。其中,前两种类形占绝大多数。有些工程地质情况很差,如天津塘沽的淤泥质软土地区,河漫滩和黄河冲积层等,地耐力很低,有些工程地下情况复杂,管网密布,场地狭小,但使用挤扩支盘桩后效果都很好。附表 A-1 是从各种资料上收集的近些年来应用支盘桩的工程实例。

附表 A-1 应用支盘桩的工程实例

序号	工程名称	结构形式	工程地点	支盘桩规格桩径(mm)×桩长(m)	单桩承载力标准值/kN
1	嘉海华园	地上 17 层地下一层	天津市河北区狮子林大街南侧金纬路西侧	$\phi620\times29.4$	4500
2	北京女子学院逸夫楼	6 层		$\phi620\times12$ 2 盘	1400
3	北京发展大厦管理楼	4 层框架	北京东三环路 7 号	$\phi700\times23.5$ 3 盘	3500
4	北京熊猫宝洁洗涤用品有限公司	钢结构厂房 5 层	北京良乡		
5	黑龙江哈尔滨石头道街 B 栋综合楼	地上 18 层地下 1 层	哈尔滨石头道街与一面街交口处	$\phi450\times15$ 3 盘	1600
6	天津市塘沽区金宝大厦(现名宝泰大厦)	15 层框剪	天津塘沽区和平路与上海道交叉路口	$\phi700\times34.5$ 4 盘	4200
7	新华社天津新闻中心(新华园商住楼)	9~14 层 3 栋	天津市南开区红旗路与迎水道交叉口	$\phi620\times20.79$ 3 盘	2640
8	天津万顺温泉花园	31 层两座商住楼	天津河西区宾水道与五号路交叉口	$\phi700\times42.2$ 4 盘一组支	4200
9	北京良乡南大街住宅楼	6 层砖混	北京良乡南大街	$\phi426\times8$	650
10	中国泛旅实业发展股份有限公司	6 层框架单柱单桩	北京市东三环三元桥西	$\phi700\times19$ 3 盘	3500
11	天津市万隆大厦	地上 15 层地下 1 层	狮子林大街与金纬路交口	$\phi650\times24.5$ 4 盘	2880

序号	工程名称	结构形式	工程地点	支盘桩规格桩径(mm)×桩长(m)	单桩承载力标准值/kN
12	河北保定红星路花园小区综合楼	6 层砖混	河北保定市场东关红星路西段北侧	φ410×3	560
13	河北唐山体育中心		唐山建设路	φ426×6　1 盘	
14	河南郑州明鸿新城写字楼	13 层框架 4 栋	郑州关虎屯东	φ610×21.5 2 盘 14 支	1420
15	河南商丘行署科技楼	6 层砖混	郑州文化路北端	φ600×22 φ600×28	1600 2120
16	中国银行安阳支行营业楼	16 层框剪	安阳铁西路文峰大道与铁西路路交叉口	φ810×19.5　4 盘	4650
17	河南安阳机床厂高层住宅楼	18 层框剪 4 栋	安阳市彰德路中段,灯塔路西段北侧机床厂家属院内	φ450×13.4	1656
18	河南商丘农业银行办公楼		商丘源厂路		
19	河南商丘劳动服务公司		河南商丘	φ426×5	800
20	河南省电力勘测院 3号、6 号住宅楼	砖混结构 7 层	河南省电力勘测院	φ450×12	1500
21	河南华城商贸中心		郑州市东太康路北侧	φ430×14	1500
22	安徽蚌埠职工培训中心	12 层框架	蚌埠中荣街	φ426×14 φ830×18	1600 3250
23	安徽蚌埠市自来水公司综合楼	19 层筒框	蚌埠市纬四路东侧	φ426×21 试 1:3 盘 3 组单支; 试 2:无盘 12 组单支	1200
24	山东微山县电力局电业大楼	17 层框剪	山东微山县夏镇区商业街与北东路交界处	φ600×14　4 盘	2400
25	江苏丰县农村信用联社营业办公楼	12 层	丰县县城西部,人民路南侧原丰县县政府院内	φ500×17.2　2 盘	1400

续表

序号	工程名称	结构形式	工程地点	支盘桩规格桩径(mm)×桩长(m)	单桩承载力标准值/kN
26	海南海口市欣安花园写字楼	26层框剪地上26层，地下2层	海南市南宝路中段	$\phi600\times23.5$	>3000
27	北京市回龙观 A04、A06、A08 区地下车库	轻形结构	北京昌平区回龙观	$\phi600\times7.35$	1040
28	江苏丰县财政局办公楼	12层		$\phi500\times17.2$ 2盘	1400
29	东营市新世纪步行商业街				
30	天津外环线东南半环改造工程	道路修建工程	金钟河立交、解放桥立交和津淄立交桥的一侧桥头		
31	中豪世纪花园				
32	金来欣住宅小区	多层住宅楼		$\phi400\times4.8$	
33	济宁、漳州污水处理厂工程	卵形消化池			
34	福建省防振减灾中心大楼				
35	天津滨海新区北疆电厂				
36	宁波姜山2号公路桥				
37	秦皇岛电厂				
38	北京朝阳酒仙公寓				
39	浙江银都佳苑				
40	伟业大厦	地上18层，地下室一层，总建筑面积2.43万 m²	位于武汉市新华路中段西侧	$\phi620\times31$	2800kN

序号	工程名称	结构形式	工程地点	支盘桩规格桩径(mm)×桩长(m)	单桩承载力标准值/kN
41	天津人行 191 工程	占地面积4000m², 总建筑面积1.46 万 m²	位于天津市解放南路与梅江道交口	φ600×27.5 3 盘	2200kN
42	北京丽馨园商住楼	地上 28 层住宅和地下车库	位于北京朝阳区和平里西坝河西里	φ650×19.3　3 盘(压) φ650×11.5 1 盘(拔)	3400kN (1.9) 1000 (1.85)
43	北京太平湖 8 号楼	16 层		φ650×9.3 1 盘	4200kN
44	中国泛旅实业公司	6 层框架		φ700×19 3 盘	3500kN
45	北京海华换热水器厂厂房			φ400×4	980kN
46	天津新文化小区	15~24 层		φ650×19 2 个支盘	2700kN
47	天津青少年文化培训站中心	19 层		φ700×31 4 个支盘	3500kN
48	天津滨海电厂			φ500×26 2 个支盘	3000kN
49	南京萨家湾住宅楼	地上 21 层地下 1 层		φ650×32 3 个支盘	3000kN
50	杭州软件中心 9 号楼	10 层框架结构, 建筑面积 12561m²	位于钱塘江南岸杭州高新技术开发区	φ650×16.0 4 盘	1500kN
51	河南禹州电厂	主厂房、汽机、锅炉基础		φ600×15.0 2 盘	4000
52	秦红小区住宅楼	一、二组团住宅		φ600×13.7 4 盘	1570

续表

序号	工程名称	结构形式	工程地点	支盘桩规格桩径(mm)×桩长(m)	单桩承载力标准值/kN
53	南京贡院街东牌坊综合楼				
54	德州中国联通枢纽楼	地上 12 层地下一层			
55	东营技工学校综合楼	6~7 层			
56	济南白鹤湖畔花园	2 栋 20 层住宅楼			
57	天津巴黎现代广场	住宅 26~30 层写字楼 20~22 层			
58	蚌埠淮河局综合楼				
59	天津大港油田滨北原油库	4 台 5 万 m³ 油罐			
60	北京 901 科技创新大楼	主楼 16 层裙楼 4 层	位于北京市海淀区北四环路北侧 211 号信息产业部电子第十五研究所院内	$\phi650×22.6$	
61	河南焦作万方铝厂	20t 吊车厂房、跨度 25.5m		$\phi500×17.2$ 盘径 960mm	3400kN
62	包头包铝一期技改工程	6500t 双层料仓			
63	郑州金淮花园二期工程	住宅 4.5 万 m²	位于郑州市工人路与赵庄街交界处动测	$\phi630×12$	6000kN
64	天津美振大厦	7~20 层跃层大厦及地下车库总建筑面积 31800m²	位于天津市河东区李公楼立交桥以北,新兆路与李公楼中街交口处	$\phi620×21.2$ 三盘一支,盘径 1350mm	4620kN

序号	工程名称	结构形式	工程地点	支盘桩规格桩径(mm)×桩长(m)	单桩承载力标准值/kN
65	山东胜利油田设计院科普楼	地上12层地下1层建筑面积13000m²			
66	山东新世纪商贸城	建筑面积36000m²			
67	河南安阳电厂输煤系统	栈桥及框架楼			

注:表内"支盘桩规格"一栏中未注明者,均为2～4个承力盘加部分分支。

附录 B 旋扩珠盘桩的应用工程实例

1.工程概况

洛铜集团阳光华苑 1～9 号住宅楼,高 7 层,砖混结构,基础采用旋扩珠盘桩。其中,1 号楼设计桩径为 0.35m,桩长约为 16.5m,每根桩有 1 个盘,盘径分为0.9m和 1.1m 两种,单桩承载力特征值分别为 540kN 和 660kN,设计桩身混凝土抗压强度等级为 C25,桩在土中位置如附图 B-1 所示。

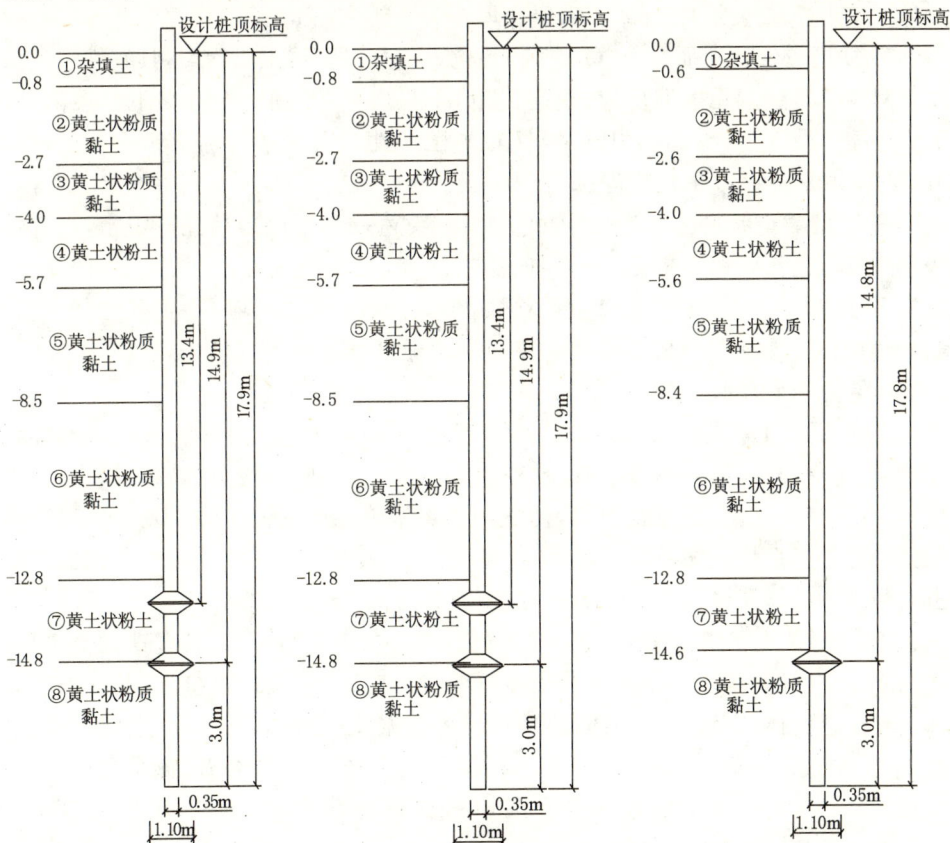

附图 B-1 桩身位置详图

　　2.场地岩土工程地质条件

　　本工程位于洛阳市涧西区嵩山路和芳华路交叉口东南角,整个拟建场区原为空地,地形基本平坦,场地地貌单元属于涧河右岸Ⅱ级阶地,场地土层性质及分布如下:

　　第①层杂填土(Q_4^{2ml}):褐黄色等杂色,主要成分为粉质黏土、炉渣、砾石和砖瓦片等,结构松散。层厚为0.5~2.0m,层底埋深为0.5~2.0m。

　　第②层黄土状粉质黏土(Q_4^{2al+pl}):褐黄色~褐色,可塑~硬塑,土质不均匀,局部含粉土。具针状孔隙、白色钙质析出物及褐色条带,含蓝色砖瓦片。无摇振反应,稍有光滑,干强度中等,韧性中等。湿陷系数为0.021~0.050,湿陷性轻微~中等。平均压缩系数a_{1-2}=0.335MPa^{-1},具有中~高压缩性。实测平均标贯锤击数为5.4击。层厚为1.2~2.6m,层底埋深为2.4~3.7m。

　　第③层黄土状粉质黏土(Q_4^{1al+pl}):褐色,可塑~硬塑,土质均匀,具有铁锈色条纹及网纹状裂隙。无摇振反应,稍有光滑,干强度中等,韧性中等。不具湿陷性。平均压缩系数a_{1-2}=0.194MPa^{-1},具有中压缩性。实测平均标贯锤击数为8.1击,层厚为0.5~2.0m,层底埋深为3.0~4.7m。该层厚度小,局部缺失。

　　第④层黄土状粉土(Q_3^{al+pl}):黄色,稍湿~湿(局部很湿),稍湿~中密,具有针状孔隙及白色丝状钙质析出物。摇振反应中等,无光泽反应,干强度低,韧性低。湿陷系数为0.021~0.034,湿陷性轻微~中等。平均压缩系数a_{1-2}=0.305MPa^{-1},具有中~高压缩性。实测平均标贯锤击数为6.7击,层厚为1.0~2.3m,层底埋深为4.5~6.5m。

　　第⑤层黄土状粉质黏土(Q_3^{al+pl}):灰黄色~黄色,可塑(局部软塑),具有针状孔隙、蜗牛壳碎片,偶见钙质结核(粒径为1~2cm),土质不均匀,局部含粉土。无摇振反应,稍有光滑,干强度中等,韧性中等。湿陷系数为0.015~0.034,湿陷性轻微~中等。平均压缩系数a_{1-2}=0.221MPa^{-1},具有中压缩性。实测平均标贯锤击数为10.0击,层厚为2.0~4.6m,层底埋深为8.0~10.5m。

　　第⑥层黄土状粉质黏土(Q_3^{al+pl}):黄色~棕黄(微红),可塑,具有铁锰质斑点,含钙质结核(粒径为1~2cm,含量为5%),局部土体不均匀,含粉土,湿。该层局部夹粉土透镜体(透镜体中局部含粗沙)。无摇振反应,稍有光滑,干强度中等,韧性中等。湿陷系数为0.016~0.030,湿陷性轻微。平均压缩系数a_{1-2}=0.171MPa^{-1},具有中压缩性。实测平均标贯锤击数为12.2击,层厚为3.5~6.0m,层底埋深为12.8~15.0m。

　　第⑥1层黄土状粉土(Q_3^{al+pl}):褐黄色,稍湿~湿,稍密~中密,土体不均匀,局部夹中粗沙薄层,呈透镜体状分布。摇振反应中等,无光泽反应,干强度低,韧性低。湿陷系数为0.018~0.023,湿陷性轻微。平均压缩系数a_{1-2}=0.236MPa^{-1},具有中压缩性。实测平均标贯锤击数为 10.5 击。该层在本工程场地内无分布。

第⑦层黄土状粉土(Q_3^{al+pl}):黄色,湿,稍密~中密,具有褐色铁锰质斑点,含钙质结核(粒径为 3~5cm,含量为 5%)。摇振反应中等,无光泽反应,干强度低,韧性低。不具湿陷性。平均压缩系数 $a_{1-2} = 0.153MPa^{-1}$,具有低压缩性。实测平均标贯锤击数为 10.6 击。层厚为 0.5~2.5m,层底埋深为 14.5~15.6m。

第⑧层黄土状粉质黏土(Q_3^{al+pl}):褐黄色~棕黄色(微红),可塑~硬塑,具有铁锰质斑点,具有针状孔隙,含蜗牛壳碎片,土体不均匀,局部含粉土。无摇振反应,稍有光滑,干强度中等,韧性中等,不具湿陷性。平均压缩系数 $a_{1-2} = 0.153MPa^{-1}$,具有中~低压缩性。实测平均标贯锤击数为 15.8 击。未揭穿,揭露层厚为 2.5~5.5m,层底埋深为 18.0~20.0m。

勘察期间在勘探深度 20.0m 内未见地下水,勘察报告认为该场地为非自重湿陷性黄土场地,地基湿陷等级为Ⅰ级(轻微)。勘察报告建议的各层土在浸水饱和状态下钻孔灌注桩的桩侧阻力特征值和端阻力特征值见附表 B-1。

附表 B-1 桩侧摩阻力和端承力特征值

层次	桩侧阻力特征值 q_{sia}/kPa	桩端阻力特征值 q_{pa}/kPa
② 黄土状粉质黏土	15	—
③ 黄土状粉质黏土	25	—
④ 黄土状粉土	22	—
⑤ 黄土状粉质黏土	25	—
⑥-1 黄土状粉质黏土	27	—
⑥-2 黄土状粉土	25	—
⑦ 黄土状粉质黏土	24	450
⑧ 黄土状粉质黏土	28	500

3.珠盘桩静载荷试验

1)试验原理

本次单桩竖向抗压静载试验模拟工程桩的实际工作状态,采用慢速维持荷载法进行试验。试验时,按拟定的分级荷载、依据规范所规定的判稳标准逐级等量加载,符合终止加载条件时,即进行分级卸载观测直至试验结束。

2)试验装置

静载试验装置由反力系统、加压系统、测力和沉降观测记录系统三部分组成。反力系统采用压重平台反力装置,配重采用预制混凝土块,主梁、副梁与压重平台构成反力系统;千斤顶、油泵、高压油管构成加压系统;静力载荷测试仪和测力、位移传感器构成观测记录系统。

3）加载、卸载方法

单桩静载试验采用慢速维持荷载法，加载分级进行，逐级等量加载，每级荷载达到相对稳定后加下一级荷载。分级荷载为预估单桩极限承载力的 1/10。卸载分级进行，每级卸载量取加载时分级荷载的 2 倍，逐级等量卸载。加载、卸载时应使荷载传递均匀、连续、无冲击，每级荷载在维持过程中的变化幅度不得超过分级荷载的 ±10%。

每级荷载施加后，按第 5min、15min、30min、45min、60min 测读桩顶沉降量，以后每隔 30min 测读一次，沉降稳定后加下一级荷载。在每级荷载作用下，桩的沉降量连续两次在每小时内小于 0.1mm 时可视为稳定。

当出现下列情况之一时，即可终止加载：

（1）当荷载-沉降（Q-s）曲线上有可判断极限承载力的陡降段，且桩顶总沉降量超过 40mm；

（2）某级荷载作用下，桩顶沉降量 ΔS_{n+1} 大于前一级荷载作用下沉降量 ΔS_n 的 2 倍，即 $\dfrac{\Delta S_{n+1}}{\Delta S_n} \geqslant 2$，且经 24h 尚未达到稳定；

（3）桩顶总沉降量在 60～80mm。

卸载：卸载时，每级卸载量取加载时分级荷载的两倍，逐级等量卸载。每级荷载维持 1h，按第 15min、30min、60min 测读桩顶沉降后即可卸下一级荷载。卸载至零后，应测读桩顶残余沉降量，维持时间为 3h，测读时间为第 15min、30min，以后每隔 30min 测读一次。

4）检测数据分析与判定

根据试验原始数据绘制 Q-s、s-$\lg t$ 及 s-$\lg Q$ 曲线。

单桩竖向抗压极限承载力 Q_u 按下列方法综合分析确定：

（1）根据沉降随荷载变化的特征确定，对于陡降形 Q-s 曲线，取其发生明显陡降的起始点对应的荷载值；

（2）根据沉降随时间变化的特征确定，取 s-$\lg t$ 曲线尾部出现明显向下弯曲的前一级荷载值；

（3）某级荷载作用下，桩顶沉降量大于前一级荷载作用下沉降量的两倍，且经 24h 尚未达到相对稳定标准，取前一级荷载值；

（4）对于缓变形 Q-s 曲线可根据沉降量确定，宜取 $s=40$mm 对应的荷载值；当桩长大于 40m 时，宜考虑桩身弹性压缩量；对直径大于或等于 800mm 的桩，可取 $s=0.05D$（D 为桩端直径）对应的荷载值。

注：当按上述四条判定桩的竖向抗压承载力未达到极限时，桩的竖向抗压极限承载力应取最大试验荷载值。此外，用于载荷试验的设备还有千斤顶、承压板、钢制加荷反力梁和基准梁等。

5) 桩身完整性检测

进行低应变检测的 61 根桩中,60 根桩的桩身完整性均为 Ⅰ 类或 Ⅱ 类桩,桩身完整性满足设计要求;1 根桩(29 号)为 Ⅲ 类桩,建议采取相应的加固处理措施。检测时,桩的龄期为 23~38d,波速分布在 3.65~3.96km/s,基本正常。

6) 静载荷试验结果(附表 B-2)

附表 B-2　1 号楼试桩静载荷试验结果汇总表

桩号	设计要求承载力特征值/kN	最大加载量/kN	最大沉降量/mm	回弹率/%	极限承载力/kN
21 号	540	1188	4.32	74.3	1188
72 号	660	1452	12.17	45.2	1452
107 号	540	1188	9.90	37.3	1188

静载试验结果表明,3 根试验桩加载到最大荷载后,均未出现极限荷载,其极限承载力均大于设计要求承载力特征值的 2 倍,单桩竖向抗压承载力满足设计要求。

静载荷试验所得各楼试桩 Q-s 曲线如附图 B-2(4 号楼资料缺失)所示。

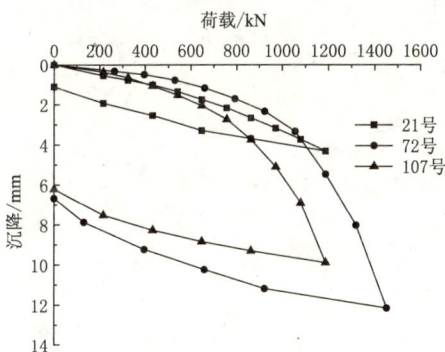

(a)1 号楼试桩 Q-s 曲线

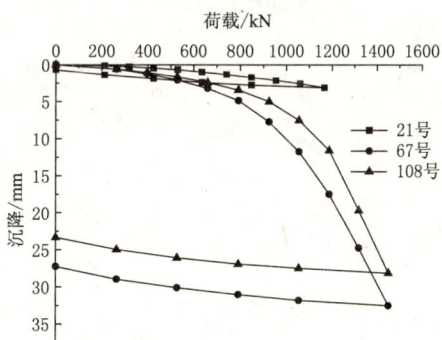

(b)2 号楼试桩 Q-s 曲线

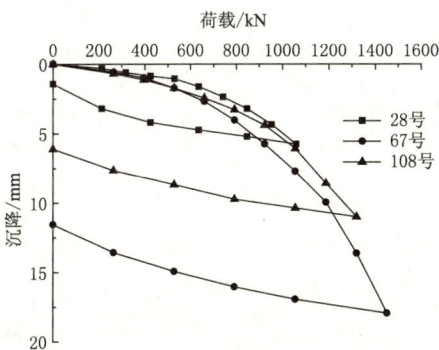

(c)3 号楼试桩 Q-s 曲线

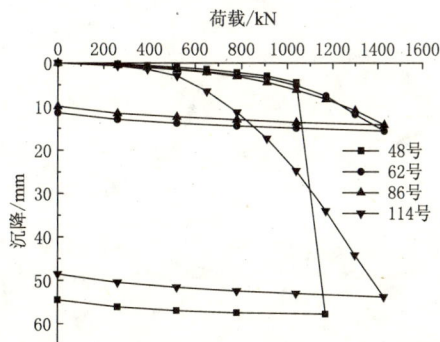

(d)5 号楼试桩 Q-s 曲线

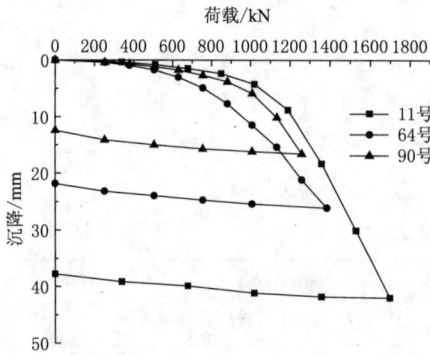

(e)6 号楼试桩 $Q \cdot s$ 曲线

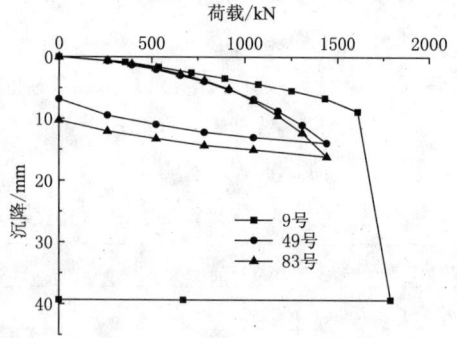

(f)7 号楼试桩 $Q \cdot s$ 曲线

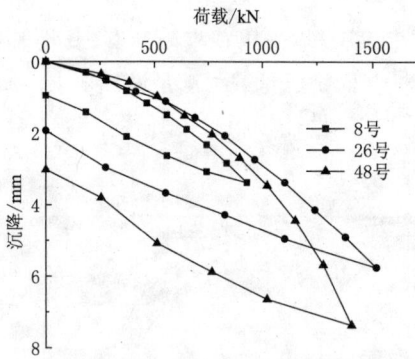

(g)8 号楼试桩 $Q \cdot s$ 曲线

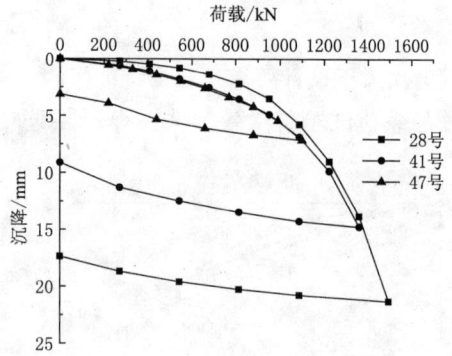

(h)9 号楼试桩 $Q \cdot s$ 曲线

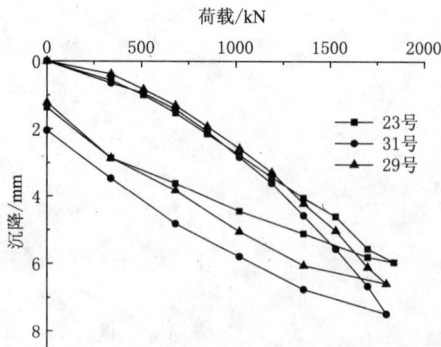

(i)　营业用房试桩 $Q \cdot s$ 曲线

附图 B-2　阳光花园试桩 $Q \cdot s$ 曲线

附录 C 旋扩珠盘桩竖向承载力计算公式推导

旋扩珠盘桩是在 DX 桩、挤扩支盘桩等基础上开发形成的一种新桩形,与挤扩支盘桩、DX 桩等在外形和承载机理上基本一致,即通过改变桩身形状来提高桩的端承力和侧阻力,进而提高桩的承载能力。它们不同之处在于,旋扩珠盘桩是通过切削形成承力盘,变径处都为完整的盘;而 DX 桩和挤扩支盘桩是通过挤扩形成承力盘或者分支,变径处不一定都是完整的盘。由于旋扩珠盘桩的优点,近几年来,在洛阳地区地基条件较好的多层建筑中有较多的应用。该桩形应用时间短,还未开展具有针对性的系统研究,工程中一般采用《火力发电厂支盘灌注桩暂行技术规定》(DLGJ 153－2000)将各部分承载力叠加起来的办法来简单估算其承载能力,存在的问题往往是计算结果与静载荷试验结果不符或相差太大,进而限制了旋扩珠盘桩在工程中的广泛应用。作者对洛阳地区 50 根试桩资料及其工程中遇到的问题进行分析总结,对挤扩支盘桩承载力计算公式进行修正,得到适合洛阳地区旋扩珠盘桩承载力计算的公式,可为今后工程应用提供参考。

试桩资料

共收集到 53 根试桩资料,除去两根因桩身刚度不足压屈破坏和一根断桩,有实际意义的 50 根桩,试桩资料见附表 C-1。采用王立建等的研究方法,取桩的极限承载力为桩身各部分承载力之和,将计算所得的承载力与实测极限承载力进行对比,不断调整各系数的值,直到试计比 λ(实测承载力/公式计算承载力)符合正态分布为止,这时桩的承载力是可靠的。这个过程中,单桩极限承载力的确定最为关键。本节中旋扩珠盘桩极限承载力取值方法为:对于 Q-s 曲线有显著转折点的桩,取其发生明显转折的起始点对应的荷载;对于没有出现明显转折点的桩,取 S-lg$t$ 曲线尾部出现明显向下弯曲的前一级荷载值;对于既没有压到破坏,S-lg$t$ 曲线也没有出现明显下弯、不能准确判断其极限承载力的桩,取双曲线法预测所得的极限承载力值。为了验证双曲线法的正确性,先用该法对达到极限承载力桩的 Q-s 曲线进行拟合,所得拟合曲线与实测曲线比较接近。然后,对未压至破坏桩的极限承载力进行预测。附图 C-1 给出 50 根桩预测值与实测值之间的误差分布情况。

从附表 C-1 可以看出,这种估算方法所得误差较大,会过高估算桩承载力,不能为工程提供较为准确的依据。在工程中,一旦试桩结果未达到估算值往往会成为否定采用旋扩珠盘桩的依据。如附表 C-1 所示,在所收集到的 50 根桩的资料中,有 15 根桩的实测承载力小于估算值,占总数的 30%,这是不符合工程要求的。

而且,洛阳地区地基土普遍具有轻微湿陷性,在进行桩基设计时,除了满足《建筑桩基技术规范》(JGJ 94－2008)的一般规定外,还需要考虑湿陷所造成的不利影响,因此要求桩基承载力具有更高的安全储备。表中 50 根桩有 30％以上桩的承载力不能满足要求,原因不在其他而在估算方法欠妥。实际工程中,由于采用以上方法过高估算了桩基承载力而实测承载力达不到,给工程带来了不安全因素,直接影响到该种桩形的推广应用。因此,要使旋扩珠盘桩技术得以健康推广,迫切需要对旋扩珠盘桩承载力估算方法进行深入研究,提出基于统计规律的、结构合理、形式简单、计算准确的单桩承载力经验公式及相应的计算参数表。

附表 C-1　试桩资料汇总表

桩号	桩长 / m	桩径 d/m	盘径 D/m	盘数 / 个	盘间距 /m	实测极限承载力/kN	按式(附 C-1)承载力计算值 /kN	按式(附 C-2)承载力计算值 / kN	珠盘底土层性质
1	16.8	0.35	0.9	1		1320	1163	1144	黄土状粉土,可塑～硬塑
2	16.8	0.35	1.1	1		1452	1378	1337	黄土状粉土,可塑～硬塑
3	16.6	0.35	0.9	1		1452	1252	1145	黄土状粉土,可塑～硬塑
4	17.2	0.35	0.9	1		1320	1208	1151	黄土状粉土,可塑～硬塑
5	17.2	0.35	1.1	1		1452	1327	1310	黄土状粉土,可塑～硬塑
6	17.3	0.35	1.1	1		1452	1349	1419	黄土状粉质黏土,硬塑
7	16.7	0.35	0.9	1		1060	1085	995	黄土状粉土,可塑～硬塑
8	16.8	0.35	1.1	1		1452	1379	1196	黄土状粉土,可塑～硬塑
9	16.5	0.35	0.9	1		1320	1379	1247	黄土状粉土,可塑～硬塑
10	16.0	0.35	1.1	1		1300	1351	1219	黄土状粉土,可塑～硬塑
11	16.4	0.35	1.1	1		1430	1304	1219	黄土状粉土,可塑～硬塑
12	16.3	0.35	1.1	1		1300	1310	1179	黄土状粉土,可塑～硬塑
13	17.9	0.35	1.1	2	1.5	1530	1700	1575	黄土状粉土,可塑～硬塑(上盘) 黄土状粉质黏土,硬塑(下盘)
14	17.8	0.35	1.1	1		1386	1271	1214	黄土状粉质黏土,硬塑
15	17.9	0.35	1.1	1		1260	1271	1295	黄土状粉质黏土,硬塑
16	18.3	0.35	1.1	1		1440	1347	1330	黄土状粉质黏土,硬塑
17	18.2	0.35	1.1	1		1440	1347	1317	黄土状粉质黏土,硬塑
18	17.2	0.35	0.9	1		1500	1294	1282	黄土状粉土,可塑～硬塑
19	17.3	0.35	1.1	1		1518	1394	1260	黄土状粉土,可塑～硬塑

续表

桩号	桩长 / m	桩径 d/m	盘径 D/m	盘数 / 个	盘间距 /m	实测极限承载力/kN	按式(附 C-1)承载力计算值 /kN	按式(附 C-2)承载力计算值 / kN	珠盘底土层性质
20	17.2	0.35	1.1	1		1408	1290	1161	黄土状粉土,可塑～硬塑
21	17.2	0.35	1.1	1		1496	1360	1212	黄土状粉质黏土,硬塑
22	17.3	0.35	1.1	1		1360	1369	1210	黄土状粉土,可塑～硬塑
23	17.1	0.35	0.9	1		1100	1098	1019	黄土状粉土,可塑～硬塑
24	17.8	0.35	1.1	2	1.5	1700	1767	1752	黄土状粉土,可塑～硬塑(上盘) 黄土状粉质黏土,硬塑(下盘)
25	17.8	0.35	1.1	2	1.5	1800	1767	1789	黄土状粉土,可塑～硬塑(上盘) 黄土状粉质黏土,硬塑(下盘)
26	17.7	0.35	1.1	2	1.5	1800	1783	1781	黄土状粉土,可塑～硬塑(上盘) 黄土状粉质黏土,硬塑(下盘)
27	13.5	0.35	1.05	1		1080	1211	1061	黄土状粉质黏土,硬塑
28	13.5	0.35	1.05	1		960	1143	914	黄土状粉质黏土,硬塑
29	13.5	0.35	1.05	1		880	1109	1197	黄土状粉质黏土,硬塑
30	13.5	0.35	1.05	1		960	1109	1040	黄土状粉质黏土,硬塑
31	13.5	0.35	1.05	1		960	1109	948	黄土状粉质黏土,硬塑
32	13.5	0.35	1.05	1		1080	1109	1022	黄土状粉质黏土,硬塑
33	13.5	0.35	1.05	1		1200	1098	1082	黄土状粉质黏土,硬塑
34	13.5	0.35	1.05	1		1100	1006	1036	黄土状粉质黏土,硬塑
35	13.5	0.35	1.05	1		940	1006	915	黄土状粉质黏土,硬塑
36	13.6	0.35	1.05	1		1060	1060	966	黄土状粉质黏土,硬塑
37	13.6	0.35	1.05	1		1060	1060	983	黄土状粉质黏土,硬塑
38	13.6	0.35	1.05	1		1060	1060	992	黄土状粉质黏土,硬塑
39	13.6	0.35	1.05	1		1300	1114	1107	黄土状粉质黏土,硬塑
40	13.6	0.35	1.05	1		1056	1010	971	黄土状粉质黏土,硬塑
41	13.6	0.35	1.05	1		1056	1022	1015	黄土状粉质黏土,硬塑
42	15.4	0.35	1.05	1		1210	1104	1079	黄土状粉质黏土,硬塑
43	15.4	0.35	1.05	1		1210	1108	1071	黄土状粉质黏土,硬塑

续表

桩号	桩长 / m	桩径 d/m	盘径 D/m	盘数 / 个	盘间距 /m	实测极限承载力/kN	按式(附 C-1)承载力计算值/kN	按式(附 C-2)承载力计算值/ kN	珠盘底土层性质
44	15.4	0.35	1.05	1		1100	1124	1105	黄土状粉质黏土,硬塑
45	14	0.4	1.2	3	3.3	2750	2620	2550	黄土状粉质黏土,可塑～硬塑
46	14	0.4	1.2	3	3.3	2750	2620	2550	黄土状粉质黏土,可塑～硬塑
47	14	0.4	1.2	3	3.3	3000	2680	2650	黄土状粉质黏土,硬塑
48	14	0.4	1.2	3	3.3	2750	2620	2550	黄土状粉质黏土,可塑～硬塑
49	14	0.4	1.2	3	3.3	3250	2650	2650	黄土状粉质黏土,硬塑
50	14	0.4	1.2	3	3.3	3250	2680	2650	黄土状粉质黏土,硬塑

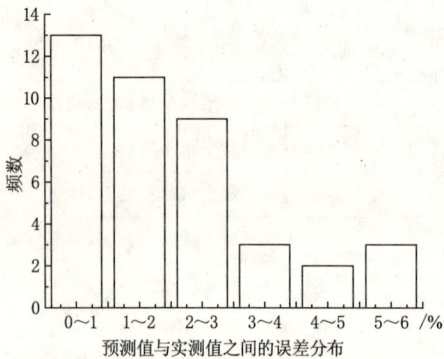

附图 C-1　预测误差分布

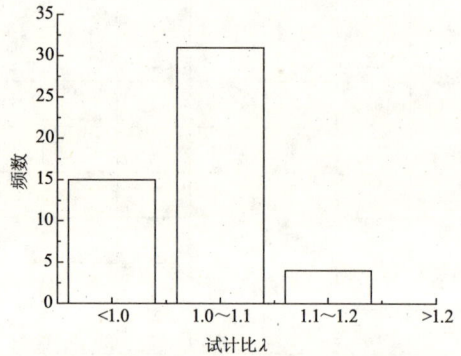

附图 C-2　用式(附 C-1)计算所得试计比 λ 分布

　　通过对挤扩支盘桩承载力计算公式进行修订得到旋扩珠盘桩的承载力计算公式。修订主要考虑下列因素:

　　(1) 挤扩支盘桩在成形过程中液压挤扩机械对盘周围土体进行了挤压,土的承载力可能相应得到一些提高,而旋扩珠盘桩采用切削技术,未对盘周围土体产生挤压,土的承载力基本上保持原状,甚至还可能由于发生应力松弛而有所降低。

　　(2) 由于多数土层具有轻微湿陷性,因此利用公式计算所得承载力数值应该有一定程度的富余。

　　(3) 要考虑经济性因素,承载力富余不能过多。

　　首先根据参考《火力发电厂支盘灌注桩暂行技术规定》,利用式(附 C-1)进行计算,仅考虑盘端阻力的折减,折减系数按文献中规定取相应值:ϕ_{pi} 对于硬塑黏土

取 $0.6\sim0.8$,可塑黏土取 $0.8\sim1.0$,计算所得单桩承载力与实测承载力的分布情况见附图 C-2。

$$Q_{uk} = Q_{sk} + Q_{pk} = u \sum q_{sik}l_i + \sum \varphi_{pi}q_{pik}A_{pi} + q_{pk}A_p \qquad (附\ C\text{-}1)$$

式中:Q_{uk}——单桩竖向极限承载力标准值,kN;

$\quad\quad Q_{sk}$——单桩总极限侧摩阻力标准值,kN;

$\quad\quad Q_{pk}$——单桩总极限端阻力标准值,kN;

$\quad\quad u$——主桩桩身周长,m;

$\quad\quad q_{sik}$——桩侧第 i 层土极限侧阻力标准值,kPa;

$\quad\quad l_i$——桩侧第 i 层土的厚度,计算时减去盘根高度,m;

$\quad\quad q_{pik}$——桩身第 i 个承力盘处端阻力标准值,kPa;

$\quad\quad q_{pk}$——主桩底处土的极限端阻力标准值,kPa;

$\quad\quad A_{pi}$——扣除主桩桩身截面积的承力盘的水平投影面积,m^2;

$\quad\quad A_p$——主桩桩端截面积,m^2;

$\quad\quad \varphi_{pi}$——承力盘端阻力标准值的修正系数。

从附图 C-2 可以看出,采用式(附 C-1)计算旋扩珠盘桩的承载力是不能满足工程要求的。如 13 号桩等,计算值大于实测值,特别是 29 号桩,计算值比实测值高出 25%左右,这在工程上是不允许的。因此,需要对承载力计算公式中的系数进行调整。根据钱德玲的研究成果和笔者对挤扩支盘桩进行的有限元模拟分析,得知由于盘上、下土体的拱作用,在承力盘上下一定范围之内桩侧摩阻力不能正常发挥,因此,侧摩阻力应该乘以一个小于 1 的系数。由以往对挤扩支盘桩分析的大量资料可知,在桩达到极限承载力时,并不是每一个承力盘的承载力都达到极限值,往往是最上面一个承力盘的承载力发挥较充分,下面承力盘承载力的发挥程度逐渐减小,桩端分担的荷载很小。对于旋扩珠盘桩来说,除了上述的影响因素外,盘端阻力还会因为应力松弛作用而比挤扩支盘桩有所降低,因此,应乘以一更小的系数。与挤扩支盘桩类似,达到极限承载力时,旋扩珠盘桩桩端阻力也不能完全发挥,因此也要乘以一个小于 1 的系数对桩端承载力进行折减。根据以上分析,将式(附 C-1)改成式(附 C-2)的形式。

$$Q_{uk} = Q_{sk} + Q_{pk} = u\xi \sum q_{sik}l_i + \sum \psi_{pi}q_{pik}A_{pi} + \zeta q_{pk}A_p \qquad (附\ C\text{-}2)$$

式中:ξ——桩侧摩阻力系数,$\xi = \dfrac{摩阻力实测值}{摩阻力计算值}$;

$\quad\quad \zeta$——桩端阻力系数,$\zeta = \dfrac{桩端阻力实测值}{桩端阻力计算值}$。

其他参数含义同式(附 C-1)。

由于旋扩珠盘桩应用时间较短,工程实例较少,缺乏桩侧摩阻力和桩端阻力的实测资料,本文依据式(附 C-1)和桩实测的极限承载力对各系数进行调整。多次试算后,最终确定桩侧摩阻力系数 ξ 为 0.7~0.9;盘端阻力标准值修正系数 φ_{pi},对于硬塑黏土取 0.5~0.8,可塑黏土取 0.6~0.9;桩端阻力系数 ζ 为 0.6~0.8。在分析的过程中发现,对于一盘和承力盘间距较大(如大于 2.5D)的三盘桩,盘端阻力系数 φ_{pi} 取值较大,为 0.8~0.9;而对于盘间距较小(如小于 1.5D)的两盘桩,φ_{pi} 仅取 0.6,这是两盘之间应力叠加的结果。这说明承力盘的间距是一个非常重要的因素,只有保持足够大的间距,各盘的承载力才能更加充分的发挥。按式(附 C-2)计算承载力最终结果见附表 C-1。

从表列数据可得出,试计比 λ 的样本均值为 1.0954,标准差 0.077859,用 χ^2 检验后,$\chi^2 = \sum_{i=1}^{6} \frac{(m_i - np_i)^2}{np_i} = 1.905 < \chi^2_{0.05}(3) = 7.81$,所以认为 λ 符合正态分布,λ 统计直方图见附图 C-3。45 个样本的试计比大于 1,占总数的 90%,说明桩承载力的实测值大于计算值,为工程的安全性提供了保障;其中分布在 1~1.2 的样本数为 40,占总数的 80%,说明桩基础承载力有一定的富裕度;试计比大于 1.2 的样本数为 5,占总数的 10%;小于 1.0 的有 5 个,占总数 10%,满足了经济性的要求。

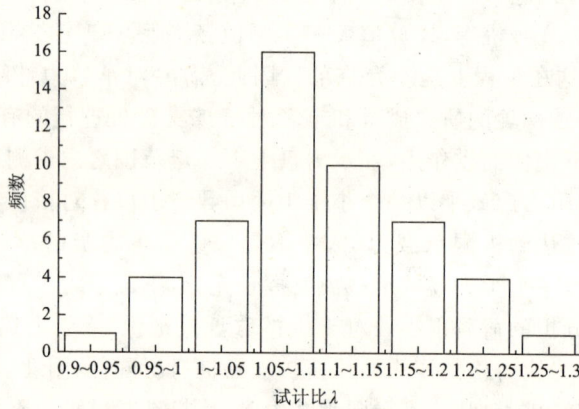

附图 C-3　用式(附 C-2)计算所得试计比 λ 分布

收集到的资料土层分布相对简单,仅限于洛阳地区,而且大多数桩为一个盘,少数为两个盘和三个盘,因此,所得承载力计算公式也有很大局限性。对于旋扩珠盘桩竖向承载力的普遍适用的计算公式,还需要大量、广泛分布的试桩资料对公式中的系数进行适当的修订得到。